21 世纪高职高专规划教材·机电系列

电子技术基础

主　编　王衍凤　徐广振　谢宗华

副主编　李海玉　胥元利　王丽卿　杨晓燕

扫描二维码安装“加阅”，添加图书即可通过APP内“扫描一扫码”功能，观看书中对应教学视频。

清华大学出版社

北京交通大学出版社

·北京·

内 容 简 介

本教材编写总体采取项目结构，每个项目设立多个学习任务，学习任务按任务引入、任务目标、知识链接、目标训练、仿真实验的先后顺序展开。内容共分为半导体分立元件认知与检测，基本放大电路分析与测试，集成运算放大器及负反馈电路分析，组合逻辑电路分析、设计与制作，时序逻辑电路分析、设计与制作，脉冲信号的产生与整形电路，A/D 和 D/A 转换器 7 个项目，前 5 个项目是必学内容，每个项目后面都设置了仿真实验，能够进一步增强学生的分析与设计能力。项目 6、项目 7 是为学生或自学者拓展知识面而设置的。

本教材可作为全国高职高专院校电类专业相关课程教材，也可供从事电子技术工作的工程技术人员参考。

图书在版编目（CIP）数据

电子技术基础 / 王衍凤，徐广振，谢宗华主编. —北京：北京交通大学出版社：清华大学出版社，2018.11（2021.1 重印）
（21 世纪高职高专规划教材 • 机电系列）
ISBN 978-7-5121-3798-1

Ⅰ. ① 电…　Ⅱ. ① 王…　② 徐…　③ 谢…　Ⅲ. ① 电子技术-高等职业教育-教材　Ⅳ. ① TN

中国版本图书馆 CIP 数据核字（2018）第 268689 号

电子技术基础
DIANZI JISHU JICHU

策划编辑：吴嫦娥　　责任编辑：刘　蕊
出版发行：清 华 大 学 出 版 社　　邮编：100084　　电话：010-62776969　　http://www.tup.com.cn
　　　　　北京交通大学出版社　　邮编：100044　　电话：010-51686414　　http://www.bjtup.com.cn
印 刷 者：三河市华骏印务包装有限公司
经　　销：全国新华书店
开　　本：185 mm×260 mm　　印张：12.5　　字数：309 千字
版　　次：2018 年 11 月第 1 版　　2021 年 1 月第 3 次印刷
书　　号：ISBN 978-7-5121-3798-1/TN • 120
定　　价：36.00 元

本书如有质量问题，请向北京交通大学出版社质监组反映。对您的意见和批评，我们表示欢迎和感谢。
投诉电话：010-51686043，51686008；传真：010-62225406；E-mail：press@bjtu.edu.cn。

前　言

“电子技术基础”是电子技术的入门课程，也是高职院校自动化类专业群的一门专业基础课程。编写组通过与多所高职院校的交流，对多本教材进行学习和分析，加深了对电子技术基础教学内容的剖析，本着“以学生为主体，以能力为目标，以就业为导向”的指导思想，将《电子技术基础》教材的内容解构并重构，在编写过程中设置合理的教材编写项目，并适当加入了电子视频资源部分，其中项目按照由简到繁、由浅到深、由分立到综合的顺序和框架展开，适应于自动化类专业群的学生及自学者学习和使用。

教材编写总体采取项目结构，每个项目设立多个学习任务，学习任务按任务引入、任务目标、知识链接、目标训练、仿真实验的先后顺序展开。内容共分为半导体分立元件认知与检测，基本放大电路分析与测试，集成运算放大器及负反馈电路分析，组合逻辑电路分析、设计与制作，时序逻辑电路分析、设计与制作，脉冲信号的产生与整形电路，A/D 和 D/A 转换器 7 个项目，前 5 个项目是必学内容，每个项目后面都设置了仿真实验，能够进一步增强学生的分析与设计能力。项目 6、项目 7 是为学生或自学者拓展知识面而设置的。

本书由王衍凤、徐广振、谢宗华任主编，李海玉、胥元利、王丽卿、杨晓燕任副主编，马绍杰、姬红杰、于婷婷、张雪青、黄雪梅参加编写，其中项目 1、2、3 由王衍凤编写，项目 4 由李海玉、马绍杰、姬红杰编写，项目 5 由胥元利、王丽卿、杨晓燕编写，项目 6 由谢宗华、于婷婷编写，项目 7 由张雪青、黄雪梅编写，各项目电路仿真部分由徐广振编写，编写组邀请了来自企业的编者，其中马绍杰来自华电潍坊发电有限公司，黄雪梅来自烟台泰山石化港口发展有限公司。

限于编者水平有限，书中难免有疏漏和不妥之处，敬请广大教师和读者批评指正。

编　者

2018 年 9 月

目　录

项目1

半导体分立元件认知与检测

半导体分立元件是电子电路的重要组成部分，也是学习电子电路的基础，只有学好了该部分知识才能正确分析电子电路，该项目主要研究半导体分立元件的结构、工作原理及其识别、检测等。

任务1.1　认知半导体二极管

任务引入

二极管种类较多，在电子电路中应用广泛，是学习电子电路的入门知识之一。它给我们生活提供了方便，可以检波、整流、发光等，作用颇多。二极管为什么可以有这么多用途呢？它的结构及工作原理又是什么呢？

任务目标

（1）了解半导体材料的基础知识。

（2）认知半导体二极管的结构及符号。

（3）掌握二极管的工作特性。

（4）掌握二极管参数。

（5）了解二极管的不同分类及用途。

知识链接

1.1.1　了解半导体基础知识

1. 半导体简介

半导体是指导电能力介于导体与绝缘体之间的物质。常作为半导体材料的有硅（Si）、锗（Ge）、砷化镓（GaAs）及一些硫化物和氧化物等。纯净的半导体叫本征半导体，其半导体材料除了在导电能力方面有别于导体与绝缘体之外，它还具有不同于其他物质的特点，本征半导体结构示意图如图1－1（a）所示。当外界条件改变时，如温度和光照变化时，某些半导体的导电性能将发生很大变化，实践证明在纯净的半导体中掺入微量杂质会使半导体的导电能力大大增强，半导体的这些特点说明其导电机制不同于其他物质。

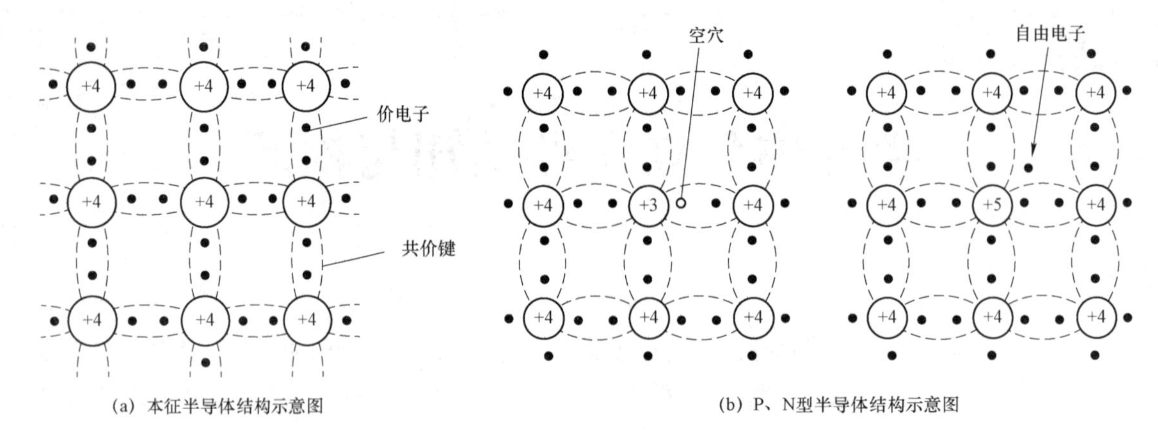

(a) 本征半导体结构示意图

(b) P、N型半导体结构示意图

图 1－1　半导体结构示意图

半导体的晶体结构中，两个相邻原子的价电子形成电子对，称为共价键结构。共价键具有较强的结合力，束缚着价电子，但是还不像绝缘体中价电子所受的束缚力那样大，一旦获得一定能量（如温度、光照或辐射），某些价电子会挣脱原子核的束缚而成为自由电子，并留出空位，称为空穴（空穴带与电子等量的正电），这种现象叫作热激发。如果在纯净的半导体内掺入微量的三价元素硼等，就得到 P 型半导体；如果在纯净的半导体内掺入微量的五价元素磷或砷等，就得到 N 型半导体。其结构示意图如图 1－1（b）所示。由于掺杂的原因，N 型半导体内自由电子的浓度远远高于空穴的浓度，所以自由电子是 N 型半导体的多数载流子，简称多子，少数载流子是空穴，简称少子，其主要导电方式是自由电子导电。同样，P 型半导体内空穴的浓度远远高于自由电子的浓度，其多子是空穴，少子是自由电子，主要导电方式是空穴导电。

扫描二维码，
了解半导体基础知识

学习笔记：

2. PN 结的认知

通过一定的生产工艺在一块半导体单晶片的一侧掺以三价的杂质，形成 P 型半导体；而在另一侧掺以五价的杂质，形成 N 型半导体。这样，在 P 型和 N 型半导体的相接处就会形成一个具有特殊性质的区域，称为 PN 结。

由于两种杂质半导体内空穴和电子的浓度不同，在 P、N 交界处引起扩散运动。N 区中的自由电子向 P 区扩散，使 N 区近交界一侧留下带正电的正离子，同时 P 区得到自由电子，

使它的近交界一侧出现带负电的负离子，如图 1-2（a）所示。也可以理解为 P 区的空穴向 N 区扩散，使 P 区一侧留下带负电的负离子。交界处正负电荷的出现会促进 P 区内的少数自由电子由 P 区向 N 区运动，这种运动称作漂移，当扩散和漂移达到动态平衡时，交界处的正负电荷不再变化，形成 PN 结。交界处的电荷区叫作空间电荷区，此处的电场称为 PN 结的内电场，其方向由 N 区指向 P 区，如图 1-2（a）所示。

当 P 区接电源正极，N 区接电源负极时，PN 结处于正向偏置状态，此时 PN 结导通，电路中的灯泡发光，如图 1-2（b）所示；当 PN 结的 P 区接电源负极，N 区接电源正极时，PN 结处于反向偏置状态，PN 结反向截止，电路中的灯泡是不亮的，如图 1-2（c）所示。综上所述，PN 结的正向电阻很小，而反向电阻很大，即 PN 结具有单向导电性。可以发现，PN 结具有单向导电性的关键是空间电荷区的存在及空间电荷区随外加电压变化的特性。

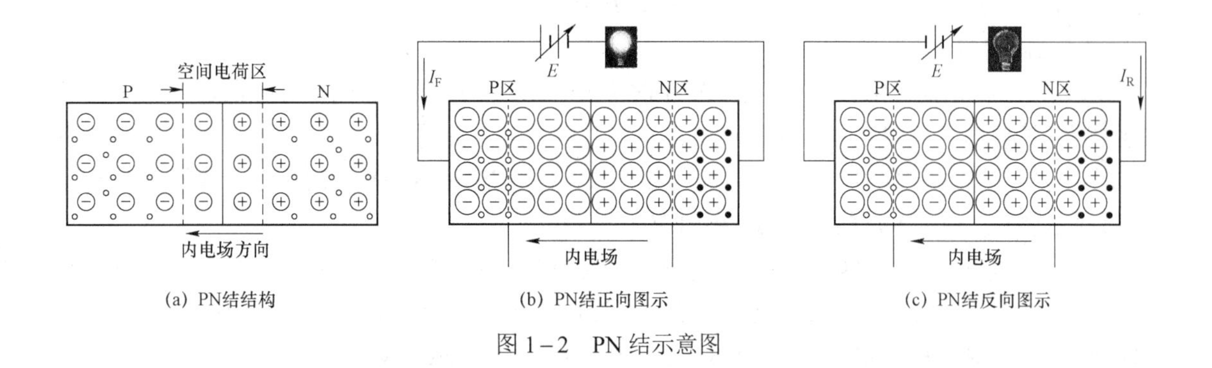

图 1-2　PN 结示意图

1.1.2　了解二极管的基本结构及符号

简单来说，在 PN 结的两侧引出两个电极，并用密封的管壳封装，便成了一个二极管。P 区侧引出的电极叫阳极（正极），用 a 表示，N 区侧引出的电极叫阴极（负极），用 k 表示，常见二极管的基本结构及符号如图 1-3 所示。

图 1-3　二极管基本结构及符号

二极管的类型很多，按结构分有点接触和面接触两类。点接触型二极管 PN 结的结面积小，不允许有较大电流通过，但结电容小，所以适合在高频场合工作，如小功率整流、高频检波、混频等。面接触型二极管 PN 结的结面积较大，允许有较大电流流过，但结电容也大，故只宜用于低频场合，如低频整流等。二极管按用途来分有整流二极管、稳压二极管、发光二极管等。

扫描二维码，
学习二极管基本
结构及符号

学习笔记：

1.1.3 认知二极管的基本特性

典型二极管的伏安特性曲线如图 1－4 所示，反映二极管两极所加电压 U 和流过二极管的电流 I 之间的关系。很明显，当 $U=0$ 时，$I=0$。

1. 正向特性

如图 1－4 所示，当外加正向电压较小时（小于 U_{th}），由于外加电场还不足以克服内电场的作用，扩散电流难以形成，所以电流很小，几乎为 0，此时二极管呈现较大的电阻，当外加正向电压超过某一数值时，正向电流明显增大，U_{th} 称为死区电压（门坎电压或阈值电压）。一般硅管的 $U_{th}=0.5$ V，锗管的 $U_{th}=0.1$ V。

当正向电压大于死区电压后，内电场被大大削弱，多子的扩散加强，正向电阻减少，电流呈指数上升，此时二极管处于导通状态。导通后二极管两端的电位差（导通压降 U_D）几乎不变，硅管的导通压降 U_D 为 0.6～0.8 V，锗管的 U_D 为 0.1～0.3 V。

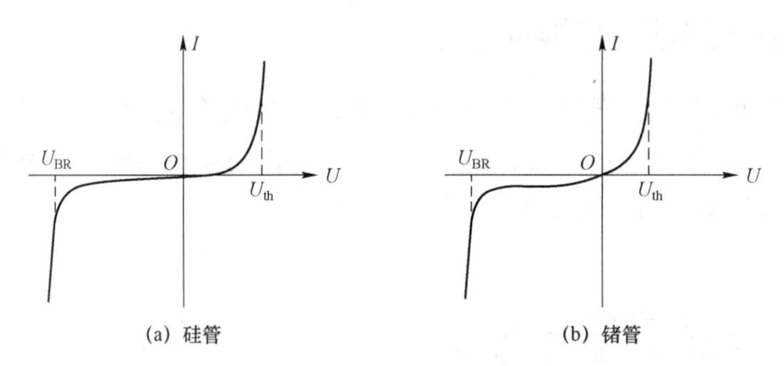

(a) 硅管　　(b) 锗管

图 1－4　二极管伏安特性曲线图

2. 反向特性

当二极管两极间加上反向电压时，内电场得到加强，阻碍了多子扩散，而少子数目有限，故只有很小的反向饱和电流 I_S 流过，小功率硅管 I_S 为 nA 级，而锗管为 μA 级。当外加反向电压高于 U_{BR} 时，将造成反向击穿，此时电流剧增，U_{BR} 叫反向击穿电压。电路如不采取适当的限流措施，反向击穿可能导致二极管失去单向导电性。

在电路分析过程中，为了分析问题方便，定义了理想二极管，它的正向导通压降为零，反向击穿电压为无穷大，这种二极管在实际中是不存在的。

扫描二维码，
学习二极管基本特性

学习笔记：

1.1.4　二极管的参数

二极管的伏安特性除了能用理论公式表示外，还可以用参数来描述。

1）最大整流电流 I_F

最大整流电流 I_F 指二极管长期运行时，允许通过的最大正向平均电流。实际使用时的工作电流应小于该值，否则二极管将因过热而损坏。

2）最高反向工作电压 U_{RM}

最高反向工作电压 U_{RM} 为工作时二极管两端所允许加的最大反向电压。考虑到温度等因素及二极管的工作安全，一般常取 $U_{RM}=50\%U_{BR}$。

3）反向电流 I_R

反向电流 I_R 指二极管未被反向击穿时的反向工作电流值。由于此值基本恒定，故也称反向饱和电流 I_S。此值越小，二极管的单向导电性越好。

4）最高工作频率 f_{max}

二极管由于结电容的存在，当工作频率升高时，结电容的容抗将下降。为了保证二极管仍具有单向导电性，工作频率必须低于二极管的最高工作频率 f_{max}。

扫描二维码，
进行视频学习

学习笔记：

1.1.5　特殊二极管

1. 稳压二极管

稳压二极管是一种特殊二极管，当其工作在反向击穿区时，其反向击穿电流非常大，但是稳压二极管两端电压基本不变，称作稳定电压，用 U_Z 表示，U_Z 是根据要求选择稳压二极管的主要参数。稳压二极管伏安特性及符号如图 1-5 所示。

I_Z是稳压二极管的稳定电流，它是稳压二极管的另一个重要参数，工作电流低于I_Z时，稳压性能变差，选择稳压二极管时，注意I_Z一般在I_{Zmin}与I_{Zmax}之间。

额定功率P_{Zmax}为稳定电压U_Z和最大稳定电流I_{Zmax}的乘积，由管子允许的温升决定。工作时的耗散功率若超过此值，稳压二极管将由电击穿变为热击穿而损坏。

稳压二极管主要用来构成直流稳压电路。图1－6是典型的直流稳压电路。电路中R是稳压二极管的限流保护电阻。

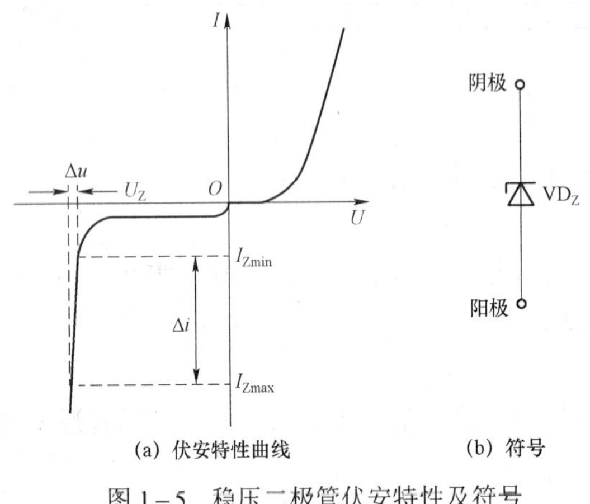

图1－5　稳压二极管伏安特性及符号

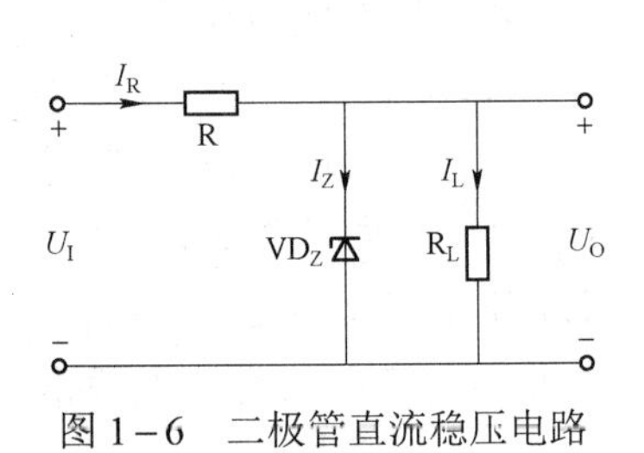

图1－6　二极管直流稳压电路

当电网电压升高时，若要保持输出电压不变，则电阻R上的压降应增大，即流过R的电流增大，增大的电流由稳压二极管容纳，保证U_O基本保持不变。

2. 发光二极管

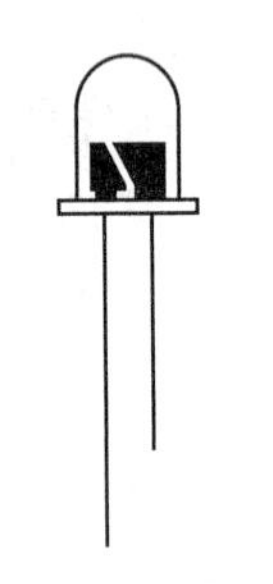

图1－7　发光二极管外形图

发光二极管是一种固态PN结器件，常用砷化镓、磷化镓等制成，外形如图1－7所示。当通过电流时，电子与空穴的复合将放出能量而使二极管发光。发光二极管的光有红色、黄色、绿色等，发光二极管可做成数字、字符显示器件。发光二极管还可作为光源器件将电信号变换成光信号，广泛应用于光电检测技术领域中。

特殊二极管还有光敏二极管、变容二极管等。关于二极管的命名、管型等资料见附录A。

目标训练

一、基础知识训练

1. 选择题

（1）在杂质半导体中，多数载流子的浓度主要取决于（　　）。

A. 温度　　B. 掺杂工艺的类型

C. 杂质浓度　　D. 晶体中的缺陷

（2）当外加偏置电压不变时，若工作温度升高，二极管的正向导通电流将（　　）。

A. 增大　　B. 减小　　C. 不变　　D. 不确定

（3）当稳压管在正常稳压工作时，其两端施加的外部电压的特点为（　　）。

A. 反向偏置但不击穿　　B. 正向偏置但不击穿

C. 反向偏置且被击穿　　D. 正向偏置且被击穿

（4）二极管的伏安特性曲线的反向部分在环境温度升高时将（　　）。

A. 右移　　B. 左移　　C. 上移　　D. 下移

（5）下列符号中表示发光二极管的为（　　）。

A.　　B.　　C.　　D.

（6）从二极管伏安特性曲线可以看出，二极管两端压降大于（　　）时处于正偏导通状态。

A. 0　　B. 死区电压　　C. 反向击穿电压　　D. 正向导通电压

（7）在 PN 结外加正向电压时，扩散电流（　　）漂移电流；在 PN 结外加反向电压时，扩散电流（　　）漂移电流。

A. 小于，大于　　B. 大于，小于　　C. 大于，大于　　D. 小于，小于

（8）硅管正偏导通时，其管压降约为（　　）。

A. 0.1 V　　B. 0.2 V　　C. 0.5 V　　D. 0.7 V

2. 判断题

（1）PN 结在无光照、无外加电压时，结电流为零。（　　）

（2）因为 N 型半导体的多子是自由电子，所以它带负电。（　　）

（3）稳压管正常稳压时应工作在正向导通区域。（　　）

（4）二极管在工作电流大于最大整流电流 I_F 时会损坏。（　　）

（5）二极管在工作频率大于最高工作频率 f_{max} 时会损坏。（　　）

（6）在本征半导体中如果掺入足够量的三价元素，可将其改型为 P 型半导体。（　　）

（7）二极管反向电压一般不超过最高反向工作电压。（　　）

二、分析能力训练

1. 什么是本征半导体？什么是杂质半导体？各有什么特征？
2. 杂质半导体中多数载流子和少数载流子是如何产生的？
3. 二极管的工作特性是什么？二极管主要有哪些工作参数？
4. 稳压二极管的工作特点是什么？

任务 1.2　检测二极管

任务引入

二极管在电子电路中应用广泛，所以二极管的检测技术是必须掌握的。怎样判断二极管

的好坏？怎样确定不同类型的二极管在电路中的工作情况？这些都离不开二极管的检测。二极管的检测是学生应掌握的基本技能。

任务目标

（1）会判断二极管的正负极。

（2）掌握二极管性能检测方法。

（3）会用万用表检测二极管的正负极。

（4）了解稳压二极管的检测方法。

（5）了解发光二极管的检测方法。

知识链接

1.2.1 直接识别二极管的极性

普通二极管有色端标识的一极为负极。发光二极管长脚为正，短脚为负。如果脚一样长，发光二极管里面大的是负极，小的是正极。有的发光二极管带有一个小平面，靠近小平面的一根引线为负极。

扫描二维码，
学习二极管极性的识别

学习笔记：

1.2.2 用万用表识别二极管的极性及性能

在使用万用表测试之前，首先选择量程，通常电阻测量选择×1 k 或×10 k 挡，并且要进行“0 Ω”校正。校正完毕后，将万用表的红黑表笔分别与二极管的两个引脚相接，并且记下万用表的电阻值读数，注意测量时人体不要同时与二极管的两个引脚相连接，防止影响测量结果。交换红黑两表笔，分别再进行测试，记下万用表的电阻值读数。两次测量中，一次数值偏大，一次数值偏小。以阻值读数小的那一次为准，小的这个阻值是二极管的正向电阻值；反之，大的那个阻值是二极管的反向电阻值。

将万用表两次测量的结果进行对比，即将二极管的正向电阻和反向电阻进行对比，阻值相差越大，说明二极管的单向导电性就越好，二者差值较小，二极管性能较差。如果两次测量结果均较大或较小，说明二极管可能已损坏。

1.2.3　稳压二极管的检测

稳压二极管的检测方法，有和普通二极管检测类似的地方，按照普通二极管的检测方法，判断出稳压二极管的正负极性，将万用表的量程选择在×10 k 挡，然后测量稳压二极管的反向电阻值，如果测得的阻值变得较小，说明该二极管是稳压二极管。

扫描二维码，
学习特殊二极管的检测

学习笔记：______________________________

____

____

____

____

____

1.2.4　发光二极管的检测

发光二极管（LED）一般由磷砷化镓、磷化镓等材料制成。它的内部存在一个 PN 结，也具有单向导电性，但发光二极管在正向导通时会发光，光的亮度随导通电流增大而增强，光的颜色与波长有关。普通发光二极管的万用表检测选用万用表的×10 k 挡测量，利用指针式万用表可以大致判断发光二极管的好坏。正常时，二极管正向电阻阻值为 20～200 kΩ，反向电阻的值为∞，如果正向电阻值为 0 或为∞，反向电阻值很小或为 0，则已损坏。检查发光二极管质量是否合格，可用两块万用表配合测量。如果有两块指针万用表（最好同型号），可以较好地检查发光二极管的发光情况。用一根导线将其中一块万用表的“+”接线柱与另一块表的“−”接线柱连接。余下的“−”笔接被测发光管的正极（P 区），余下的“+”笔接被测发光管的负极（N 区）。两块万用表均置×10 挡。正常情况下，接通后就能正常发光。若亮度很低，甚至不发光，可将两块万用表均拨至×1 挡。若仍很暗，甚至不发光，则说明该发光二极管性能不良或损坏。该方法，也可以用外接 1.5 V 电池法代替，道理同上。

目标训练

一、基础知识训练

1. 填空题

测试二极管正反向电阻时，将红、黑表笔分别插入正、负表笔插孔，将选择开关拨至电阻测量挡适当的量程处。

（1）将红、黑表笔__________，进行欧姆调零。

（2）根据自己对二极管的识别，测反向电阻时，将__________表笔接二极管正极，将__________表笔接二极管负极，读出万用表示数，并记录为__________Ω。

（3）为了得到准确的测量结果，应让电表指针尽量指向表盘__________（填“左侧”“右侧”或“中央”）；否则，在可能的条件下，应重新选择量程，并重复测试步骤。

（4）根据自己识别的二极管正负极，将________表笔接二极管正极，将________表笔接二极管负极，读出万用表示数，并记录为________Ω。

（5）分析测量数值，是否符合二极管的特性。

（6）测量完成后，将选择开关拔向__________________位置。

2. 简答题

简述如何检测普通二极管、稳压二极管、发光二极管的极性及好坏。

二、分析能力训练

在测量一个二极管反向电阻时，为了使万用表测试笔接触良好，用两手把表笔紧紧捏在一起，结果测得的反向电阻较小，认为二极管是质量不合格的，这种判断方法是不是正确的？

任务 1.3　分析二极管电路

任务引入

二极管在生活中应用广泛，其电路种类较多，其中常见的有限幅电路、整流电路、二极管发光电路、稳压电路等。整流电路是将电源变压器输出的交流电压变换成单向脉动直流电压，二极管稳压电路的主要元件就是稳压二极管。在学习过程中我们主要通过限幅电路、整流电路的分析进一步学习二极管的基本工作特性。

任务目标

（1）进一步掌握二极管的工作特性。

（2）会分析限幅电路、整流电路工作原理。

（3）掌握重点参数。

知识链接

1.3.1　限幅电路分析

二极管的限幅作用是指利用二极管正向导通后两端电压很小且基本不变的特性，使输出电压限制在某一电压值以内。限幅电路有多种，图 1－8 所示的电路是常见的一种。

例 1－1　已知 $u_i = 10\sin\omega t$，$U_S = 6\text{ V}$，电路图如图 1－8 所示，其输入波形如图 1－9 所示，试分析 u_o 的波形。假设二极管为理想二极管。

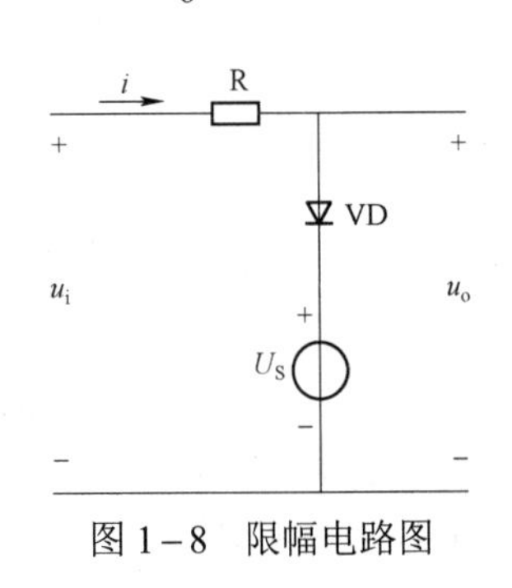

图 1－8　限幅电路图

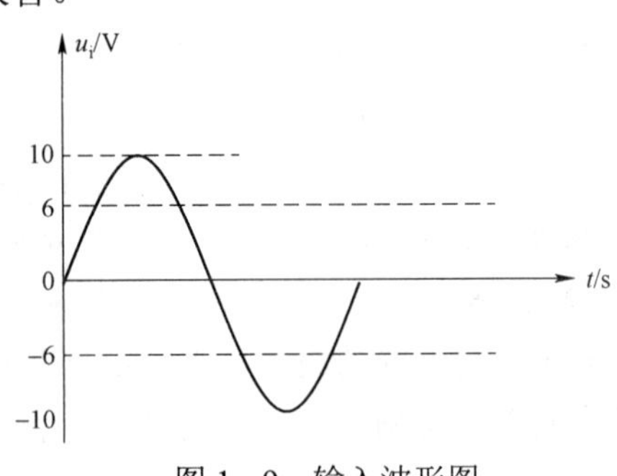

图 1－9　输入波形图

解：由二极管的单相导电性可知，在图 1－8 中，当 $u_i>6$ V 时，二极管导通，导通后相当于图 1－10 的左图，这时 $U_o=U_S=6$ V；当 $u_i<6$ V 时，二极管截止，电路相当于图 1－10 中的右图，此时 $U_o=u_i$，根据分析得出输出 u_o 的波形如图 1－11 所示。可见输出信号的最大值被限制在了 6 V。

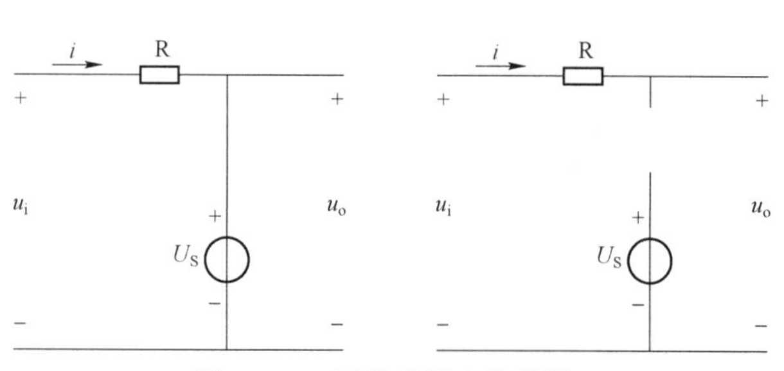

图 1－10　正负半周电路简图

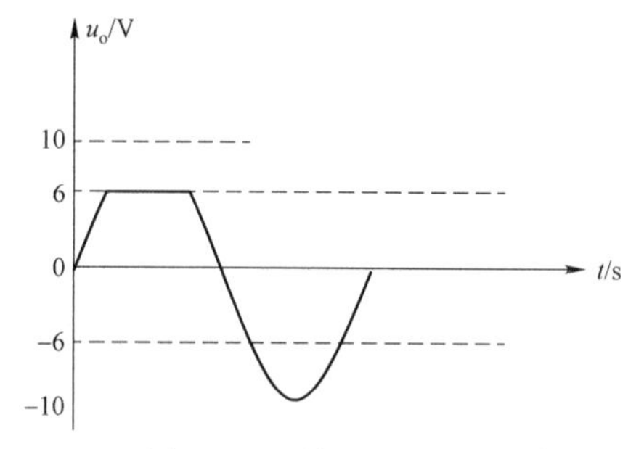

图 1－11　输出波形图

扫描二维码，学习限幅电路

学习笔记：

1.3.2　整流电路组成及电路分析

整流就是利用二极管的单向导电特性将双向变化的交流电变成单方向脉动的直流电的过程，常见的有半波整流、全波整流、桥式整流。在此重点分析半波整流电路和桥式整流电路。

1. 半波整流电路

1）半波整流电路工作原理分析

图 1－12 为一个最简单的单相半波整流电路。图中 T 为电源变压器，VD 为整流二极管，R_L 为负载电阻。电路主要利用二极管的单向导电性来完成整流任务。在 u_2 的正半周，二极管导通，假设其是理想二极管，则导通后，$u_o=u_2$，在 u_2 的负半周，二极管截止，$u_o=0$。根据分析其电压波形如图 1－13 所示。

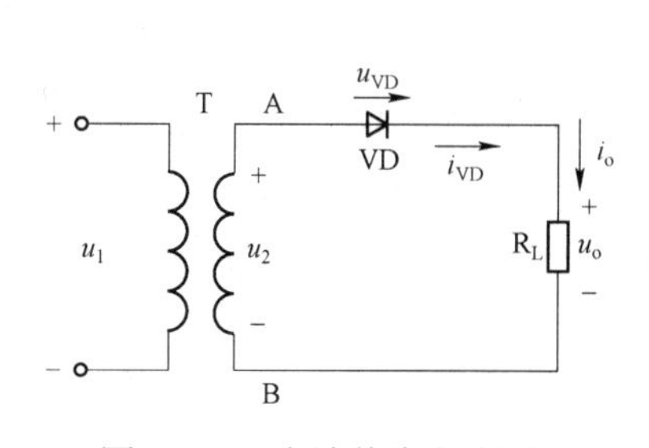

图 1－12　半波整流电路图

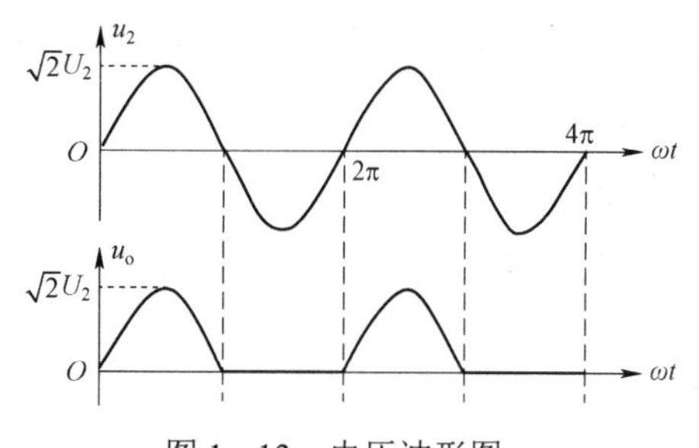

图 1－13　电压波形图

在电路工作过程中，二极管电流和负载电流是相等的，在负半周时，二极管截止，承受反向电压，二极管电流及反向工作电压波形如图 1－14 所示。

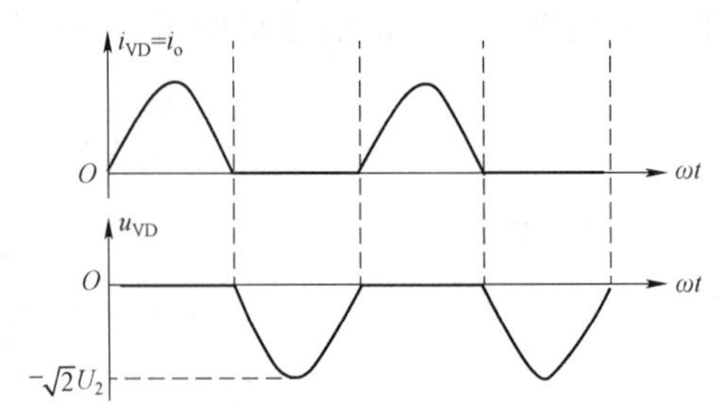

图 1－14　二极管电流及反向工作电压波形图

扫描二维码，
学习半波整流电路

学习笔记：

2）半波整流电路的主要参数

半波整流电路的主要参数包括电路输出电压的平均值 U_o、输出电流的平均值 I_o 和二极管的反向工作电压。

输出电压平均值为：$U_o=\frac{1}{2\pi}\int_0^{\pi}\sqrt{2}U_2\sin\omega t\mathrm{d}(\omega t)=\frac{\sqrt{2}}{\pi}U_2\approx0.45U_2$

输出电流平均值为：$I_o=\frac{U_o}{R_L}\approx0.45\frac{U_2}{R_L}$

由图 1－14 可见二极管的最高反向电压的大小是 $\sqrt{2}U_2$。

2. 桥式整流电路

1）桥式整流电路工作原理分析

桥式整流电路如图 1－15 所示。四只整流二极管 VD_1～VD_4 接成电桥形式，称为桥式整流电路。在分析电路工作原理时，将这些二极管视为理想二极管，设 $u_2=\sqrt{2}U_2\sin\omega t$。

当 u_2 处在正半周时，A 点电位高于 B 点电位，VD_1、VD_3 导通，VD_2、VD_4 截止，电流方向为：A→VD_1→R_L→VD_3→B，如图 1－15 中实线箭头所示，负载 R_L 上 $u_o=u_2$。

当 u_2 处在负半周时，B 点电位高于 A 点电位，VD_2、VD_4 导通，VD_1、VD_3 截止。电流方向为：B→VD_2→R_L→VD_4→A，如图 1－15 中虚线箭头所示，负载 R_L 得到上正下负电压，且 $u_o=-u_2>0$。

在 u_2 的整个周期内，负载 R_L 上都有电流流过，而且方向始终不变。单相桥式整流电路输入电压、二极管电流波形如图 1－16 所示，负载上的输出电压波形如图 1－17 所示，R_L 上

输出电压 u_o 为单向全波脉动电压。

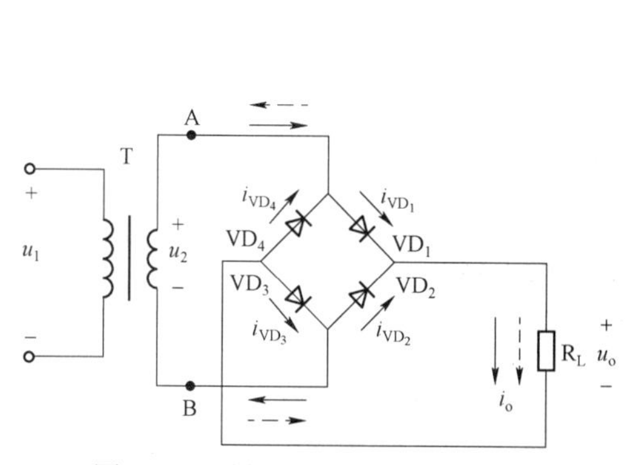

图 1－15　桥式整流电路图

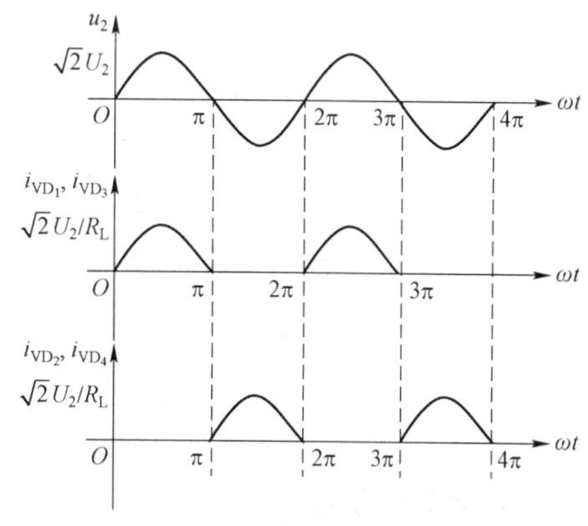

图 1－16　桥式整流电路输入电压、二极管电流波形图

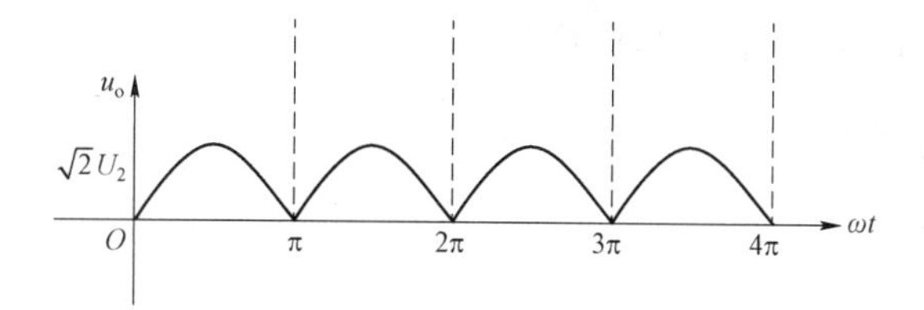

图 1－17　桥式整流电路负载上的输出电压波形图

学习笔记：

扫描二维码，
学习桥式整流电路

2）桥式整流电路主要参数

输出直流电压：$U_o = \frac{1}{\pi}\int_0^{\pi}\sqrt{2}U_2\sin\omega t\mathrm{d}(\omega t) = \frac{2\sqrt{2}}{\pi}U_2 \approx 0.9U_2$

输出直流电流：$I_o = \frac{U_o}{R_L} \approx 0.9\frac{U_2}{R_L}$

通过原理分析不难看出二极管的最高反向电压的大小是：$U_{RM} = \sqrt{2}U_2$。

在桥式整流电路中，VD_1～VD_4 每个二极管只是在半个周期内导通，因此流过它们的电流是负载上平均电流的一半，即：

$$I_{VD_1} = I_{VD_2} = I_{VD_3} = I_{VD_4} = \frac{1}{2}I_o \approx 0.45\frac{U_2}{R_L}$$

桥式整流电路具有输出直流电压高、脉动电压小，效率高，但所用二极管较多。

例 1－2　桥式整流电路中，负载是一个电阻，其两端直流电压为 20 V，直流电流为 3 A，试求变压器次级电压的有效值，并选择二极管的型号。

解：由题意得：$U_2=\dfrac{U_o}{0.9}=\dfrac{20}{0.9}\approx 22\text{（V）}$

$$I_{VD}=\frac{1}{2}I_o=\frac{1}{2}\times 3=1.5\text{（A）}$$

$$U_{RM}=\sqrt{2}U_2=\sqrt{2}\times 22\approx 31\text{（V）}$$

根据上述数据，查相关资料可知应选择二极管 2CZ56B。

目标训练

一、基础知识训练

1. 如图 1－18 所示，求通过稳压管的电流 I_Z 等于多少？R 是限流电阻，其阻值是否合适？

2. 分析图 1－19 所示二极管稳压电路原理。

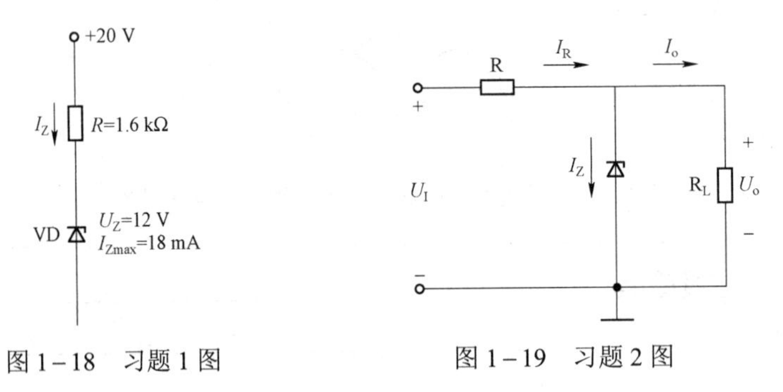

图 1－18　习题 1 图　　图 1－19　习题 2 图

学习笔记：

扫描二维码，
学习二极管稳压电路

3. 理想二极管组成电路如图 1－20 所示，试确定各电路的输出电压。

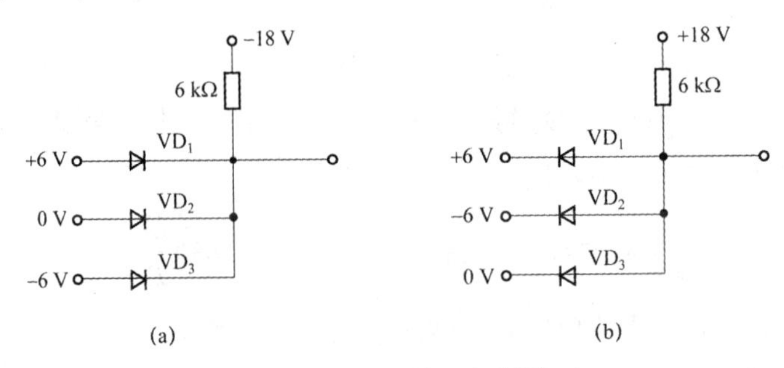

图 1－20　习题 3 电路图

4. 二极管电路如图 1－21 所示，判断图中的二极管是导通还是截止，并求出电压 U_{AO}。

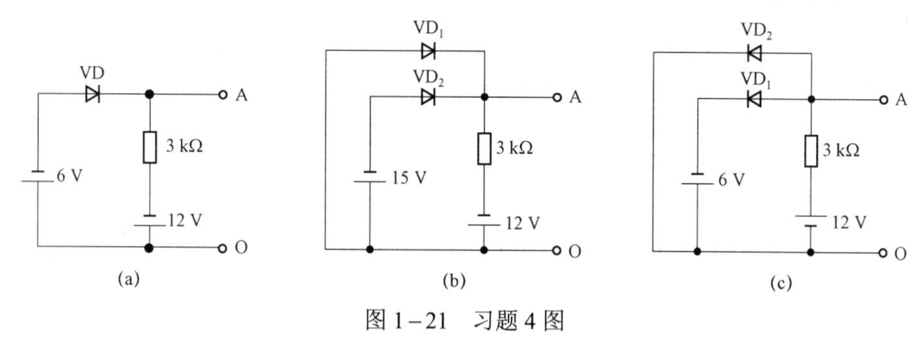

图 1－21　习题 4 图

二、分析能力训练

单相桥式整流电路如图 1－22 所示。试说明当某只二极管断路时的工作情况，并画出负载电压波形。

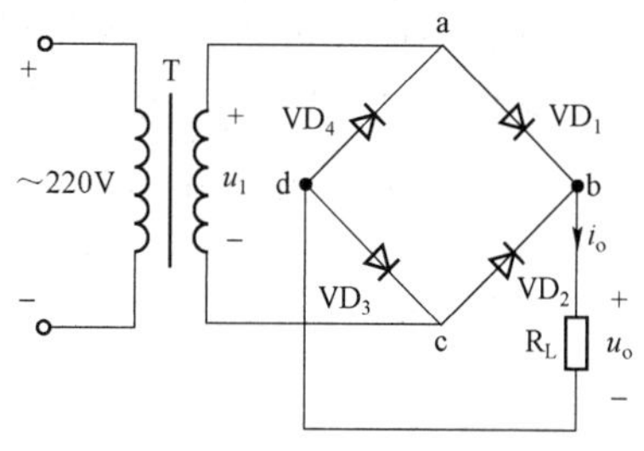

图 1－22　单相桥式整流电路图

任务 1.4　认知半导体三极管

任务引入

双极型晶体三极管在电子电路中主要起电流放大作用，它是一种电流控制电流的电子元件，主要有 NPN 和 PNP 两种，如图 1－23 所示。晶体三极管，是最常用的基本元器件之一，是电子电路的核心元件，也广泛应用于大规模集成电路的基本组成部分中。

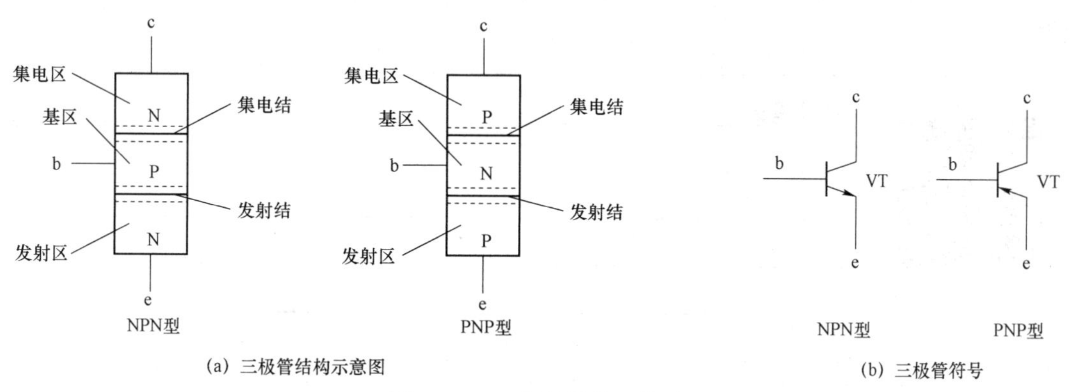

图 1－23　三极管结构及符号

任务目标

（1）认知三极管结构，并掌握不同的分类。

（2）掌握三极管的电流放大作用。

（3）掌握三极管工作特性曲线。

（4）了解三极管主要参数。

知识链接

1.4.1 认识晶体三极管的结构及分类

晶体三极管有双极型和场效应型两种，在此我们讲解的是双极型三极管，场效应型三极管的知识见附录 A。双极型晶体管根据结构不同可分为 NPN 型和 PNP 型两种。根据用途不同，可分为放大管和开关管；根据材料不同，可分为硅管和锗管；根据频率不同，可分为高频管、中频管和低频管。现在，国内生产的硅管多为 NPN 型，锗管多为 PNP 型。图 1－24 所示为常用三极管的几种常见外形。下面以 NPN 型晶体三极管为例说明其具体结构、载流子运动情况及电流放大功能。

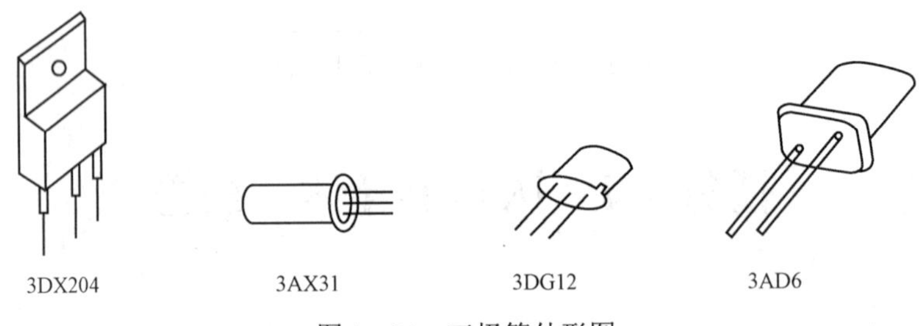

图 1－24　三极管外形图

NPN 型三极管有三个区、三个极和两个结，即集电区、基区和发射区，集电极、基极和发射极，集电结和发射结。三个极分别用 c、b 和 e 表示，发射极又简称为射极。在制造时，通过工艺手段使集电结的面积特别大，基区特别薄，且掺杂浓度最低，而发射区掺杂浓度特别高。

扫描二维码，
学习三极管结构

学习笔记：

1.4.2 NPN 型三极管内部载流子的运动规律及电流放大作用

为了保证三极管实现电流放大作用，必须在发射结加上正向电压（正偏），集电结加反向电压（反偏），这样，因为发射结正偏，导致发射区多子向基区扩散，基区多子向发射区扩散，由于基区的厚度较薄，发射区杂质掺杂浓度较高，在其内部形成发射极电流 I_E、基极电流 I_B、集电极电流 I_C，如图 1－25（a）所示。

三极管在工作过程中，少数载流子的运动形成反向电流。为了了解三极管各极电流分配关系，以 NPN 三极管为例，用图 1－25（b）所示的电路进行测试，调节电位器 R_P，可测得几组数据，如表 1－1 所示。

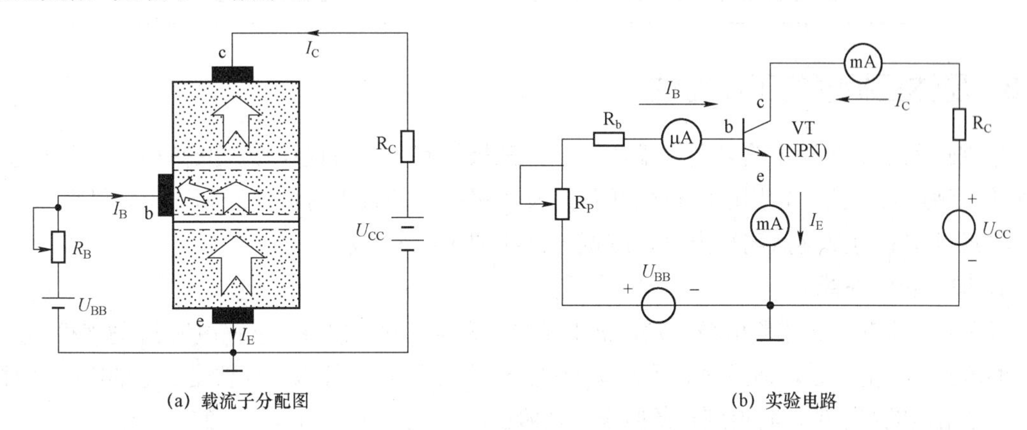

图 1－25　三极管电流放大作用

表 1－1　三极管各极电流测试数据

基极电流 I_B/μA	−1	0	10	20	30	40	50
集电极电流 I_C/mA	0.001	0.1	1	2	3	4	5
发射极电流 I_E/mA	0	0.1	1.01	2.02	3.03	4.04	5.05

通过对表 1－1 进行分析、计算，可发现三极管极间电流存在如下关系。

（1）$I_E = I_B + I_C$，其中 $I_C \gg I_B$，即流进三极管的电流等于流出三极管的电流，此结果满足基尔霍夫电流定律。

（2）$\frac{I_C}{I_B}$ = 定值，通常用 $\overline{\beta}$ 表示，称为共射极直流电流放大系数，表征三极管的直流放大能力。

（3）$\frac{\Delta I_C}{\Delta I_B}$ = 定值，通常用 β 表示，称为交流电流放大系数，表示三极管的交流放大性能。由上述数据分析可知：$\overline{\beta}$ 和 β 基本相等，为了表示方便，以后不加区分，统一用 β 表示。

（4）发射极开路时，$I_C = -I_B$，这是因为集电结加反偏电压，引起少子的定向运动，形成一个由集电区流向基区的电流，称为反向饱和电流，用 I_{CBO} 表示。

（5）基极开路时，$I_C=I_E\neq0$，但该电流十分微小，此电流称为集电极－发射极的穿透电流，用 I_{CEO} 表示。

学习笔记：

扫描二维码，
学习载流子的运动规律

1.4.3　晶体三极管的工作特性

根据输入信号与输出信号公共端的不同，三极管有共发射极连接、共基极连接和共集电极连接三种连接方式。常用的特性曲线是共发射极接法的输入特性曲线和输出特性曲线，我们可以通过实验电路逐点测绘出来，测试电路如图 1－26 所示。

1. 输入特性曲线

输入特性曲线是指当集电极与发射极电压 U_{CE} 为某一固定值时，基极电流 I_B 与基极、发射极之间电压 U_{BE} 的关系，即函数关系 $I_B=f(U_{BE})\big|_{U_{CE}=常数}$。由于输入特性要受 U_{CE} 的影响，对于每给一个给定的 U_{CE} 值，将得到一条曲线，且随 U_{CE} 增大，曲线左移，但当 $U_{CE}\geqslant1\text{ V}$ 以后，曲线基本重合，因此，只需画出 $U_{CE}\geqslant1\text{ V}$ 的一条曲线。如图 1－27（a）所示。

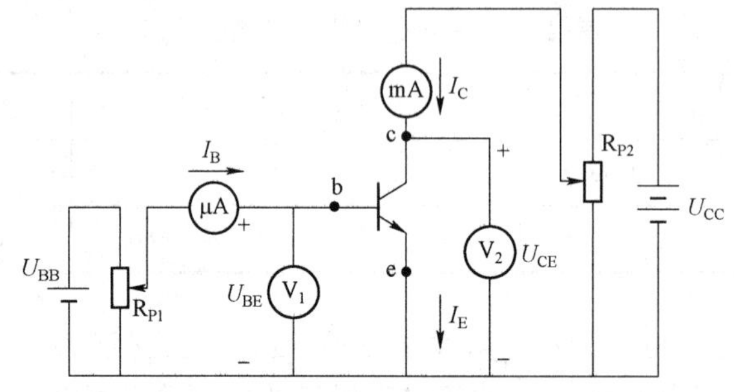

图 1－26　三极管特性测试电路图

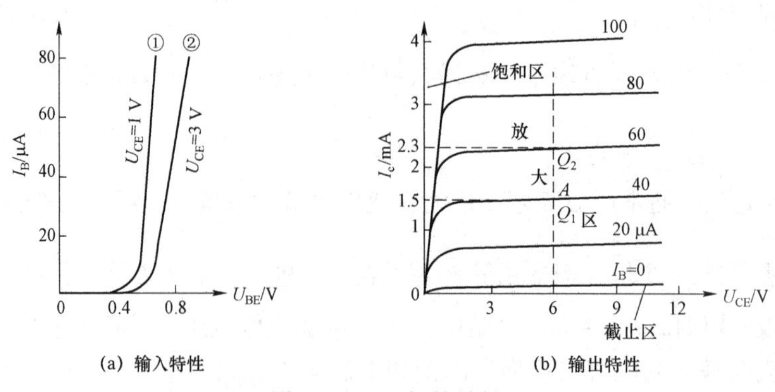

（a）输入特性　　（b）输出特性

图 1－27　三极管特性

2. 输出特性曲线

输出特性曲线是指当基极电流 I_B 为某一固定值时，集电极电流 I_C 与集-射电压 U_{CE} 之间的关系曲线。即 $I_C = f(U_{CE})|_{I_B=常数}$。当取不同的 I_B 值时，可得到一组曲线，如图 1-27（b）所示。

输出特性曲线组可以分为三个区域。

（1）放大区。

三极管处于放大区的条件是发射结正偏，集电结反偏，即 $I_B > 0$，$U_{CE} > 1$ V 的区域。由图可见，这时特性曲线是一组间距近似相等的平行线。在放大区内，I_C 由 I_B 决定，而与 U_{CE} 关系不大，即 I_B 固定时，I_C 基本不变，具有恒流特性。改变 I_B 可以改变 I_C，且 I_C 的变化远大于 I_B 的变化。这表明 I_C 受 I_B 控制，体现出电流放大作用，在此区域内 I_C 和 I_B 成正比关系。

（2）截止区。

指 $I_B = 0$ 曲线以下的区域。截止时集电结和发射结都处于反偏。当 $I_B = 0$ 时，集电结存在一个很小的电流 $I_C = I_{CEO}$，叫穿透电流。硅管的 I_{CEO} 值较小，锗管的 I_{CEO} 值较大。

（3）饱和区。

对应于曲线组靠近纵坐标的部分，饱和时，发射结、集电结均处于正向偏置，因此，I_C 不受 I_B 的控制，三极管失去放大作用。

扫描二维码，学习三极管的特性

学习笔记：

1.4.4　三极管的主要参数

三极管的参数是用来表示它的性能，也是设计电路、合理选用三极管的依据，主要参数有：

1. 共发射极电流放大系数

（1）直流电流放大系数 $\overline{\beta}$。

在静态时，I_C 与 I_B 的比值称为直流电流放大系数，也称为静态电流放大系数。

$$\overline{\beta} = I_C / I_B$$

（2）交流电流放大系数 β。

动态时，基极电流的变化增量为 ΔI_B，它引起集电极电流的变化增量为 ΔI_C。ΔI_B 与 ΔI_C 的比值称为动态电流（交流）放大系数。

$$\beta = \Delta I_C / \Delta I_B$$

2. 极间反向电流

（1）集－基极反向电流 I_{CBO}。

I_{CBO} 是发射极开路，集电结反向偏置时，c、b 之间出现的反向漏电流。I_{CBO} 值很小，但受温度的影响较大。

（2）集－射极穿透电流 I_{CEO}。

I_{CEO} 是基极开路，集电极处于反向偏置、发射极处于正向偏置时，集电结与发射结之间的反向电流，又叫穿透电流。I_{CEO} 与 I_{CBO} 的关系为 $I_{CEO}=(1+\beta)I_{CBO}$。

3. 三极管的极限参数

三极管的极限参数是指在正常情况下，三极管工作时在三个电极上所承受的电压、电流、功率、频率等极限值，是三极管安全工作的极限条件，如果超出这些条件极值，就有可能损坏。主要极限参数以下几个。

（1）集电极最大允许电流 I_{CM}。

集电极电流 I_C 太大时，电流放大系数 β 值要下降。当 β 值下降到正常数值的 2/3 时的集电极电流，称为集电极最大允许电流 I_{CM}。

（2）集－射极反向击穿电压 $U_{(BR)CEO}$。

它表示基极开路时，集电极和发射极之间允许加的最大反向电压，超过这个数值时，I_C 将急剧上升，晶体管可能击穿而损坏。手册中给出的 $U_{(BR)CEO}$ 一般是常温（25℃）时的值。

（3）集－基极间的反向击穿电压 $U_{(BR)CBO}$。

当发射极开路时，集电极、基极间允许加的最高反向电压，一般在几十伏以上。

（4）发射极、基极间反向击穿电压 $U_{(BR)EBO}$。

当集电极开路时，发射极、基极间允许加的最高反向电压，通常比 $U_{(BR)EBO}$ 小些。

（5）集电极最大允许耗散功率 P_{CM}。

集电极电流流经集电结时将产生热量，使结温升高，导致三极管性能变坏，甚至烧毁管子。P_{CM} 就是根据最高结温给出的。

扫描二维码，
学习三极管参数

学习笔记：

目标训练

一、基础知识训练

1. 判断题

（1）三极管截止的条件是其发射结正偏。（　　）

（2）为使晶体三极管处于放大状态，其发射结应加反向电压，集电结应加正向电压。（　　）

（3）无论哪种三极管，当处于放大工作状态时，b 极电位总是高于 e 极电位。（　　）

（4）三极管的发射区和集电区是由同一类半导体（N 型或 P 型）构成的，所以 e 极和 c 极可以互换使用。（　　）

（5）晶体三极管的穿透电流 I_{CEO} 的大小不随温度而变化。（　　）

（6）某晶体三极管的 $I_B=10\ \mu A$，$I_E=1.31\ mA$，则 $I_C=1.3\ mA$。（　　）

（7）对于 NPN 管，$U_{BE}>0$，$U_{BE}>U_{CE}$，则该管处于饱和状态。（　　）

（8）一个 NPN 管基极电位为 +5.6 V，发射极电位为 +5 V，则说明该三极管的发射结处于正向偏置。（　　）

（9）晶体管的发射结正偏，集电极反偏时，晶体三极管所处的状态是饱和状态。（　　）

（10）晶体三极管的两个 PN 结都是反偏时，三极管处于截止状态。（　　）

（11）三极管发射结反偏时，其集电极电流将增大。（　　）

（12）三极管工作在饱和状态时，它的 I_C 将随 I_B 的增加而减小。（　　）

（13）用万用表测的 NPN 型晶体三极管各电极对地的电位是 $U_B=0.7\ V$，$U_C=0.3\ V$，$U_E=0\ V$，则该三极管的工作状态是饱和状态。（　　）

2. 分析题

（1）分别判断图 1-28 所示各电路中晶体管是否有可能工作在放大状态。

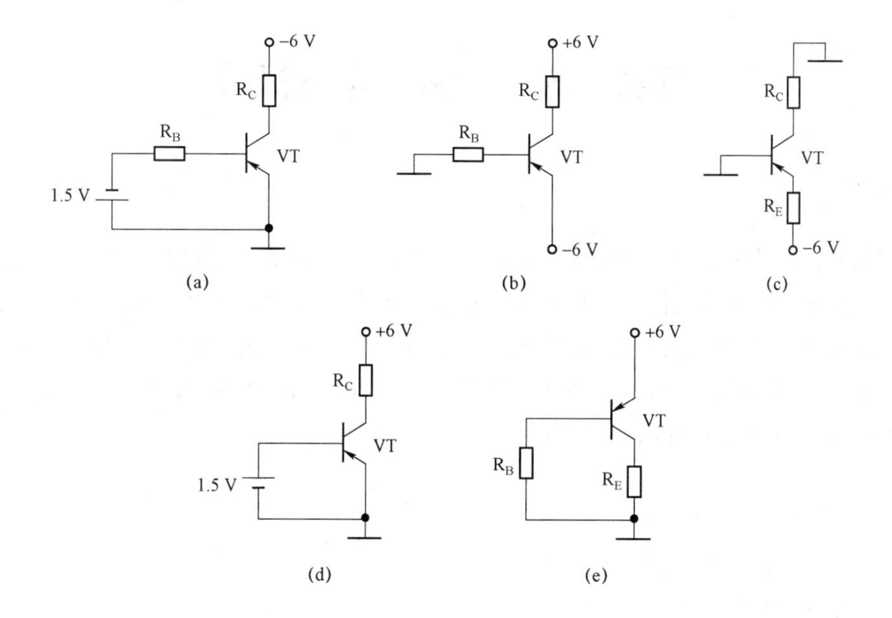

图 1-28　三极管习题图

（2）试根据下列数据，判断图 1－29 中各三极管的工作状态。

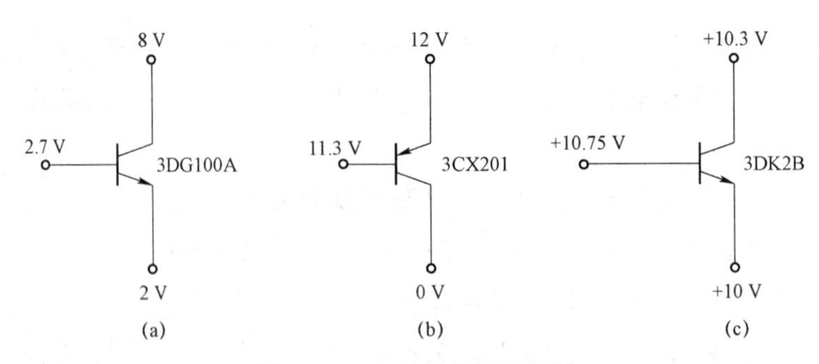

图 1－29　三极管状态习题图

二、分析能力训练

1. 有两个三极管，第一个的$\beta=50$，$I_{CEO}=10\ \mu A$；第二个的$\beta=30$，$I_{CEO}=200\ \mu A$，其他参数相同，用于放大电路，哪个三极管更合适？

2. 图 1－30 中各三极管都工作在放大状态，分析求解三极管另一极的电流大小及方向，并判断三极管的管型。

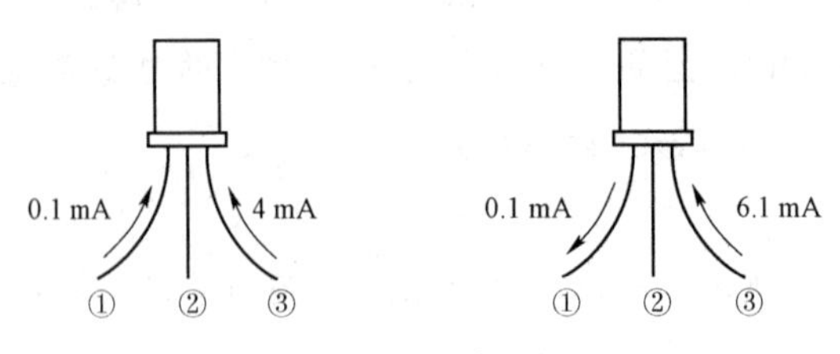

图 1－30　三极管管型习题图

任务 1.5　检测晶体三极管

任务引入

一般情况下，晶体三极管管型是 NPN 还是 PNP 应从管壳上标注的型号来辨别。依照部颁标准，三极管型号的第二位（字母），A、C 表示 PNP 管，B、D 表示 NPN 管，例如：3AX 为 PNP 型低频小功率管；3BX 为 NPN 型低频小功率管；3CG 为 PNP 型高频小功率管；3DG 为 NPN 型高频小功率管；3AD 为 PNP 型低频大功率管；3DD 为 NPN 型低频大功率管；3CA 为 PNP 型高频大功率管；3DA 为 NPN 型高频大功率管。

任务目标

（1）能进行三极管的电流放大作用的分析。

（2）会进行三极管的简易测试。

（3）掌握使用万用表测量三极管的三个电极及导电类型的方法。

（4）掌握万用表检测三极管质量的方法。

知识链接

1.5.1　三极管各极的测试

三极管内部有两个 PN 结，可用万用表电阻挡分辨 e、b、c 三个极。在型号标注模糊的情况下，也可用此法判别管型。

1. 基极的判别

判别管极时应首先确认基极。对于 NPN 管，用黑表笔接假定的基极，用红表笔分别接触另外两个极，若测得电阻都小，为几百欧～几千欧；而将黑、红两表笔对调，测得电阻均较大，在几百千欧以上，此时黑表笔接的就是基极。PNP 管，情况恰恰相反，测量时两个 PN 结都正偏的情况下，红表笔接基极。

实际上，小功率管的基极一般排列在三个管脚的中间，可用上述方法，分别将黑、红表笔接基极，既可测定三极管的两个 PN 结是否完好（与二极管 PN 结的测量方法一样），又可确认管型。

2. 集电极和发射极的判别

确定基极后，假设余下管脚之一为集电极 c，另一为发射极 e，用手指分别捏住 c 极与 b 极（即用手指代替基极电阻 R_B）。同时，将万用表两表笔分别与 c、e 接触，若被测管为 NPN，则用黑表笔接触 c 极、用红表笔接 e 极（PNP 管相反），观察指针偏转角度；然后再设另一管脚为 c 极，重复以上过程，比较两次测量指针的偏转角度，大的一次表明 I_C 大，管子处于放大状态，相应假设的 c、e 极正确。

扫描二维码，
学习三极管各极的测试

学习笔记：

1.5.2　三极管性能的测试

1. 用万用表电阻挡测 I_{CEO} 和 β

基极开路，万用表黑表笔接 NPN 管的集电极 c、红表笔接发射极 e（PNP 管相反），此时 c、e 间电阻值大则表明 I_{CEO} 小，电阻值小则表明 I_{CEO} 大。

用手指代替基极电阻 R_B，用上法测 c、e 间电阻，若阻值比基极开路时小得多则表明 β 值大。

2. 用万用表 hFE 挡测 β

有的万用表有 hFE 挡，按表上规定的极型插入三极管即可测得电流放大系数 β，若 β 很小或为零，表明三极管已损坏，可用电阻挡分别测两个 PN 结，确认是否击穿或断路。

扫描二维码，
学习三极管性能的判断

学习笔记：

1.5.3 判断三极管质量好坏

将万用表置于电阻×1 k 挡，分别测量三极管的基极与集电极、基极与发射极之间的 PN 结的正、反向电阻。若测得两个 PN 结的正向电阻都很小，反向电阻都很大，则三极管为正常，否则已损坏。

在设计或制作电路过程中，若已知三极管的型号，可通过查手册，了解其类型、用途、主要参数，看是否满足电路要求；若要自己选择三极管，则应首先确定类型，再到手册中查找对应的栏目，将栏目中各型号三极管参数逐一与要求的参数相比较，看是否满足要求，从而确定管子型号。

1.5.4 三极管外形及管脚识别表

三极管外形及管脚识别常见情况见表 1–2。

表 1–2 三极管外形及管脚识别表

三极管外形图	管脚排列	备注说明
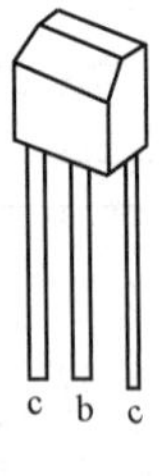 c b c	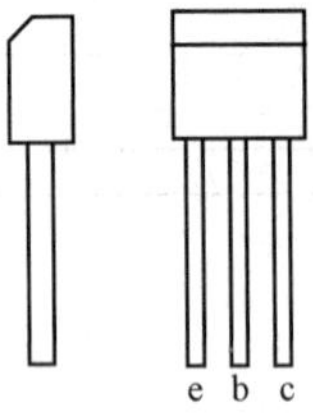 e b c	面对切角面，引出线朝下，各极从左往右分别为发射极、基极、集电极
	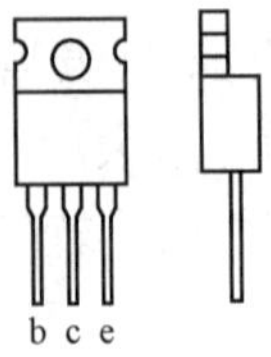 b c e	面对三极管正面，管脚向下，各极从左往右分别为基极、集电极、发射极

续表

三极管外形图	管脚排列	备注说明
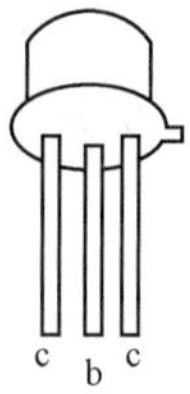 c b c	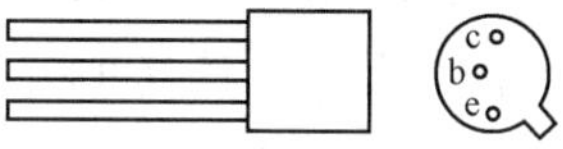 c b e	面对三极管底部，从标记处开始，按顺时针方向，各极分别为发射极、基极、集电极
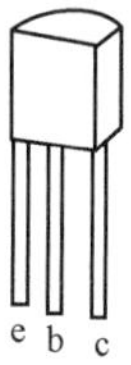 e b c	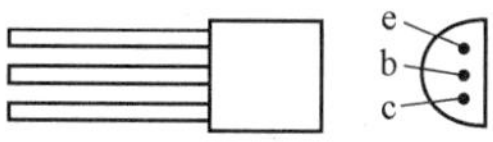 e b c	面向三极管侧面的平面，管脚朝下，各极从左往右分别为发射极、基极、集电极
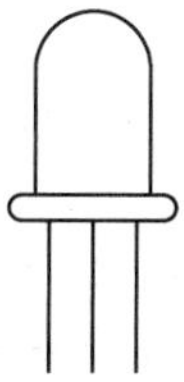	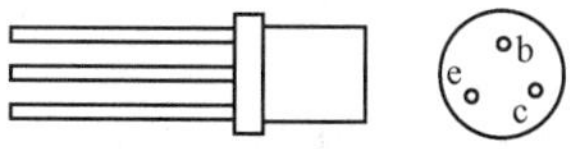 b e c	面向三极管底部，使管脚所在半圆在上方，按顺时针方向，各极从左往右分别为发射极、基极、集电极
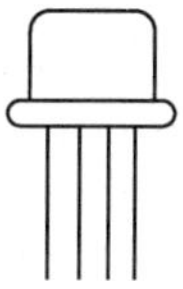	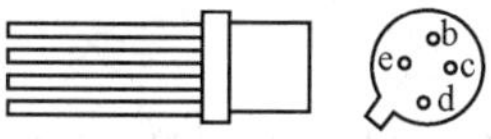 b e c d	面向三极管底部，由定位标记起，按顺时针方向，各极分别为发射极、基极、集电极、接地线 d。接地线与金属外壳相连，在电路中起屏蔽作用
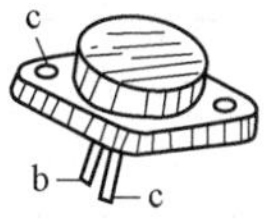 c b c	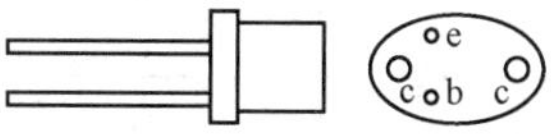 e c b c	面向三极管底部，使管脚位于左侧，上面的管脚是发射极，下面的是基极，外壳是集电极

目标训练

一、基础知识训练

1. 判断基极和管型

将万用表的选择开关置于电阻×1 k 挡，将万用表调零。假设三极管中的任一电极为基极，并将________表棒始终接在假设的基极上，再用________表棒分别接触另外两个电极，轮流测试，直到测出的两个电阻值都很小为止，则假设的基极是正确的。这时，若黑表棒接基极，则该管为________型；若红表棒接基极，则为________型。

2. 判断集电极和发射极

确定基极后，假定另外两个电极中的一个为集电极，用手指将假定的集电极与已知的

______捏在一起（注意：两个电极不能相碰），若已知被测管子为 NPN 型，则以万用表的______接在假定的集电极上，________接在假定的发射极上，如图 1-31（a）所示，这时测出一个电阻值。然后再把第一次测量中所假定的集电极和发射极互换，进行第二次测量，又得到一个电阻值。在两次测量中，电阻值较小的那一次，与黑表笔相接的电极即为集电极（因为 c 和 e 之间的电阻小，说明晶体管的放大倍数大，假设就正确）。若晶体管为 PNP 管，测试电路如图 1-31（b）所示。测量时，只需将红、黑表棒对调即可。

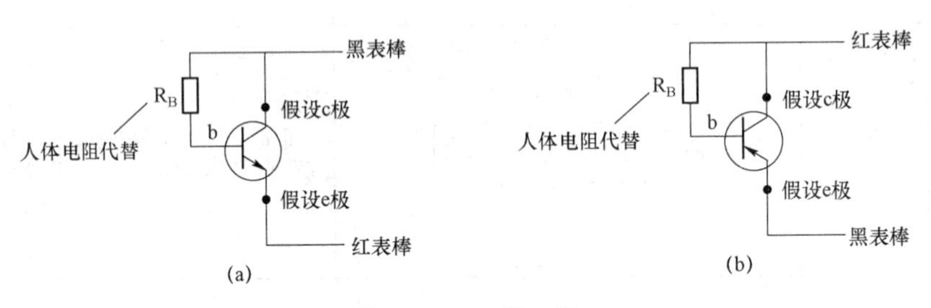

图 1-31　习题 2 图

3. 判断三极管质量好坏

将万用表置于电阻×1 k 挡，分别测量三极管的基极与集电极、基极与发射极之间的 PN 结的正、反向电阻。若测得两个 PN 结的正向电阻都很小，反向电阻都很大，则三极管为正常，否则已损坏。

将测试结果填入表 1-3。

表 1-3　万用表检测三极管

型号			
管脚图			
阻值及状态			

二、分析能力训练

1. 用万用表测量某二极管的正向电阻时，用×100 挡测出的电阻值小，用×1 k 挡测出的电阻值大，这是为什么？

2. 三极管具有两个 PN 结，能否用两个二极管反向串联起来作为一个三极管使用？

任务 1.6　简易直流稳压电源的设计

任务引入

直流稳压电源是电子设备不可缺少的重要组成部分，它为电路中的电子器件建立正常工作的条件，并提供信号正常放大、转换所需要的能量，其性能的优劣直接影响电子系统的性

能指标。在本任务中，重点学习简易直流稳压电源的电路组成及分析。

任务目标

（1）研究单相桥式整流电容滤波电路的特性。

（2）掌握串联型晶体管稳压电源主要技术指标的测试。

（3）研究集成稳压器的特点和性能指标的测试方法。

（4）了解集成稳压器扩展性能的方法。

知识链接

1.6.1　桥式整流电容滤波原理分析

电容滤波是最常用也是最简单的滤波形式，图 1－32（a）所示为单相桥式整流电容滤波电路。闭合 S 接入负载 R_L，设电容 C 上没有电压，u_2 正半周，VD_1、VD_3 导通，u_2 经 VD_1、VD_3 一方面向负载 R_L 提供电流，另一方面向 C 充电。到达最大值后，$u_2<u_C$，二极管截止，C 通过 R_L 放电，u_C 按指数规律缓缓下降。当 u_2 的负半周幅值变化恰好大于 u_C 时，VD_2、VD_4 导通，u_2 再次对 C 充电。当 $u_2<u_C$ 时，VD_2、VD_4 截止，C 再次通过 R_L 放电，波形图如图 1－32（b）所示。

断开 S 开关，电容器充电到最大值后，保持 $\sqrt{2}U_2$ 不变。

桥式整流电容滤波后的输出电压一般记作：$U_o\approx1.2U_2$。在电容滤波电路中，为输出比较平滑的直流电压，选取电容 C 一般要求：

$$R_LC\geqslant(3\sim5)\frac{T}{2}$$

式中 T 是交流电源电压周期，电容的耐压值一般取（1.5～2）U_2。电容滤波电路简单，纹波较小，但输出特性较差，故适用于负载电压较高，负载变动不大的场合。

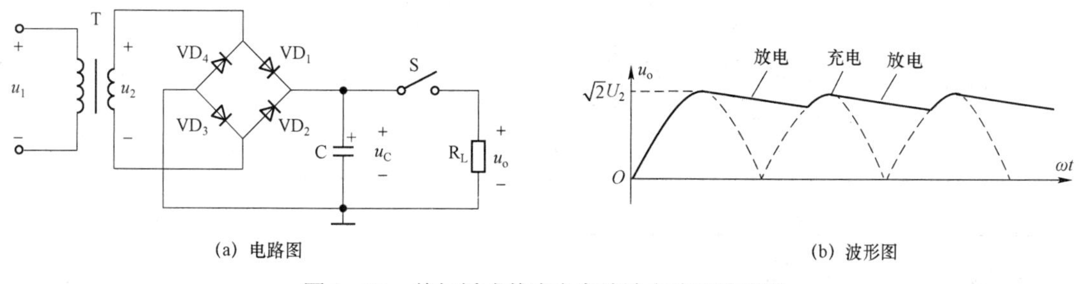

图 1－32　单相桥式整流电容滤波电路及波形图

1.6.2　电容滤波电路的测试

1. 整流电容滤波电路测试

按图 1－33 连接实验电路。取可调工频电源电压为 16 V，作为整流电路输入电压 u_2。

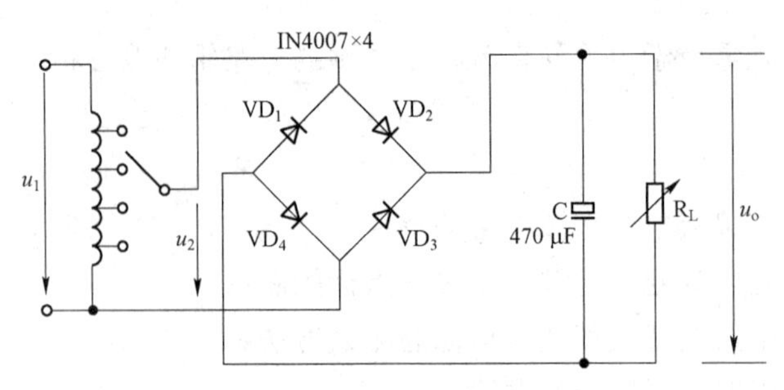

图 1－33　整流电容滤波实验电路

（1）取 $R_L=240\ \Omega$，不加滤波电容，测量直流输出电压 U_o，并用示波器观察 u_2 和 u_o 波形，记入表中。

（2）取 $R_L=240\ \Omega$，$C=470\ \mu F$，重复内容（1）的要求，记入表中。

（3）取 $R_L=120\ \Omega$，$C=470\ \mu F$，重复内容（1）的要求，记入表中。

电路形式		U_o/V	u_o 波形
$R_L=240\ \Omega$			
$R_L=240\ \Omega$ $C=470\ \mu F$			
$R_L=120\ \Omega$ $C=470\ \mu F$			

扫描二维码，
学习桥式整流滤波电路

学习笔记：

2. 集成稳压器性能测试

用集成稳压器做成的稳压电源，安装调试方便，且具有体积小、重量轻、成本低、使用简便可靠、性能指标高等优点。集成稳压器有多端可调集成稳压器、三端固定式稳压器、三端可调稳压器等类型。其中三端稳压器因使用方便而被广泛应用于电子仪器、电子设备中。三端固定式稳压器分正电压型和负电压型两个系列。正电压型三端固定式稳压器的型号为 CW78XX，其型号后两位数字表示输出电压值，例如 CW7812 表示输出电压是 +12 V。负电压型三端固定式稳压器的型号为 CW79XX，其型号后两位数字表示输出电压值，例如 CW7912 表示输出电压是 −12 V。

1）*初测*

如图 1−34 所示，C_1 为滤波电容，C_3 起在输入线较长时抵消其电感效应，以防产生自激振荡的作用，C_2 是为了消除电路的高频噪声，改善负载瞬态响应。取负载电阻 $R_L=120\ \Omega$，接通工频 14 V 电源，测量 u_2 值；测量滤波电路输出电压 U_i（稳压器输入电压），集成稳压器输出电压 U_o，它们的数值应与理论值大致符合，否则说明电路出了故障。设法查找故障并加以排除。电路经初测进入正常工作状态后，才能进行各项指标的测试。

2）*输出电压 U_o 和最大输出电流 I_{omax} 的测量*

在输出端接负载电阻 $R_L=120\ \Omega$，由于 W7812 输出电压 $U_o=12$ V，因此流过 R_L 的电流 $I_{omax}=\dfrac{12}{120}=100$ mA。这时 U_o 应基本保持不变，若变化较大则说明集成块性能不良。

图 1−34 的稳压部分可以用稳压二极管电路取代，可自行分析并进行测试。

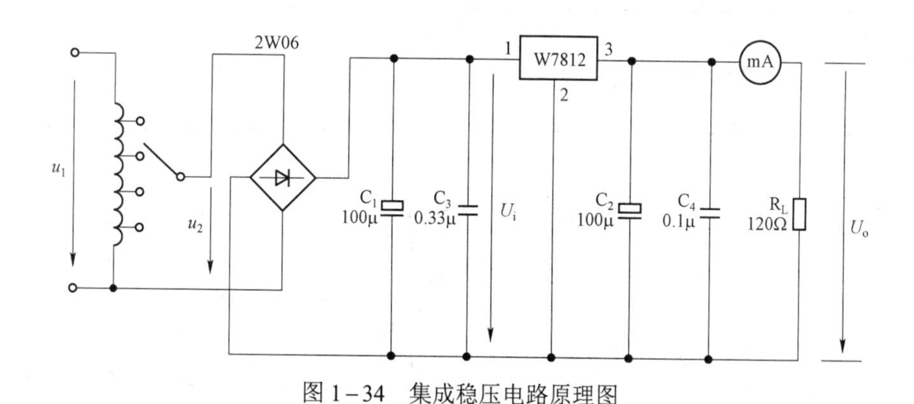

图 1−34　集成稳压电路原理图

学习笔记：

扫描二维码，
学习集成稳压电路

1.6.3 串联型稳压电路性能测试（选学）

带放大环节的串联型稳压电路是较为通用的一种稳压电路，它由采样电路、基准电路、比较放大器和调整电路组成，这种电路的实质就是利用负反馈电路来实现稳压。

1）初测

串联型稳压电路原理图如图 1－35 所示，稳压器输出端负载开路，断开保护电路，接通 16 V 工频电源，测量整流电路输入电压 U_2，滤波电路输出电压 U_i（稳压器输入电压）及输出电压 U_o。调节电位器 R_W，观察 U_o 的大小和变化情况，如果 U_o 能跟随 R_W 值线性变化，这说明稳压电路各反馈环路工作基本正常。

2）测量输出电压可调范围

接入负载 R_L（滑线变阻器），并调节 R_L，使输出电流 $I_o \approx 100$ mA。再调节电位器 R_W，测量输出电压可调范围 $U_{omin} \sim U_{omax}$。且使 R_W 动点在中间位置附近时 $U_o = 12$ V。若不满足要求，可适当调整 R_1、R_2 阻值大小。

3）测量各级静态工作点

调节输出电压 $U_o = 12$ V，输出电流 $I_o = 100$ mA，测量各级静态工作点，记入表中。

$U_2 = 16$ V　$U_o = 12$ V　$I_o = 100$ mA

	VT_1	VT_2	VT_3
U_B/V			
U_C/V			
U_E/V			

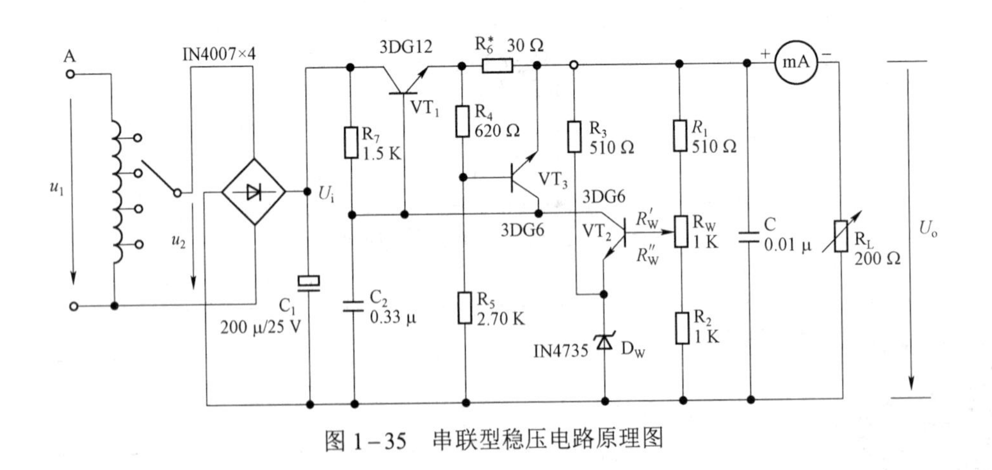

图 1－35　串联型稳压电路原理图

仿真实验 1　桥式整流电路

1. 实验目的

（1）掌握四个二极管的连接方式。

（2）测量正负半周负载上的电流及电压。

（3）测量二极管的正向电压及反向电压。

2. 实验原理

单项桥式整流电路原理图如图 1-36 所示，u_2 的正半周时，VD_1、VD_3 导通，VD_2、VD_4 截止，负载电流方向由上而下；u_2 的负半周时，VD_2、VD_4 导通，VD_1、VD_3 截止，电流方向仍然由上而下。四个二极管分两组轮流导通，完成整流过程。

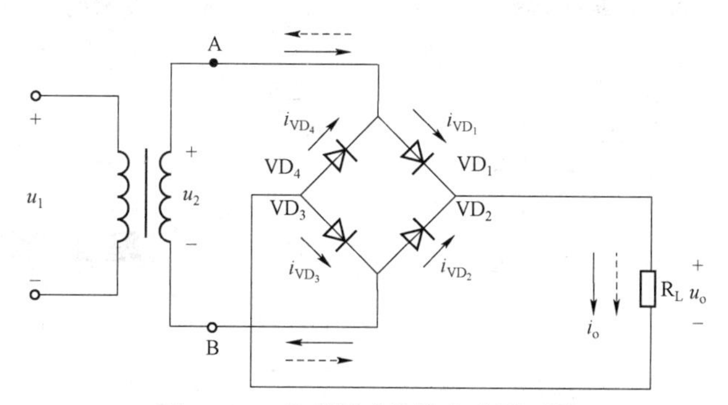

图 1-36　单项桥式整流电路原理图

3. 实验步骤

（1）仿真实验电路图如图 1-37 所示。双击万用表 XMM1、XMM2 调整为直流电压挡，分别测试 VD_1 两端电压，R_L 的平均电压；XMM3 调整为直流电流挡，测试负载电流平均值。仪表调整示意图如图 1-38 所示。

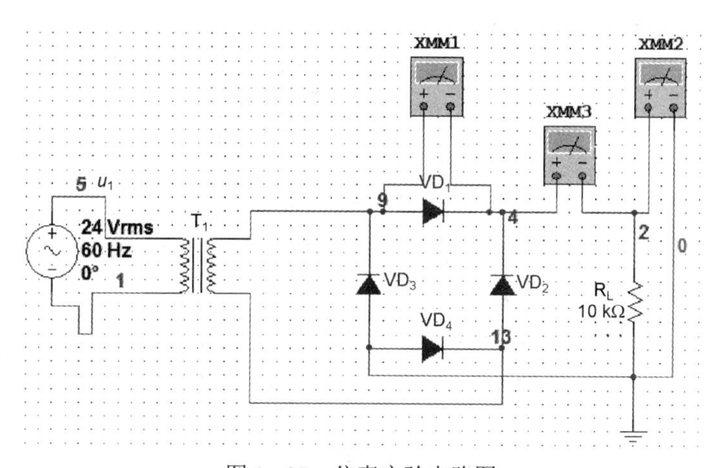

图 1-37　仿真实验电路图

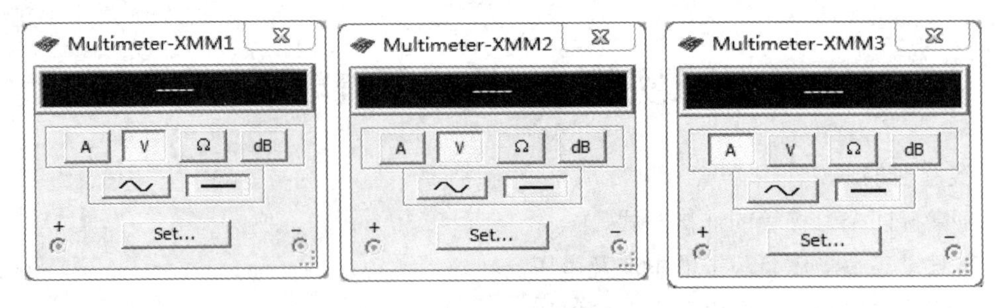

图 1－38　仪表调整示意图

点击仿真按钮▷，仿真电路电压及电流显示如图 1－39 所示。观察记录 XMM1、XMM2、XMM3 数值。

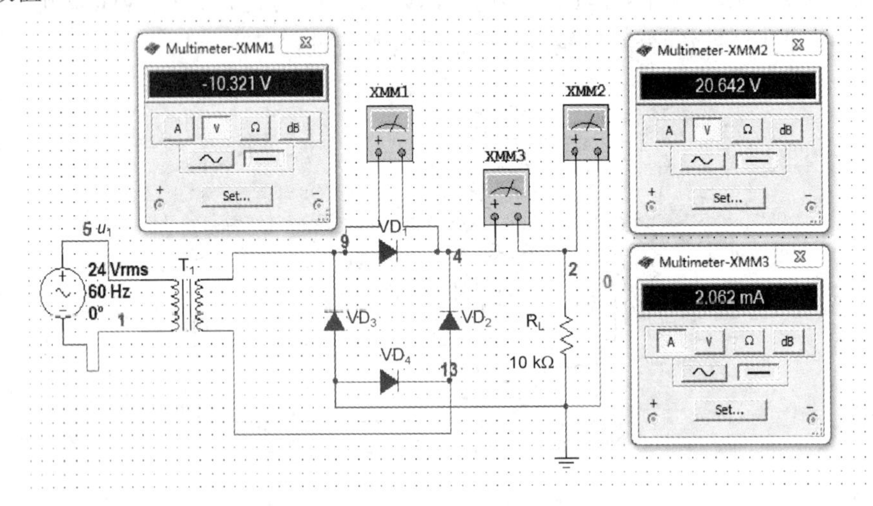

图 1－39　仿真过程电压及电流显示图

（2）点击工具按钮，放置仿真示波器 XSC1，调整 Channel A 为红色测量 u_2 波形，调整 Channel B 为绿色测量 u_o 波形。u_o、u_2 对比仿真电路图如图 1－40 所示。激活电路，观察并分析 u_o 与 u_2 的波形，分析 u_o 与 u_2 的大小关系。为便于观察波形，调整 Channel A 的 Y 轴下移 1 格，Channel B 的 Y 轴上移 1 格，波形图如图 1－41 所示。

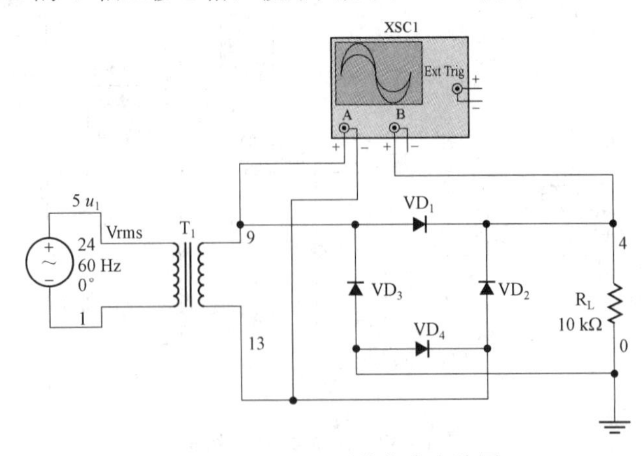

图 1－40　u_o、u_2 对比仿真电路图

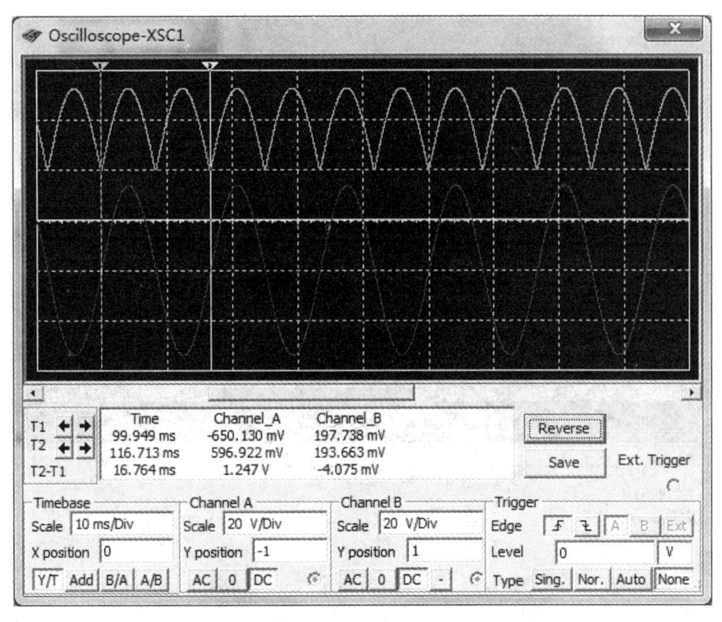

图 1－41　u_o、u_2 波形图

（3）分析 VD_1 两端的电压波形，读取反向偏置电压，波形图如图 1－42 所示。

观察波形数值时，可以通过调整光标尺进行观测。浅蓝色标尺 1 和黄色标尺 2 分别测量 VD_1 波谷和反向偏置电压数值，以及所在时间轴时间，并在波形下方数值表显示对应差值。

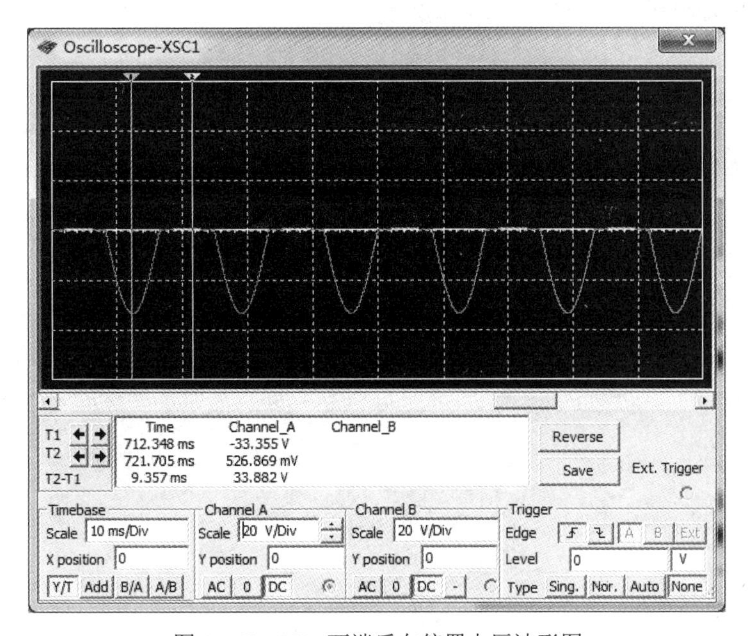

图 1－42　VD_1 两端反向偏置电压波形图

（4）分析 i_o 波形。波形图如图 1－43 所示。

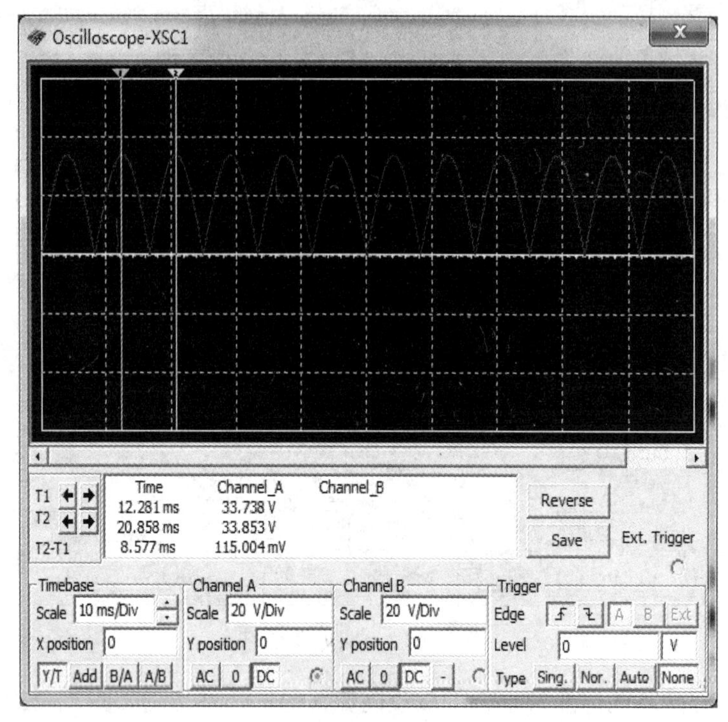

图 1－43　i_o 波形图

4. 思考题

（1）改变 R_L 阻值大小或 u_2 的频率，u_o 有何变化？

（2）如果 VD_4 断路，u_o 有何变化？

项目 2

基本放大电路分析与测试

放大电路，就是把微弱的电信号（电压或电流）不失真地放大到所需要的数值。基本放大电路是构成电子电路的基本单元电路，无论日常的收音机还是精密的测量仪器及自动控制系统，内部都包含各种不同类型的放大电路。掌握基本放大电路的知识，可以正确分析电子电路性能。基本放大电路被广泛地应用于通信、医疗器械、工业自动控制、测量等领域。

任务 2.1　分析三种三极管放大电路

任务引入

不同的负载对放大器的要求不同，本项目主要介绍交流电压放大电路的组成、工作原理及其分析方法。电压放大电路原理图如图 2-1 所示，它是最基本的交流放大电路。输入端接需要放大的信号，输入信号可以是收音机天线收到的包含声音信息的微弱电信号，也可以是某种传感器根据被测量而转换出的微弱电信号，或前一级放大电路的输出，在电路分析中，我们称这些电信号为信号源，可用一个理想电压源 u_S 和电阻 R_S 串联表示，负载用 R_L 表示。

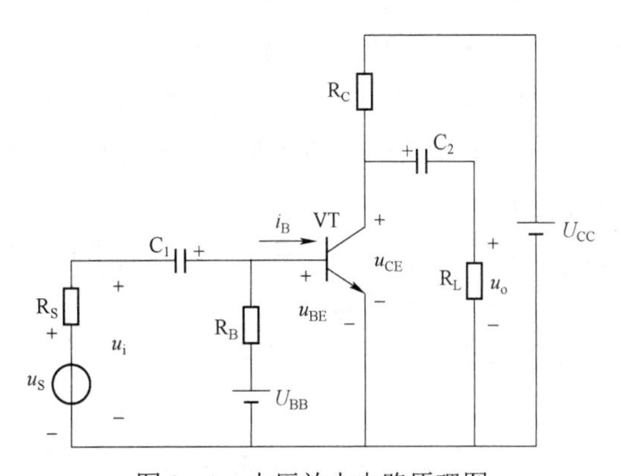

图 2-1　电压放大电路原理图

三极管放大电路有共发射极、共集电极、共基极三种方式，其中共发射极放大电路是晶体三极管放大电路的基本方式，电路的作用主要是实现信号放大作用。电路的信号放大作用和三极管的电流放大作用是密不可分的，二者是怎么转换的呢？解决这个问题，必须先从了解共发射极放大电路电路组成及各元件作用开始，并对图 2－2 所示电路进行分析。

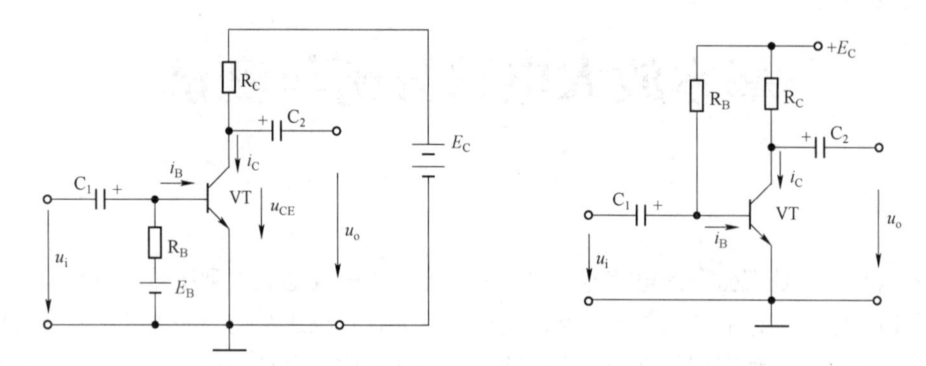

图 2－2　三极管共发射极基本放大电路图

任务目标

（1）认识三极管基本放大电路组成及各元件作用。

（2）掌握共发射极放大电路的静态电路分析。

（3）掌握共发射极放大电路的动态电路分析。

（4）会分析分压式放大电路。

知识链接

2.1.1　认识三极管共发射极基本放大电路

1. 共发射极基本放大电路组成及作用

共发射极基本放大电路是最基本的三极管放大电路，输入端接需要放大的信号 u_i，放大器的输出端输出电压为 u_o。电路中各元件作用分别如下。

（1）晶体三极管 VT：它是放大器的核心。利用它的电流控制作用，实现信号放大作用。

（2）集电极电源 E_C：这是整个放大电路的能源，一般为几伏到几十伏；同时它又保证集电结为反向偏置，使晶体管处于放大状态。

（3）集电极负载电阻 R_C：它将集电极电流变化转换为集电极电压的变化，以获得输出电压。R_C 的阻值一般为几千欧姆到几十千欧姆。

（4）基极电源 E_B：它保证晶体管发射结处于正向偏置，这是 E_B 通过偏流电阻 R_B 来实现的。

（5）基极偏流电阻 R_B：在 E_B 的大小确定后，调节 R_B 可使晶体管基极获得合适的直流偏置电流（简称偏流）I_B，同时使晶体管有合适的静态工作点。

（6）耦合电容 C_1 和 C_2：它们分别接在放大电路的输入和输出端，利用电容器对交、直流信号具有不同阻抗的特性，一方面隔断信号源与放大电路、放大电路与负载之间的直流通路，

另一方面起到交流耦合作用，使交流信号畅通地传输。在低频放大电路中，耦合电容的值一般取几十微法。

学习笔记：

扫描二维码，
认识三极管放大电路

2. 电路中电压、电流符号使用注意事项

电路分析时经常遇到电路中物理量符号大小写的问题，直流分量、交流分量、瞬时值的符号是不能混淆的。直流分量的基本符号和下标符号均为大写字母，如 I_B、U_{BE} 等；交流分量的基本符号和下标符号均为小写字母，如 i_b、u_{be} 等；瞬时值是指交直流的叠加，它的基本符号为小写字母，下标符号均为大写字母。如 i_B、u_{BE} 等。

2.1.2　共发射极基本放大电路直流电路分析

1. 静态分析介绍

放大电路输入信号 u_i 为零时，电路中没有交流信号，我们称电路处于“静态”。静态时三极管的发射结处于正偏，集电结处于反偏，使三极管工作在放大状态。静态分析就是要确定放大电路的静态值，进行静态分析的目的是找出放大电路的静态工作点 Q，静态时电路中的 I_{BQ}、I_{CQ}、U_{CEQ} 的数值就叫作放大电路的静态工作点。静态电路确定三极管的工作状态，可以实现不失真放大。

分析静态工作点时，要根据放大电路画出直流通路，其中，电容在直流电路中视为开路，使交流输入信号与输出信号从电路中断开。共发射极基本放大电路直流通路如图 2－3 所示。

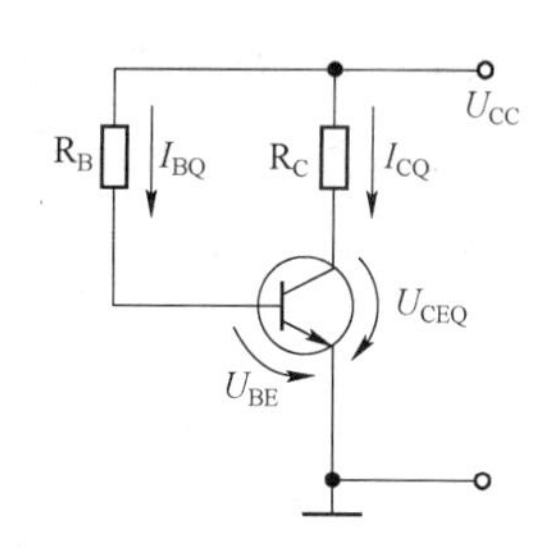

图 2－3　共发射极基本放大电路直流通路

2. 静态工作点的估算

电容 C_1 和 C_2 视作开路后，得到电路的直流通路如图 2－3 所示。该图中，基极电流为：

$$I_{BQ}=\frac{U_{CC}-U_{BE}}{R_B}\approx\frac{U_{CC}}{R_B}$$

由于 $U_{BE}\ll U_{CC}$，故 U_{BE} 可忽略不计。由 I_{BQ} 可得出静态时的 I_{CQ}：

$$I_{CQ}=\beta I_{BQ}+I_{CEO}\approx\beta I_{BQ}$$

式中 I_{CEO} 为穿透电流，一般数值很小，可忽略不计。

由电路图可知，c、e 之间的直流电压 U_{CEQ} 等于电源电压减去集电极电阻上的电压，即：

$U_{CEQ}=U_{CC}-R_CI_{CQ}$。该方程称作直流负载线方程。静态工作点的分析就是指 I_{BQ}、I_{CQ}、U_{CEQ} 的分析。

通过上述静态分析过程，I_{BQ}、I_{CQ}、U_{CEQ} 就被确定下来，三极管的状态就确定在放大状态下的某一个点上，Q 点设置合适，交流信号才能被不失真地放大。

扫描二维码，
学习直流电路分析

学习笔记：

例 2－1　如图 2－4 所示电路，其中 $R_B=470\,\text{k}\Omega$，$R_C=6\,\text{k}\Omega$，$C_1=20\,\mu\text{F}$，$C_2=20\,\mu\text{F}$，$U_{CC}=20\ \text{V}$，$\beta=43$，求静态工作点。

解：由题意和静态工作点的分析可知：

$$I_{BQ}\approx\frac{U_{CC}}{R_B}=\frac{20}{470}\approx0.043(\text{mA})=43\,\mu\text{A}\qquad I_{CQ}=\beta I_{BQ}=43\times0.043=1.85(\text{mA})$$

$$U_{CEQ}=U_{CC}-R_CI_{CQ}=20-1.85\times6=8.9(\text{V})$$

如果已经画出了三极管的输出特性曲线，在已知条件下，我们也可以通过图解法求静态工作点。在输出特性曲线中，令直流负载线方程中的 I_{CQ} 为 0，找到（U_{CC}，0）点，再令 U_{CEQ} 为 0，找到（0，U_{CC}/R_C）点，连接这两点，得到直流负载线，如图 2－5 所示，直流负载线与 I_B=40 μA 的那条曲线的交点就是静态工作点 Q。过 Q 作纵轴的垂线，交点对应的值是 I_{CQ}，过 Q 作横轴的垂线，交点对应的值是 U_{CEQ}，从而完成静态工作点的求解。

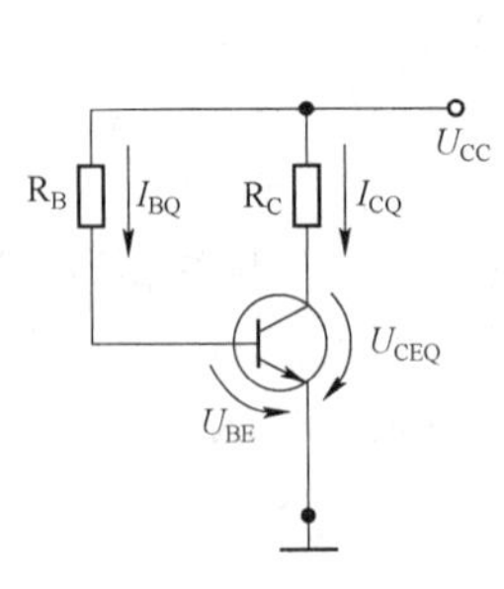

图 2－4　直流电路图

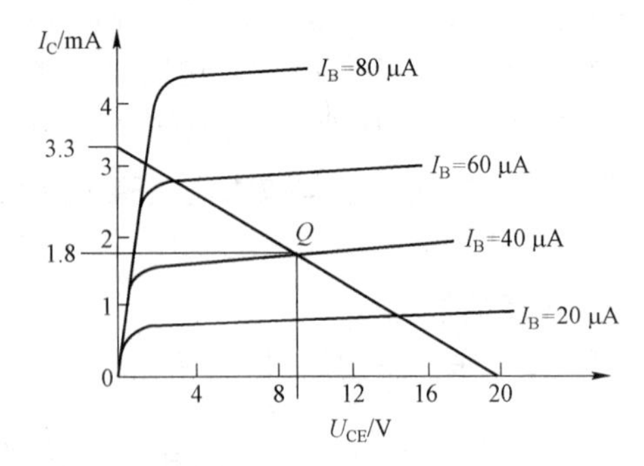

图 2－5　静态工作点图示

2.1.3　共发射极放大电路动态分析

1. 认识三极管的微变模型

放大电路，特别是电压放大电路一般都工作在小信号状态，也就是说工作点在特性曲线

上的移动范围很小。当工作点在特性曲线上小范围内运动时，虽然三极管仍工作于非线性状态，但这时工作点的运动轨迹已接近直线，也就是说对工作于这种状态下的三极管，若采用它的等效线性模型来分析，得到的结果与使用非线性模型分析得到的结果，仅有很小的误差，对工程计算来说这样的误差是允许的。在小信号的条件下，用某种线性元件组合的电路模型来等效非线性的三极管，称其为三极管的微变等效电路。如果把三极管用一个线性元件的组合电路来等效，我们可以从三极管的输入特性和输出特性两个方面来分析讨论。

图 2-6（a）是三极管的输入特性曲线，它是非线性的。但当输入信号很小时，我们可近似地把三极管线性化，在静态工作点 Q 附近的工作段可近似认为是直线，斜率可以用 $\Delta i_B/\Delta u_{BE}$ 表示，该比值是一个常数。因此对工作在小信号条件下的三极管的 b、e 之间可用一个线性电阻 r_{be} 来等效代替。

$$r_{be}=300\ \Omega+(1+\beta)\frac{26\ \text{mV}}{I_E}$$

式中 I_E 是发射极电流的静态值，单位为 mA。r_{be} 是一个动态电阻，一般为几百欧到几千欧。

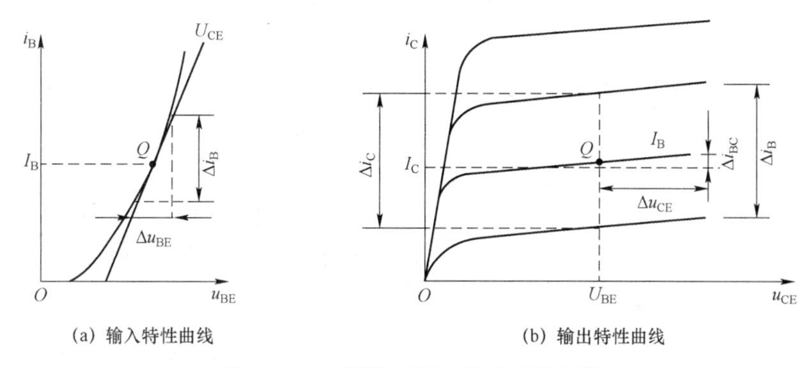

(a) 输入特性曲线　　(b) 输出特性曲线

图 2-6　三极管的输入/输出特性曲线

图 2-6（b）是三极管的输出特性曲线，在放大区是一簇近似与横轴平行的直线。当 u_{CE} 为常数时，Δi_C 的大小主要与 Δi_B 的大小有关。在小信号的条件下，Δi_C 与 Δi_B 基本成线性关系，其比例系数 β 是一个常数，即 $\beta=\dfrac{\Delta i_C}{\Delta i_B}$。

β 为三极管的电流放大系数。由它确定 i_C 受 i_B 控制的关系，因此，输出电路可用一个 $i_C=i_B\beta$ 的受控电流源来等效代替。三极管及其微变模型如图 2-7 所示。

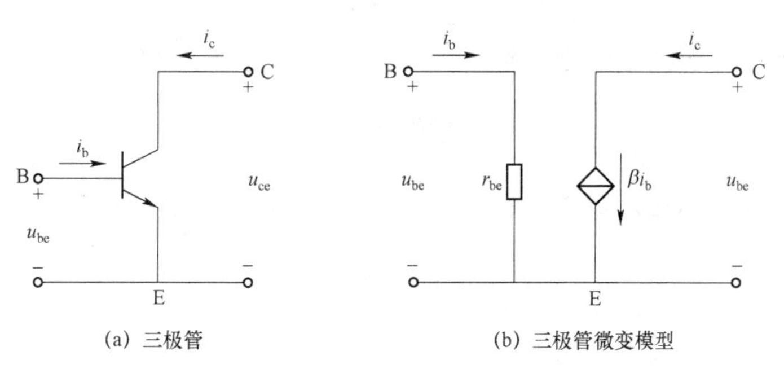

(a) 三极管　　(b) 三极管微变模型

图 2-7　三极管微变模型图

学习笔记：

扫描二维码，
学习动态分析

2. 认识放大电路的微变等效电路

微变等效电路是对交流信号而言的，只考虑交流电源（信号源）作用的放大电路称为交流通路。对交流而言 C_1 和 C_2 电容可视为短路，直流电源 U_{CC} 因其内阻很小也可视为短路，据此可画出放大电路的交流通路，如图 2－8（a）所示。把交流通路中的三极管用其微变等效电路代替，即得到放大电路的微变等效电路，如图 2－8（b）所示。电路中的电压和电流都是交流分量，并表示了电压和电流的参考方向。

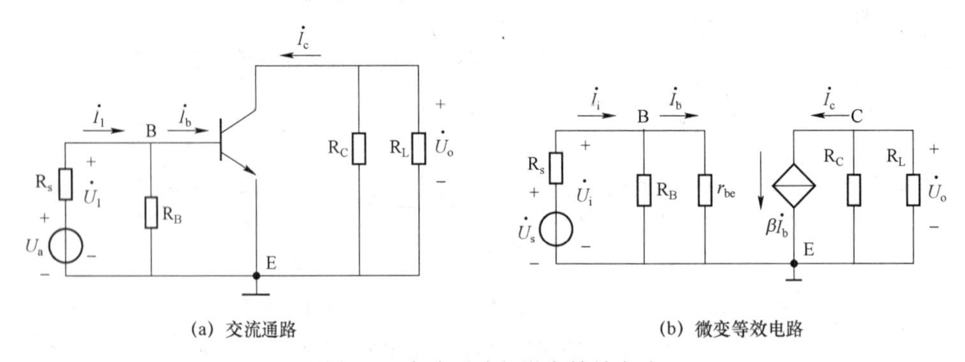

(a) 交流通路　　(b) 微变等效电路

图 2－8　交流通路与微变等效电路

3. 动态参数的分析

1）电压放大倍数 A_u 的计算

放大电路的电压放大倍数 A_u 是输出正弦电压与输入正弦电压的相量之比：

$$\dot{A}_u = \frac{\dot{U}_o}{\dot{U}_i}$$

从放大电路的微变等效电路图可知：

$$U_o = -I_C R'_L = -\beta I_B R'_L$$

式中，$R'_L = R_C \mathbin{/\!/} R_L$，故电压放大倍数：

$$A_u = \frac{U_o}{U_i} = \frac{-\beta R'_L}{r_{be}}$$

式中，负号表示输出电压与输入电压反相。当放大电路输出端开路（不接R_L）时，$R'_L = R_C$，此时的电压放大倍数为：

$$A_u = \frac{U_o}{U_i} = \frac{-\beta R_C}{r_{be}}$$

2）放大电路输入电阻r_i的计算

放大电路对信号源来说，是一个负载，可用一个等效电阻来表示。这个电阻也就是从放大电路输入端看进去的电阻，称为输入电阻r_i，大小为：

$$r_i = \frac{U_o}{I_i} = r_{be} \mathbin{//} R_B$$

实际上R_B的阻值比r_{be}大得多，因此，这类放大电路的输入电阻近似等于r_{be}。

3）放大电路输出电阻r_o的计算

放大电路总是要带负载的，对负载而言，放大电路可以看作一个信号源，其内阻即为放大电路的输出电阻（从放大器的输出端看进去的等效电阻）。如果放大电路的r_o较大（相当于信号源内阻较大），当负载变化时，输出电压变化就大，也就是说带载能力较差，因此，希望放大电路的输出电阻越小越好。图2－8中的输出电阻是$r_o = R_C$。

例2－2　如图2－9（a）所示的共发射极放大电路，已知：$U_{CC} = 12\ \text{V}$，$R_B = 500\ \text{k}\Omega$，$R_C = 5\ \text{k}\Omega$，$\beta = 50$。如引入负载电阻$R_L = 5\ \text{k}\Omega$，（1）求出电路的静态值；（2）计算电路的动态指标。

解：（1）静态分析。

根据电路图可得静态基极电流、集电极电流、c－e静态偏压分别为：

$$I_{BQ} = \frac{U_{CC} - U_{BE}}{R_B} \approx \frac{12\ \text{V} - 0.7\ \text{V}}{500\ \text{k}\Omega} = 0.024\ \text{mA} \qquad I_{CQ} = I_{BQ}\beta = 50 \times 0.024\ \text{mA} = 1.2\ \text{mA}$$

$$U_{CEQ} = U_{CC} - R_C I_{CQ} = 12\ \text{V} - 1.2\ \text{mA} \times 5\ \text{k}\Omega = 6\ \text{V}$$

（2）动态分析。

由题可画得如图2－9（b）所示的交流等效电路。

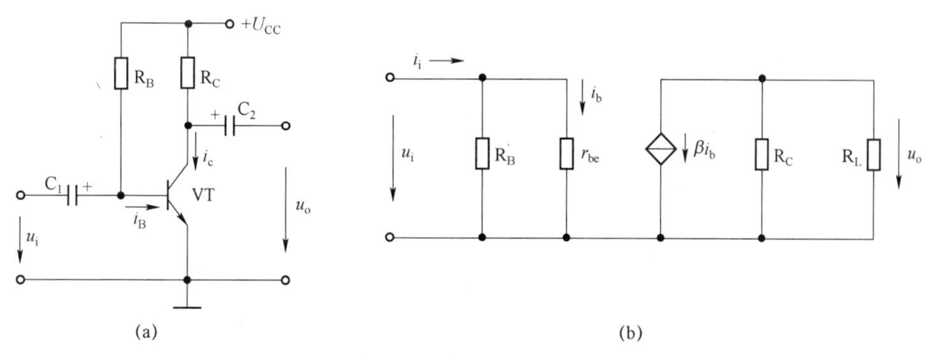

图2－9　例2－2分析图

电路的电压放大倍数、输入电阻、输出电阻分别为：

$$A_u=\frac{U_o}{U_i}=\frac{-\beta i_b(R_C /\!/ R_L)}{i_b \cdot r_{be}}=\frac{-\beta(R_C /\!/ R_L)}{r_{be}}=\frac{-50\times\frac{5\times5}{5+5}}{1.383}\approx-90.4$$

其中 $$r_{be}=300\,\Omega+(1+\beta)\frac{26\text{ mV}}{I_E}=300\,\Omega+\frac{26\text{ mV}}{I_E/(1+\beta)}=300\,\Omega+\frac{26}{0.024}\,\Omega\approx1\,383\,\Omega$$

$$R_i=\frac{u_i}{i_i}=R_B /\!/ r_{be}=\frac{500\times1.383}{500+1.383}\approx1.38\text{ k}\Omega\approx r_{be}$$

$$R_o\approx R_c=5\text{ k}\Omega$$

2.1.4　分压式放大电路分析

1. 静态分析

如图 2-10 所示，电路采用分压形式给三极管提供发射结静态偏置。合理选择元件参数使$I_1 \gg I_b$，$I_2 \gg I_b$，$U_B \gg U_{BE}$，因为I_1、I_2都远远大于I_b，所以I_1、I_2近似相等，$U_B\approx\frac{U_{CC}}{R_{B1}+R_{B2}}\cdot R_{B2}$，即基极电位$U_B$基本上不受温度影响。

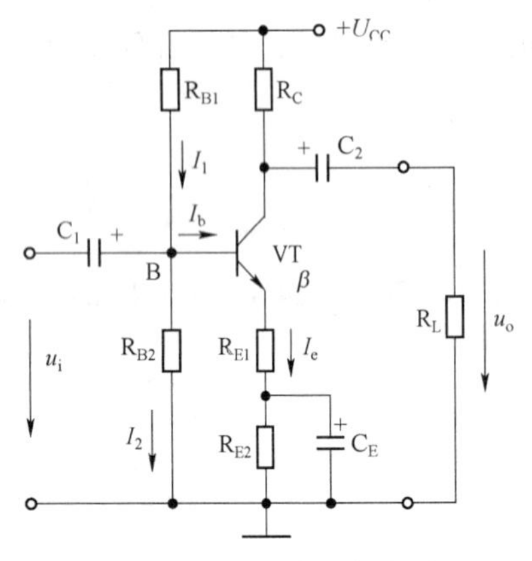

图 2-10　分压式放大电路图

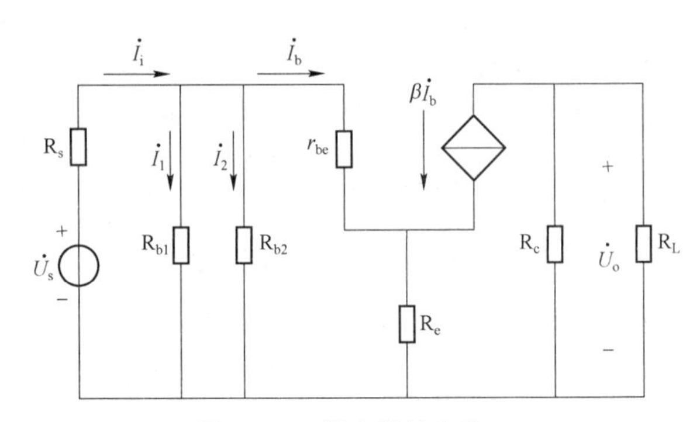

图 2-11　微变等效电路

可得静态工作点分别为：

$$U_B=\frac{R_{B2}}{R_{B1}+R_{B2}}U_{CC}$$

$$U_E=U_B-U_{BE}$$

$$I_{EQ}=\frac{U_E}{R_{E1}+R_{E2}}\approx I_{CQ}$$

$$U_{CEQ}\approx U_{CC}-I_{CQ}(R_C+R_{E1}+R_{E2})$$

当温度上升时，半导体的热敏性将使三极管的集电极电流I_C上升，则会引起下列过程，从而保障静态工作点的稳定。

温度上升→$I_C\uparrow$→$I_e(R_{E1}+R_{E2})\uparrow$→$U_{BE}[=U_B-I_e(R_{E1}+R_{E2})]\downarrow$→$I_B\downarrow$→$I_C\downarrow$

2. 动态分析

根据题图画出其微变等效电路如图 2－11 所示，可求得电路的主要动态指标如下：

$$A_u = \frac{U_o}{U_i} = \frac{-\beta i_b (R_C \,/\!/\, R_L)}{i_b \cdot r_{be} + (1+\beta) i_b \cdot R_{E1}} = -\frac{\beta \cdot (R_C \,/\!/\, R_L)}{r_{be} + (1+\beta) R_{E1}}$$

$$R_i = R_B \,/\!/\, R_i'$$

$$R_i' = \frac{u_i}{i_b} = \frac{i_b \cdot r_{be} + (1+\beta) i_b \cdot R_{E1}}{i_b} = r_{be} + (1+\beta) R_{E1}$$

$$R_i = R_B \,/\!/\, r_{be} + (1+\beta) R_{E1}$$

$$R_o = R_C$$

3. 动态分析中物理量的图示

通过对放大电路的分析，可见 u_{BE}、i_B、i_C 与 u_i 同相位，而 u_o 与 u_i 反相，具体如图 2－12 所示。动态情况的图示分析更加直观，也可直接从图上发现电路的放大作用，u_o 与 u_i 反相。

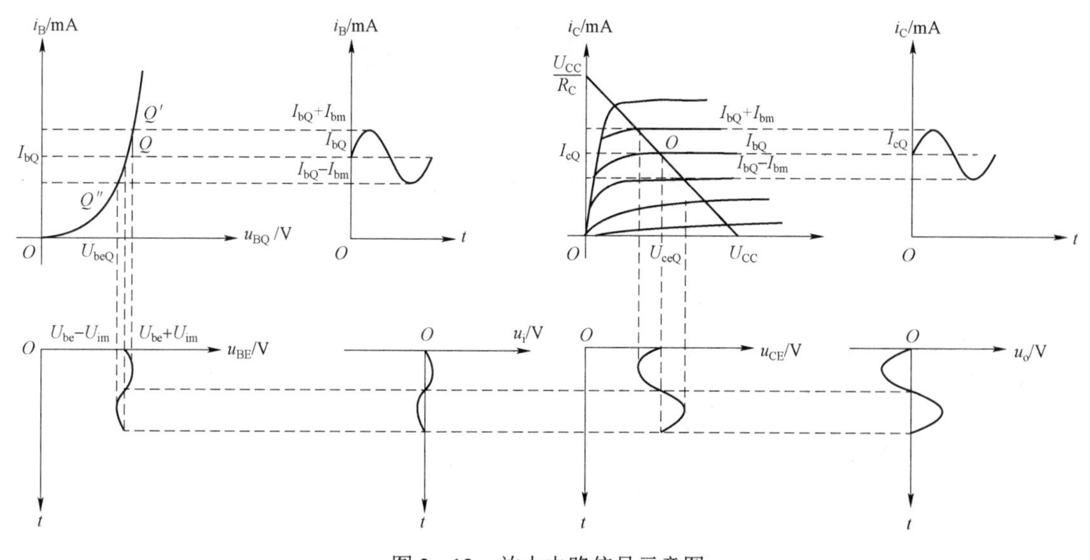

图 2－12　放大电路信号示意图

4. 波形失真情况分析

对放大电路除要求有一定的放大倍数，还必须保证输出信号尽可能不失真。放大电路静态工作点合适与否将直接关系到电路能否正常工作，静态工作点不合适，则输出信号失真，失去放大意义。所谓失真就是指输出信号的波形不像输入信号的波形。引起失真的原因有多种，其中最基本就是由于静态工作点不合适或信号太大，使放大电路的工作范围超出了晶体三极管特性曲线上的线性范围，这种失真通常称为非线性失真，包括截止失真和饱和失真。

如果静态工作点 Q 的位置太低，在输入信号的负半周，有一部分进入截止区，i_B 的负半周削掉一部分，从而 i_C 的负半周也就削掉一部分，如图 2－13 所示，u_o 的正半周被削掉一部分，这种失真叫截止失真。如果静态工作点 Q 设置太高，在输入信号的正半周，有一部分进入饱和区，i_C 不随 i_B 变化而变化，i_C 顶部产生失真，如图 2－14 所示，u_o 的负半周被削掉一部分，这种失真是由于晶体三极管进入饱和工作状态而引起，称为饱和失真。为了保证不产生非线性失真，一般静态工作点的位置选在放大区的中部。

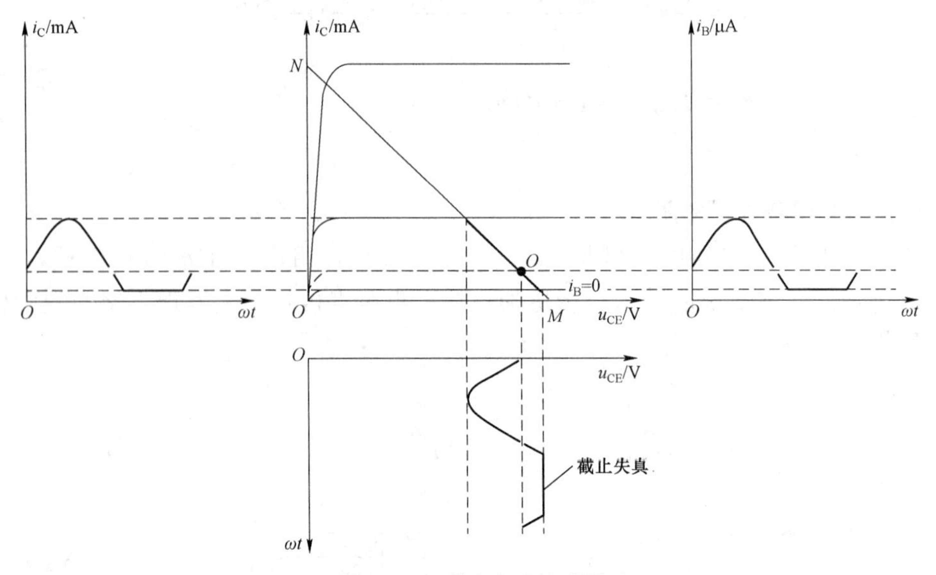

图 2－13　截止失真波形图

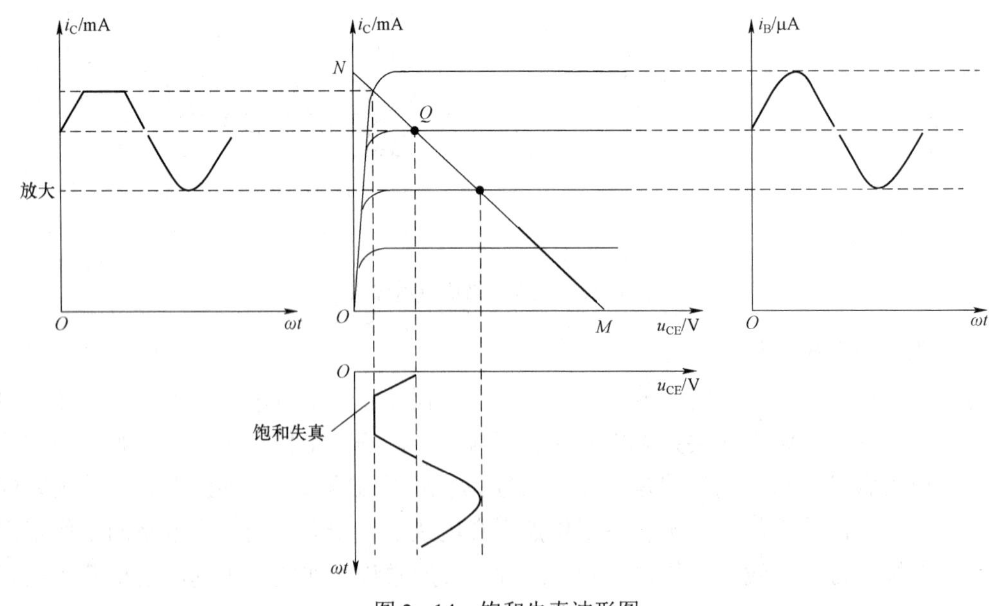

图 2－14　饱和失真波形图

学习笔记：

扫描二维码，
学习分压式放大电路

2.1.5　其他形式的放大电路

1. 共集电极放大电路

如图 2－15 所示电路，交流输入信号从 b－c 间引入，输出信号从 e－c 间获得，所以称为共集电极放大电路，又称为射极输出器。

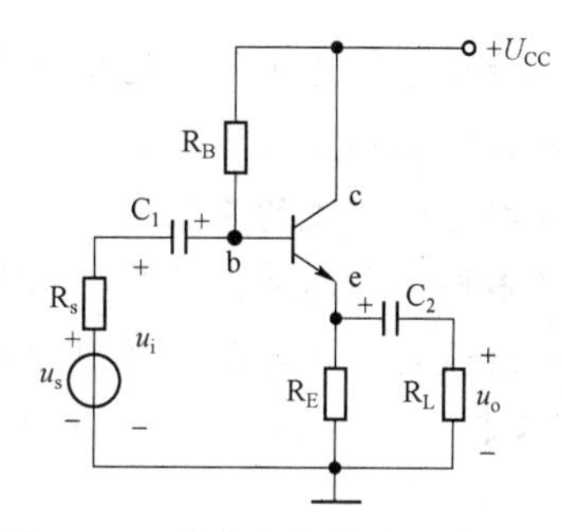

图 2－15　共集电极放大电路原理图

共集电极放大电路的静态值可由下列方程求出：

$$I_{bQ}=\frac{U_{CC}-U_{be}}{R_B+(1+\beta)R_E}\approx\frac{U_{CC}}{R_B+(1+\beta)R_E}$$

$$I_{cQ}=\beta I_{bQ}=\frac{\beta\cdot U_{CC}}{R_B+(1+\beta)R_E}$$

$$U_{ceQ}\approx U_{CC}-I_{cQ}\cdot R_E$$

动态电路中，输入电压为：

$$U_i=I_b r_{be}+R_L' I_e=I_b r_{be}+(1+\beta)R_L' I_b$$

其中，$R_L'=R_E // R_L$。

电压放大倍数为：

$$A_u=\frac{U_o}{U_i}=\frac{(1+\beta)R_L' I_b}{I_b r_{be}+(1+\beta)R_L' I_b}=\frac{(1+\beta)R_L'}{r_{be}+(1+\beta)R_L'}$$

输出电压与输入电压是同相的，大小近似相等，所以射极输出器又称为射极跟随器。

2. 共基极放大电路

如图 2－16 所示电路，输入信号由射极和基极之间引入，输出信号从集电极和基极之间引出，故称为共基极放大电路。图中 R_S 为信号源内阻。

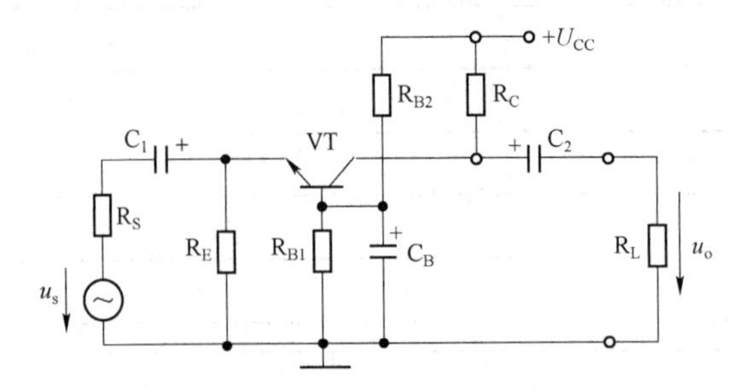

图 2-16　共基极放大电路原理图

目标训练

一、基础知识训练

1. 判断题

（1）晶体三极管出现饱和失真是由于静态工作点选得太低。（　　）

（2）晶体三极管的穿透电流的大小随温度的变化而变化。（　　）

（3）晶体三极管的电流放大系数 β 随温度的变化而变化，但不明显。（　　）

（4）晶体三极管放大器接有负载时，电压放大倍数将比空载时高。（　　）

（5）放大电路的静态工作点一经设定，不会受外界因素的影响。（　　）

（6）单管放大电路中，若 I_B 不变，只要变化集电极电阻的阻值就可改变集电极电流值。（　　）

（7）放大器常采用分压式偏置电路，主要目的是提高输入阻抗。（　　）

（8）放大器的放大倍数与信号频率无关，即无论信号是高、中、低任一频段，放大倍数是相同的。（　　）

（9）为使晶体三极管处于放大工作状态，其发射结应加反向电压，集电结应加正向电压。（　　）

（10）共发射放大器的输出信号和输入信号反相。（　　）

2. 选择题

（1）晶体三极管放大器设置合适的静态工作点，以保证放大信号时，三极管（　　）。

A. 发射结反偏　　B. 集电结正偏　　C. 始终工作在放大区

（2）NPN 型三极管放大器中，若三极管的基极与发射极短路，则（　　）。

A. 三极管集电结正偏

B. 三极管处于截止状态

C. 三极管将深度饱和

（3）在单管放大电路中，为了使工作于饱和状态的晶体三极管进入放大状态，可采用的办法是（　　）。

A. 减小 I_B　　B. 提高 I_B 的值　　C. 减小 I_C 的值

（4）共发射极放大器的输出电压和输入电压在相位上的关系是（　　）。

A. 同相位　　B. 相位差 90 度　　C. 相位差 180 度

（5）放大电路空载是指（　　）。

A. $R_L=0$　　B. $R_L=\infty$　　C. $R_C=0$　　D. $R_C=\infty$

（6）画放大电路的直流通路时，电容视为（　　）。

A. 短路　　B. 开路　　C. 不变　　D. 不作任何处理

（7）基本放大电路中，基极电阻 R_B 的作用是（　　）。

A. 放大电流　　B. 调节偏置电流 I_{BQ}

C. 把放大的电流转换成电压　　D. 防止输入信号短路

（8）为调整放大电路的静态工作点，使静态工作点上移，应该使 R_B 电阻值（　　）。

A. 增大　　B. 减小　　C. 不变　　D. 与静态工作点无关

二、分析能力训练

1. 什么是静态工作点？如何设置静态工作点？若静态工作点设置不当会出现什么问题？估算静态工作点时，应依据放大电路的直流通路还是交流通路？

2. 试求图 2－17 中各电路的静态工作点。设图中的所有三极管都是硅管。

3. 图 2－18（a）、（b）为两放大电路，已知三极管的参数均为 $\beta=50$，$r'_{bb}=200\ \Omega$，$U_{BEQ}=0.7\ V$，电路的其他参数如图所示。

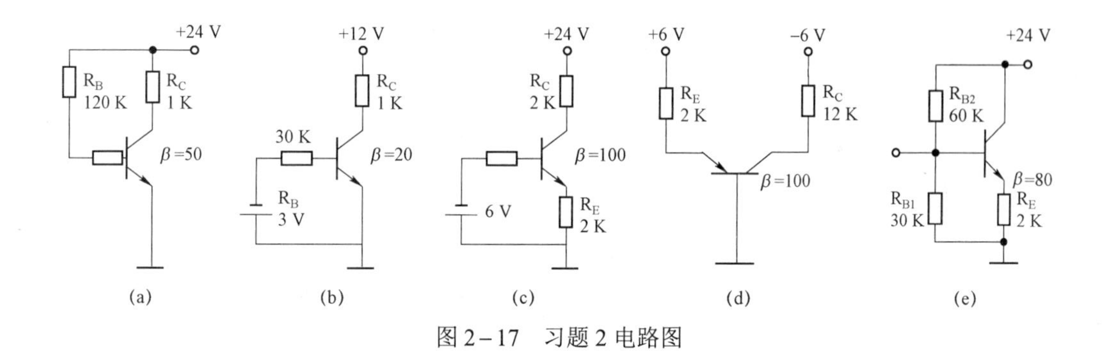

图 2－17　习题 2 电路图

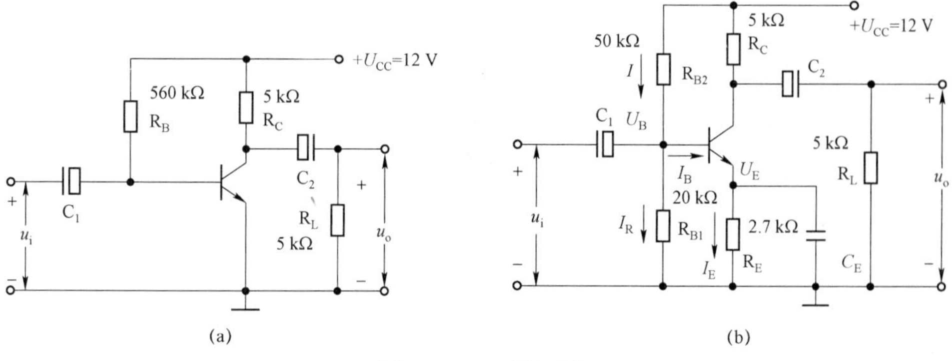

图 2－18　习题 3 图

（1）分别求出两放大电路的放大倍数和输入、输出电阻。

（2）如果三极管的β值都增大一倍，分析两个Q点将发生什么变化。

（3）如果三极管的β值都增大一倍，分析两个放大电路的电压放大倍数如何变化。

任务 2.2　放大电路的分析与测试

任务引入

为了进一步了解放大电路的放大作用，在放大电路分析的基础上，进行放大电路的测试，主要是对静态工作点与动态参数的测试，从而充分认识和掌握放大电路知识。

图 2-19 是分压式放大器实验电路图。它的偏置电路采用 R_{B1} 和 R_{B2} 组成的分压电路，并在发射极中接有电阻 R_E，以稳定放大器的静态工作点。当在放大器的输入端加入输入信号 u_i 后，在放大器的输出端便可得到一个与 u_i 相位相反，幅值被放大了的输出信号 u_o，从而实现了电压放大。

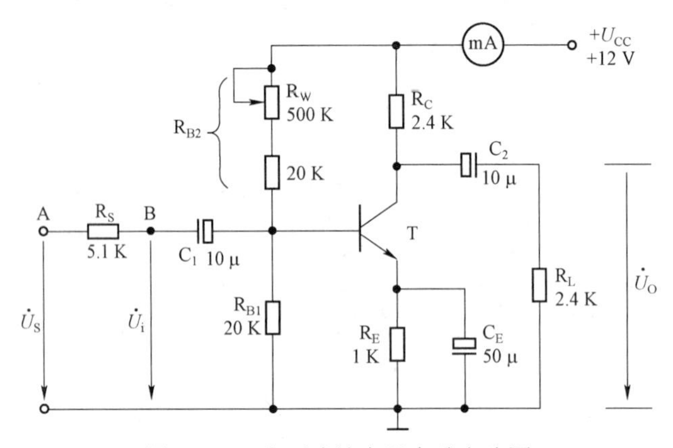

图 2-19　分压式放大器实验电路图

电路中的静态工作点可用下式估算：

$$U_B \approx \frac{R_{B1}}{R_{B1}+R_{B2}}U_{CC}$$

$$I_E = \frac{U_B - U_{BE}}{R_E} \approx I_C$$

$$U_{CE} = U_{CC} - I_C(R_C + R_E)$$

电压放大倍数：$A_u = -\beta\frac{R_C /\!/ R_L}{r_{be}}$

输入电阻：$R_i = R_{B1} /\!/ R_{B2} /\!/ r_{be}$

输出电阻：$R_o = R_C$

任务目标

（1）学会放大器静态工作点的调试方法。

（2）分析静态工作点对放大器性能的影响。

（3）掌握放大器电压放大倍数、输入电阻、输出电阻及最大不失真输出电压的测试方法。

（4）熟悉常用电子仪器等实验设备的使用。

知识链接

2.2.1　放大器静态工作点的测量与调试

1. 静态工作点的测量

测量放大器的静态工作点，应在输入信号 $u_i = 0$ 的情况下进行，即将放大器输入端与地端短接，然后选用量程合适的直流毫安表和直流电压表，分别测量晶体三极管的集电极电流 I_C 及各电极对地的电位 U_B、U_C 和 U_E。一般实验中，为了避免断开集电极，因而采用测量电压 U_E 或 U_C，然后算出 I_C 的方法。例如，只要测出 U_E，即可用 $I_C \approx I_E = \dfrac{U_E}{R_E}$ 算出 I_C，也可根据 $I_C = \dfrac{U_{CC} - U_C}{R_C}$，由 U_C 确定 I_C，同时也能算出 $U_{BE} = U_B - U_E$，$U_{CE} = U_C - U_E$。

2. 静态工作点的调试

放大器静态工作点的调试是指对三极管集电极电流 I_C（或 U_{CE}）的调整与测试。静态工作点是否合适，对放大器的性能和输出波形都有很大影响。如工作点偏高，放大器在加入交流信号以后易产生饱和失真，此时 u_o 的负半周将被削底，如图 2－20（a）所示；如工作点偏低则易产生截止失真，即 u_o 的正半周被缩顶（一般截止失真不如饱和失真明显），如图 2－20（b）所示。这些情况都不符合不失真放大的要求。所以在选定工作点以后还必须进行动态调试，即在放大器的输入端加入一定的输入电压 u_i，检查输出电压 u_o 的大小和波形是否满足要求。如不满足，则应调节静态工作点的位置。

改变电路参数 U_{CC}、R_C、R_B（R_{B1}、R_{B2}）都会引起静态工作点的变化，如图 2－21 所示。但通常多采用调节偏置电阻 R_{B2} 的方法来改变静态工作点，如减小 R_{B2}，则可使静态工作点提高。

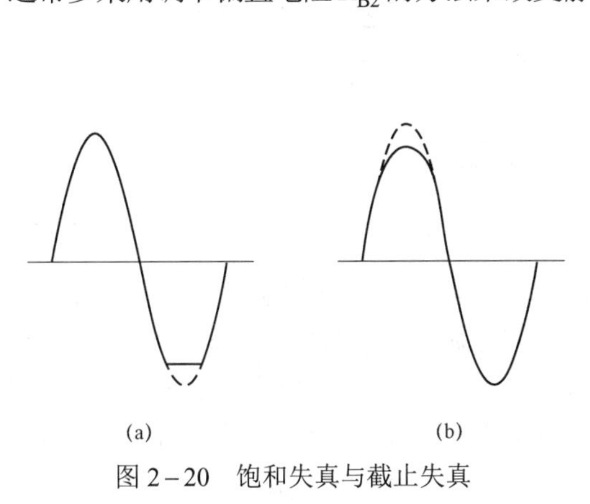

图 2－20　饱和失真与截止失真

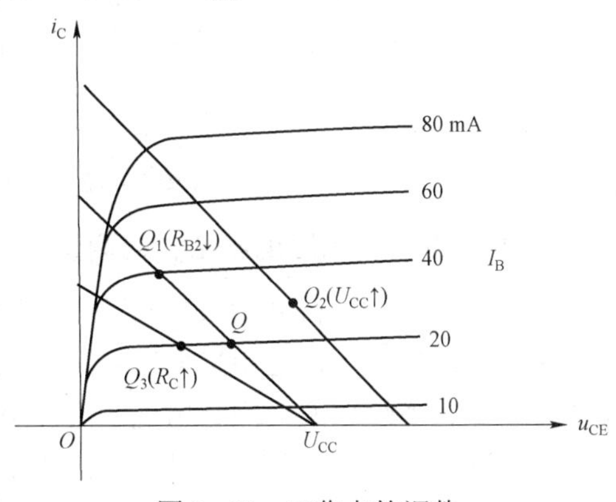

图 2－21　工作点的调整

2.2.2 放大器动态指标测试

放大器动态指标包括电压放大倍数、输入电阻、输出电阻、最大不失真输出电压（动态范围）和通频带等。

1. 电压放大倍数 A_u 的测量

调整放大器到合适的静态工作点，然后加入输入电压 u_i，在输出电压 u_o 不失真的情况下，用交流毫伏表测出 u_i 和 u_o 的有效值 U_i 和 U_o，则 $A_u = \dfrac{U_o}{U_i}$。

2. 输入电阻 R_i 的测量

为了测量放大器的输入电阻，在被测放大器的输入端与信号源之间串入一已知电阻 R，在放大器正常工作的 u_i 情况下，用交流毫伏表测出 U_S 和 U_i，则根据输入电阻的定义可得：

$$R_i = \frac{U_i}{I_i} = \frac{U_i}{\dfrac{U_R}{R}} = \frac{U_i}{U_S - U_i}R$$

测量时应注意下列几点。

（1）由于电阻 R 两端没有电路公共接地点，所以测量 R 两端电压 U_R 时必须分别测出 U_S 和 U_i，然后按 $U_R = U_S - U_i$ 求出 U_R 值。

（2）电阻 R 的值不宜取得过大或过小，以免产生较大的测量误差，通常取 R 与 R_i 为同一数量级为好，本实验可取 R 为 1 kΩ 到 2 kΩ。

3. 输出电阻 R_o 的测量

按图 2－22 电路，在放大器正常工作条件下，测出输出端不接负载 R_L 的输出电压 U_o 和接入负载后的输出电压 U_L，根据 $U_L = \dfrac{R_L}{R_o + R_L}U_o$ 即可求出 $R_o = \left(\dfrac{U_o}{U_L} - 1\right)R_L$。

在测试中应注意，必须保持 R_L 接入前后输入信号的大小不变。

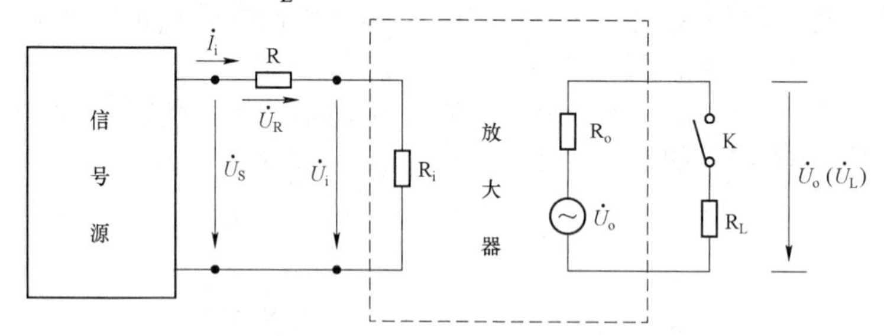

图 2－22 放大器动态指标测试电路

4. 最大不失真输出电压 U_{oPP} 的测量

如上所述，为了得到最大动态范围，应将静态工作点调在交流负载线的中点。为此在放大器正常工作情况下，逐步增大输入信号的幅度，并同时调节 R_W（改变静态工作点），用示波器观察 u_o，当输出波形同时出现削底和缩顶现象（见图 2－23）时，说明静态工作点已调在交流负载线的中点。然后反复调整输入信号，使波形输出幅度最大，且无明显失真时，用交流毫伏表测出 U_o（有效值），则动态范围等于 $2\sqrt{2}U_o$，或用示波器直接读出 U_{oPP}。

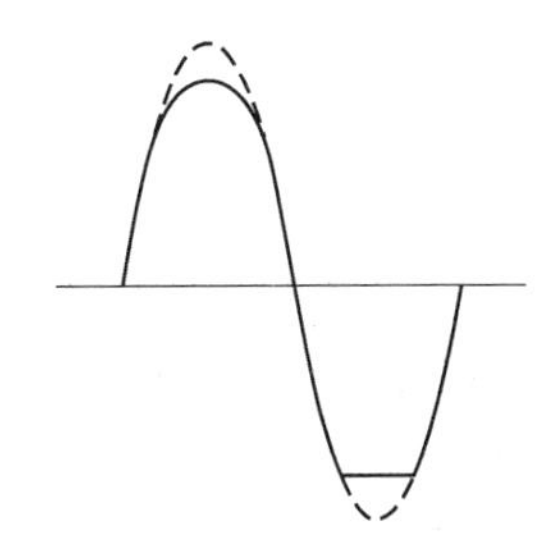

图 2－23　削底和缩顶同时出现

扫描二维码，
观察放大电路仿真

学习笔记：

目标训练

一、基础知识训练

1. 实验电路如图 2－16 所示，调试静态工作点。

接通直流电源前，先将 R_W 调至最大，函数信号发生器输出旋钮旋至零。接通＋12 V 电源，调节 R_W，使 I_C＝2.0 mA（即 U_E＝2.0 V），用直流电压表测量 U_B、U_E、U_C 及用万用电表测量 R_{B2} 值。记入表 2－1 中。

表 2－1　测　量　值

测　量　值				计　算　值		
U_B / V	U_E / V	U_C / V	R_{B2} / kΩ	U_{BE} / V	U_{CE} / V	I_C / mA

2. 测量电压放大倍数。

在放大器输入端加入频率为 1 kHz 的正弦信号 u_S，调节函数信号发生器的输出旋钮使放大器输入电压 $U_i \approx 10$ mV，同时用示波器观察放大器输出电压 u_o 波形，在波形不失真的条件下用交流毫伏表测量下述三种情况下的 u_o 值，并用双踪示波器观察 u_o 和 u_i 的相位关系，记入表 2－2 中。I_C ＝2.0 mA，U_i ＝____mV。

表 2－2　电压放大倍数及输入、输出电压波形

R_C / kΩ	R_L / kΩ	U_o / V	A_u	观察记录一组 u_i 和 u_o 波形
2.4	∞			u_i — t；u_o — t
1.2	∞			
2.4	2.4			

3. 观察静态工作点对电压放大倍数的影响。

设置 R_C=2.4 kΩ，R_L=∞，U_i适当，调节 R_W，观察示波器显示的输出电压波形，在u_o不失真的条件下，测量若干组I_C和U_o值，记入表 2-3。R_C=2.4 kΩ，R_L=∞，U_i=____mV。

表 2-3　I_C、U_o测量值

I_C / mA					
U_o / V					
A_u					

4. 观察静态工作点对输出波形失真的影响。

设置 R_C=2.4 kΩ，R_L=2.4 kΩ，u_i =0，调节 R_W 使 I_C=2.0 mA，测出U_{CE}值，再逐步加大输入信号，使输出电压u_o足够大但不失真。然后保持输入信号不变，分别增大和减小 R_W 阻值，使波形出现失真，绘出u_o的波形，并测出失真情况下的I_C和U_{CE}值，记入表 2-4 中。每次测I_C和U_{CE}值时都要将信号源的输出旋钮旋至零。R_C=2.4 kΩ，R_L=∞，U_i=____mV。

表 2-4　I_C、U_{CE}测量值与u_o波形图

I_C / mA	U_{CE} / V	u_o波形	失真情况	管子工作状态
		u_o — t		
		u_o — t		
		u_o — t		

二、分析能力训练

1. 将所测得的数据与典型值进行比较。
2. 对实验结果及实验中碰到的问题进行分析、讨论。

任务 2.3　分析多级放大电路

任务引入

单管放大电路往往由于放大能力不够，或性能不稳定，或某些指标达不到要求而无法单独完成信号放大和负载驱动的任务。在实际应用中，常需要由几个（几级）单管放大电路连接起来，组成多级放大电路。多级放大电路框图如图 2-24 所示。

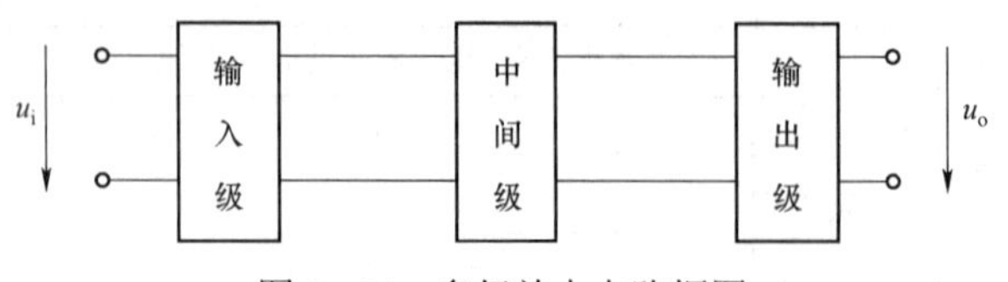

图 2-24　多级放大电路框图

任务目标

（1）了解多级放大电路。

（2）了解差动放大电路的作用。

（3）了解功率放大电路的工作原理。

知识链接

2.3.1　多级放大电路简介

多级放大电路中级与级之间的连接方式，也就是耦合方式，常见的有阻容耦合、直接耦合、变压器耦合等。多级阻容耦合放大电路，由于静态工作点互相独立，所以其静态分析方法与单管放大相同。下面以图 2－25 所示的两级阻容耦合放大电路为例进行动态分析。

首先根据电路图 2－25（a）画出其微变等效电路如图 2－25（b）所示，图中 $R_{B1}=R_{B11}\,/\!/\,R_{B12}$， $R_{B2}=R_{B21}\,/\!/\,R_{B22}$。

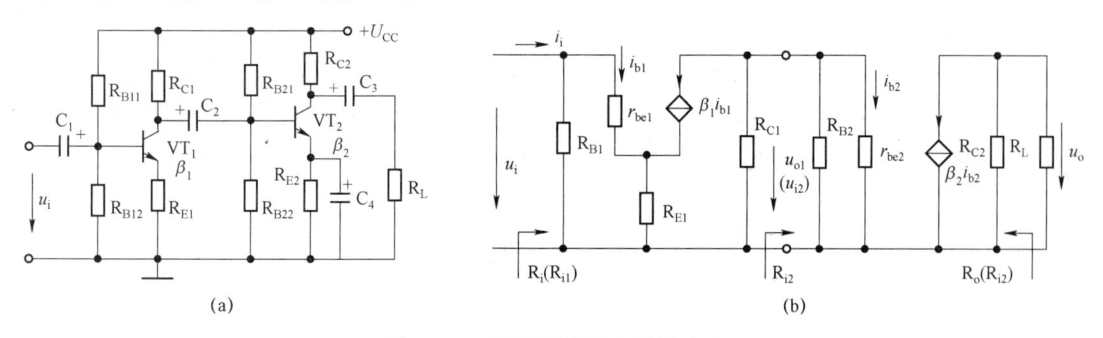

图 2－25　两极阻容耦合放大电路

学习笔记：

扫描二维码，
学习多级放大电路

1. 电压放大倍数

$$
\begin{aligned}
A_u &= \frac{U_o}{U_i} = \frac{U_{o1}}{U_i}\cdot\frac{U_o}{U_{i2}} = \frac{-\beta_1 i_{b1}(R_{c1}\,/\!/\,R_{i2})}{i_{b1}r_{be1}+(1+\beta_1)R_{E1}i_{b1}}\cdot\frac{-\beta_2 i_{b2}(R_{c2}\,/\!/\,R_L)}{i_{b2}r_{be2}} \\
&= \frac{-\beta_1(R_{c1}\,/\!/\,R_{i2})}{r_{be1}+(1+\beta_1)R_{E1}}\cdot\frac{-\beta_2(R_{c2}\,/\!/\,R_L)}{r_{be2}} \\
&= A_{u1}\cdot A_{u2}
\end{aligned}
$$

式中：R_{i2} 既作为第二级放大电路的输入阻抗，又作为第一级的等效负载电阻。可以求出 $R_{i2}=R_{B2}\,//\,r_{be2}$。

多级放大电路的电压放大倍数为各级电压放大倍数之积，而后一级的输入电阻即为前一级的等效负载电阻。

2. 输入电阻 R_i、输出电阻 R_o

$$R_i=\frac{U_i}{I_i}=\frac{U_{i1}}{I_{i1}}=R_{i1}=R_{B1}\,//\,[r_{be1}+(1+\beta_1)R_{E1}]$$

$$R_o=R_{o2}\approx R_{C2}$$

多级放大电路的输入电阻等于第一级放大电路的输入电阻，而输出电阻等于最后一级（输出级）的输出电阻。应该指出若共集电极放大电路作为多级放大电路的输入级（第一级）时，它的输入电阻与其负载，即第二级的输入电阻有关；而当共集电极放大电路作为多级放大电路的输出级（最后一级）时，它的输出电阻与其信号源内阻，即倒数第二级的输出电阻有关。

2.3.2 差动放大电路简介

1. 差动放大电路组成

差动放大电路是能够较好地克服零点漂移的直接耦合放大电路，利用两只特性相同的三极管接成差动式电路，如图 2－26 所示。它由两个特性完全相同的单管共射极电路组成。输入信号 u_{s1} 和 u_{s2} 从差动对管的两个基极加入，输出信号从两个集电极之间输出。

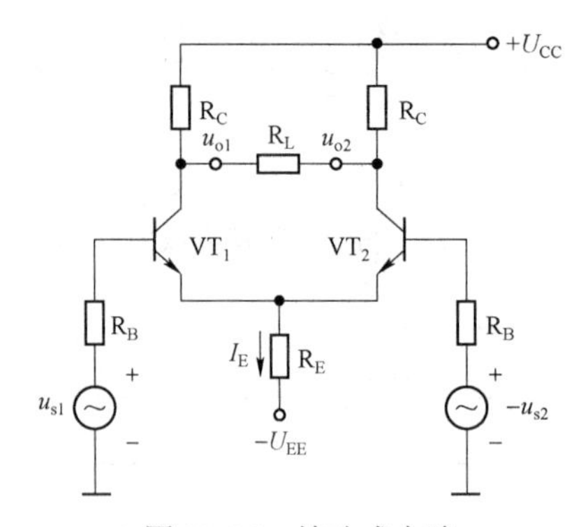

图 2－26　差动式电路

2. 差动放大电路静态特性

静态时，$u_{s1}=u_{s2}=0$，由于电路参数完全对称，$u_{BE1}=u_{BE2}=U_{BE}$，考虑到两管的基极电流 I_B 远小于射极电流 I_C，偏置电路方程为：

$$U_{BE1}+IR_E\approx U_{EE}\text{（忽略了 }I_B\text{ 在 }R_B\text{ 上的压降）}$$

$$I=\frac{U_{EE}-U_{BE}}{R_E}$$

$$I_{C1}=I_{C2}\approx\frac{1}{2}I\text{，}\quad I_{C1}R_C=I_{C2}R_C$$

$$u_o=u_{o1}-u_{o2}=0$$

输入信号为零时，输出信号也为零。当温度 T_{EM} 变化引起两管集电极电流变化时，由于 R_E 具有稳定工作点电流的作用，使集电极电流变化减小；又由于电路的对称性，使两管集电极电流变化量相等，因此，输出电压总为零，即对称差动放大电路的零点漂移等于零。

学习笔记：

扫描二维码，
学习差动放大电路

3. 差模特性

当差动放大电路的两输入端加上大小相等、极性相反的信号时，称为差模输入方式。此时 $u_{s1}=u_{sd1}$，$u_{s2}=u_{sd2}=-u_{sd1}$，u_{sd1}、u_{sd2} 称为差模输入信号。在差模输入信号的作用下，差动对管的两集电极电流变化大小相等，方向相反，因此，流过 R_E 上的总电流不变。由此可见，对差模信号而言，R_E 相当于短路；又由于 $u_{s1}=-u_{s2}$，则有 $u_{od1}=-u_{od2}$，负载电阻 R_L 的中点电位不变，即差模电压为零，从而使每管的负载为 $R_L/2$。于是可得差模信号交流通路，如图 2－27（a）所示，虚线两侧每个共发射极电路的微变等效电路便是差模信号的半边等效电路，如图 2－27（b）所示，可见，差动放大电路在双端输入、双端输出时的差模电压放大倍数等于半边等效电路（即共发射极单管电路）的电压放大倍数。

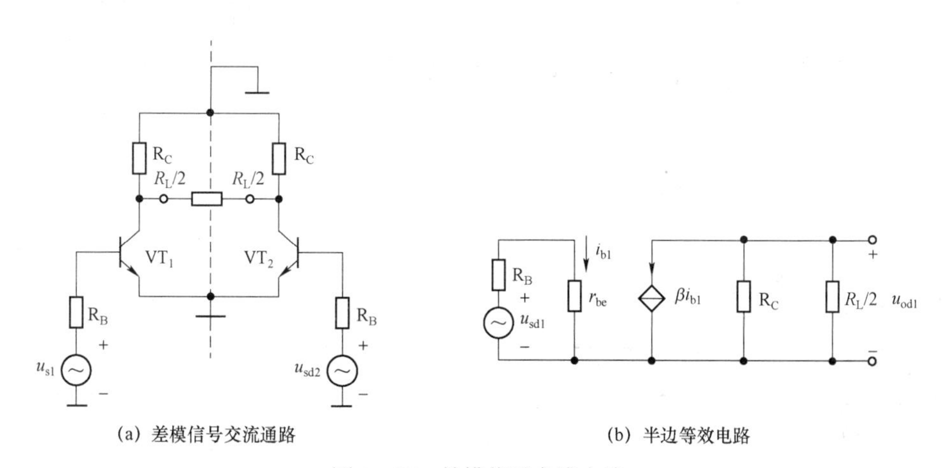

(a) 差模信号交流通路　　　　(b) 半边等效电路

图 2－27　差模信号交流电路

4. 共模特性

当差动放大电路两输入端加上大小相等、极性相同的信号时，称为共模输入方式。此时，$u_{s1}=u_{s2}=u_{sc}$，u_{sc} 称为共模输入信号，分析情况同静态分析。差动放大电路对共模信号没有放大作用，而起抑制作用。

差动放大电路对差模信号有较高的电压放大能力，即 $A_{ud1}\gg 1$；而对共模信号有较强的抑制能力，共模抑制比就是用来衡量差动放大电路对差模信号的放大能力和对共模信号的抑制能力的指标，定义为：

$$K_{\mathrm{CMR}}=\left|\frac{A_{\mathrm{ud}}}{A_{\mathrm{uc}}}\right|$$

2.3.3 功率放大电路简介

多级放大电路的输出级要求具有较高的输出功率或者要求具有较大的输出动态范围，主要功能是向负载提供较大功率，这类电路称为功率放大电路。根据静态工作点的位置不同，功率放大器可分为甲类、乙类、甲乙类等形式。

甲类功率放大电路的静态工作点设置在交流负载线的中间。在工作过程中，晶体三极管始终处在导通状态。这种电路功率损耗较大，效率较低，最高只能达到 50%。乙类功率放大电路的静态工作点设置在截止区，晶体三极管仅在输入信号的半个周期导通。甲乙类功率放大电路的静态工作点介于甲类和乙类之间，位于靠近截止区的放大区内，晶体三极管在大半个周期内都有电流流过。三类功率放大电路的静态示意图如图 2－28 所示。

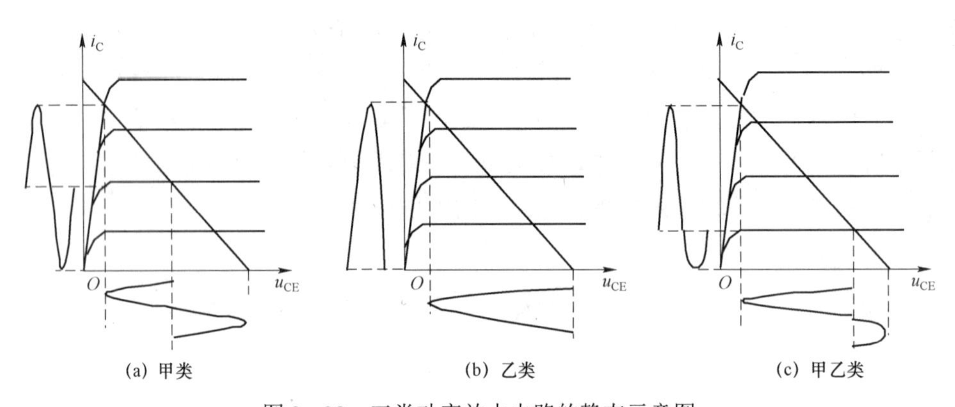

(a) 甲类　　(b) 乙类　　(c) 甲乙类

图 2－28　三类功率放大电路的静态示意图

扫描二维码，学习功率放大电路

学习笔记：

1. 乙类互补对称电路

双电源构成的乙类互补对称原理电路如图 2－29 示，$\mathrm{VT_1}$、$\mathrm{VT_2}$ 的管型分别是 NPN、PNP 型，静态时，$U_{\mathrm{B}}=0$、$U_{\mathrm{E}}=0$，偏置电压为零，均处于截止状态，负载中没有电流，电路工

作在乙类状态。动态时，在u_i的正半周，VT_1导通而VT_2截止，VT_1以射极输出器的形式将正半周信号传输给负载；在u_i的负半周，VT_2导通而VT_1截止，VT_2以射极输出器的形式将负半周信号传输给负载。可见在输入信号u_i的整个周期内，VT_1、VT_2两管轮流交替地工作，互相补充，使负载获得完整的信号波形，故称互补对称电路。由于VT_1、VT_2都工作在共集电极接法，输出电阻较小。

实际的乙类互补对称电路，由于没有直流偏置，只有当输入信号u_i大于管子的死区电压时，管子才能导通。当输入信号u_i低于这个数值时，VT_1、VT_2都截止，i_{C1}和i_{C2}基本为零，负载R_L上无电流通过，出现一段死区，从工作波形可以看到，在波形过零的一个小区域内输出波形产生了失真，如图 2-30 所示，这种现象称为交越失真。产生交越失真的原因是由于VT_1、VT_2发射结静态偏压为零，放大电路工作在乙类状态。当输入信号u_i小于晶体三极管的发射结死区电压时，两个晶体三极管都截止，在这一区域内输出电压为零，使波形失真。为减小交越失真，可给VT_1、VT_2发射结加适当的正向偏压，以便产生一个不大的静态偏流，使VT_1、VT_2导通时间稍微超过半个周期，即工作在甲乙类状态。

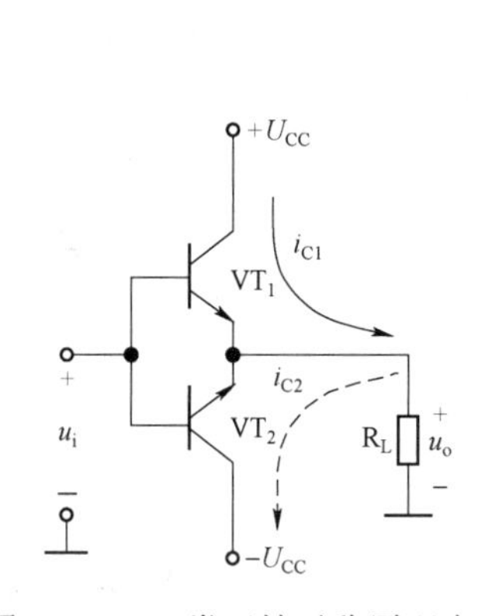

图 2-29　乙类互补对称原理电路

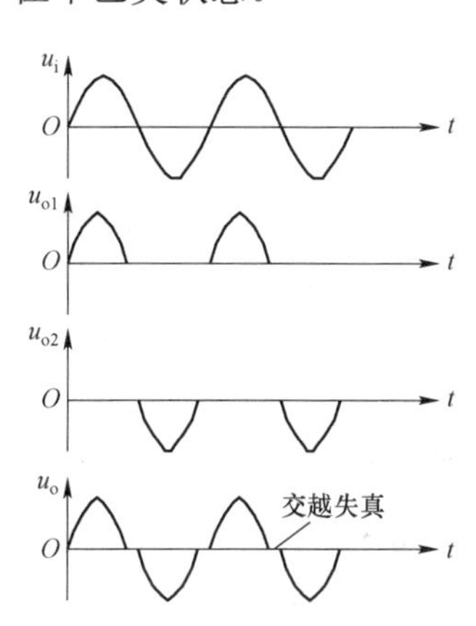

图 2-30　输出波形失真图

由于结构的对称，在此以正半周为例分析。正半周输出特性曲线如图 2-31 所示。

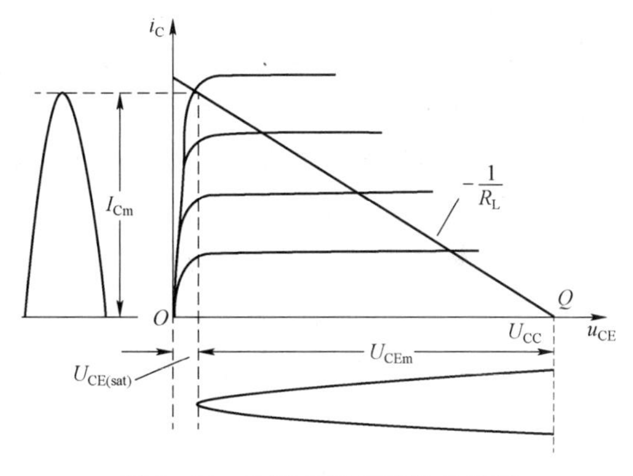

图 2-31　正半周输出特性曲线图

在输入正弦信号幅度足够的前提下，即能驱使工作点沿负载线在截止点与临界饱和点之间移动。输出功率用输出电压有效值U_o和输出电流有效值I_o的乘积来表示。设输出电压的幅值为U_{om}，则输出功率P_o为

$$P_o = U_o I_o = \frac{U_{om}}{\sqrt{2}}\frac{I_{om}}{\sqrt{2}} = \frac{1}{2}U_{om}I_{om}$$

$$P_o = \frac{U_{om}^2}{2R_L}$$

$$P_{om} = \frac{U_{om}^2}{2R_L} = \frac{U_{CC}^2}{2R_L}$$

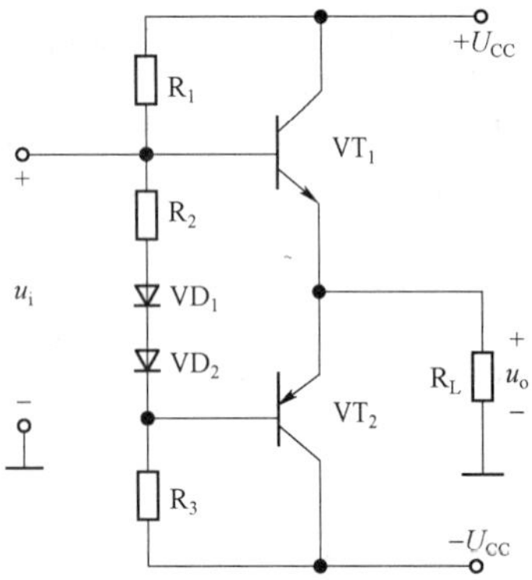

2. 甲乙类互补对称电路

为了克服乙类互补对称电路的交越失真，需要给电路设置静态偏置，使之工作在甲乙类状态。如图2-32所示，VT_1、VT_2组成互补对称输出级。静态时，在VD_1、VD_2上产生的压降为VT_1、VT_2提供了一个适当的偏压，使之处于微导通状态，工作在甲乙类。静态时三极管VT_1、VT_2虽然都已基本导通，但因它们对称，负载中仍无电流流过，U_E仍为零。这样，即使动态输入信号u_i很小（VD_1和VD_2的交流电阻也小），基本上可线性地进行放大，克服了交越失真，其计算分析同乙类功率放大电路。

图2-32　甲乙类互补对称电路图

目标训练

一、基础知识训练

1. 差动放大电路是多级放大电路的输入级，具有抑制零漂的作用。本项目讲解了差动放大电路的相关知识点，介绍了差放的工作特点，以及差模放大倍数、共模抑制比等参数。典型问题有零点漂移产生的原因是什么？差动放大电路是通过什么有效克服零漂的？什么是共模抑制比K_{CMR}？K_{CMR}越大表明电路什么能力越强？

2. 功率放大电路是集成运放的输出级，主要功能是向负载提供较大功率，具有较大的输出动态范围。根据静态工作点的位置不同，功率放大器可分为甲类、乙类、甲乙类等形式。甲类的效率低，乙类状态下的功放易出现交越失真，实际电路中常采用甲乙类功放。

3. 多级放大电路的电压放大倍数等于各级电压放大倍数的乘积，计算每级电压放大倍数时要考虑后级对前级的影响，即后一级的输入电阻是前一级的负载电阻。多级放大电路的输入电阻等于第一级的输入电阻，输出电阻等于末级的输出电阻。

二、分析能力训练

如图2-33所示电路的静态工作点设置合适，画出交流等效电路；写出电压放大倍数表达式。

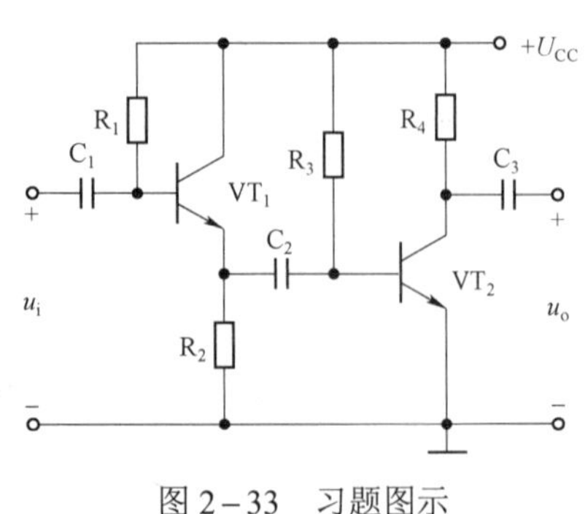

图2-33　习题图示

任务 2.4　组装小收音机（选学）

任务引入

熟悉通信整机的组成、工作原理；通过对收音机的安装、焊接及调试，了解电子产品的生产制作过程；掌握电子元器件的识别及质量检验；学会利用工艺文件独立进行整机的装焊和调试，并达到产品质量要求；学会编制简单电子产品的工艺文件，能按照行业规程要求，撰写实训报告；训练动手能力，培养职业道德和职业技能，培养工程实践观念及严谨细致的科学作风。

任务目标

（1）进一步掌握万用表、示波器等电子仪器的性能及正确使用方法。

（2）进一步熟悉分立元件、单级放大电路及多级放大电路的功能。

（3）通过对收音机的安装、焊接及调试，了解电子产品的生产制作过程。

（4）锻炼学生对作品的组装能力、识图能力、焊接技术等。

（5）提高学生的主动性、积极性和团体性。

知识链接

2.4.1　了解收音机的指标

HX108－2 七管半导体收音机的主要性能指标如下。

频率范围：525～1 605 kHz。

输出功率：100 mW（最大）。

扬声器：ϕ57 mm，8 Ω。

电源：3 V（5 号电池 2 节）。

体积：122 mm×66 mm×26 mm。

其原理电路图如图 2－34 所示。

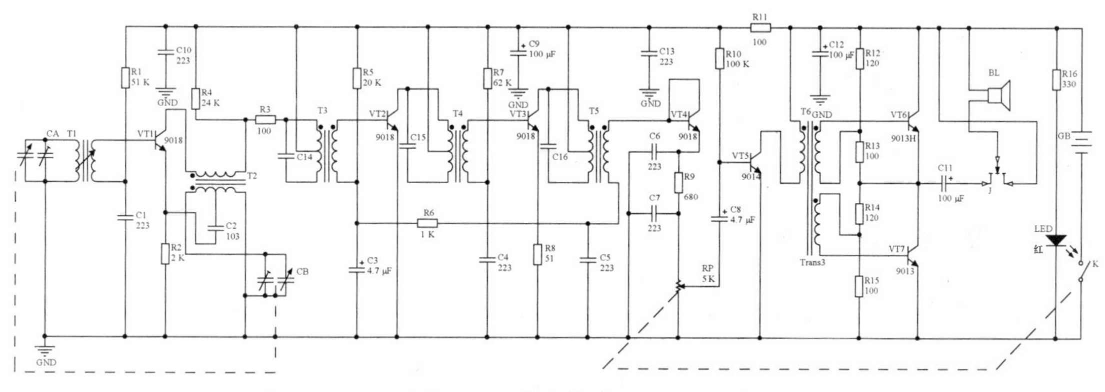

图 2－34　收音机原理电路图

2.4.2 元器件准备

首先根据元器件清单（见表 2－5）清点所有元器件，并用万用表粗测元器件的质量好坏。再将所有元器件上的漆膜、氧化膜清除干净，然后进行搪锡（如元器件引脚未氧化则省去此项），最后将电阻、二极管进行弯脚。

表 2－5　元器件清单表

元器件位号目录				结构件清单		
位号	名称规格	位号	名称规格	序号	名称规格	数量
R_1	电阻 100 kΩ	C_{12}	元片电容 0.022 μF	1	前框	1
R_2	电阻 2 kΩ	C_{13}	元片电容 0.022 μF	2	后盖	1
R_3	电阻 100 Ω	C_{14}、C_{15}	电解电容 100 μF	3	周率板	1
R_4	电阻 20 kΩ		磁棒 B5×13×55	4	调谐盘	1
R_5	电阻 150 Ω	T_1	天线线圈	5	电位盘	1
R_6	电阻 62 kΩ	T_2	振荡线圈（红）	6	磁棒支架	1
R_7	电阻 51 kΩ	T_3	中周（黄）	7	印制板	1
R_8	电阻 1 kΩ	T_4	中周（白）	8	正极片	2
R_9	电阻 680 Ω	T_5	中周（黑）	9	负极簧	2
R_{10}	电阻 100 kΩ	T_6	输入变压器（监绿）	10	拎带	1
R_{11}	电阻 1 kΩ	T_7	输出变压器（黄）	11	沉头螺钉 M2.5×5	3
R_{12}	电阻 220 Ω	VD_1、VD_2	二极管 IN4148	12	自攻螺钉 M2.5×5	1
W	电位器 5 kΩ	VD_3、VD_4	二极管 IN4148	13	电位器螺钉 M1.7×4	1
C_1	双联电容 CBM223P	VT_1	三极管 9018H	14	正极导线	1
C_2	元片电容 0.022 μF	VT_2	三极管 9018H	15	负极导线	1
C_3	元片电容 0.01 μF	VT_3	三极管 9018H	16	扬声器导线	2
C_4	电解电容 4.7 μF	VT_4	三极管 9018H			
C_5	元片电容 0.022 μF	VT_5	三极管 9014H			
C_6	元片电容 0.022 μF	VT_6	三极管 9013H			
C_7	元片电容 0.022 μF	VT_7	三极管 9013H			
C_8	元片电容 0.022 μF	Y	$2\frac{1}{4}$ 扬声器 8 Ω			
C_9	元片电容 0.022 μF					
C_{10}	电解电容 4.7 μF					
C_{11}	元片电容 0.022 μF					

2.4.3 插件焊接

按照装配图 2－35 所示，正确插入元件，其高低、极向应符合图纸规定。焊接要求及要领如下。

（1）焊点表面要光滑、清洁，并要有足够的机械强度，大小最好不要超出焊盘，不能有

虚焊、搭焊、漏焊，保证良好的导电性。

（2）焊接前应根据被焊器件的大小，准备好电烙铁及镊子、剪刀、斜口钳、尖嘴钳、焊料、焊剂等。

（3）焊接要领为：扶稳不晃，上锡适量；掌握好焊接温度和时间。

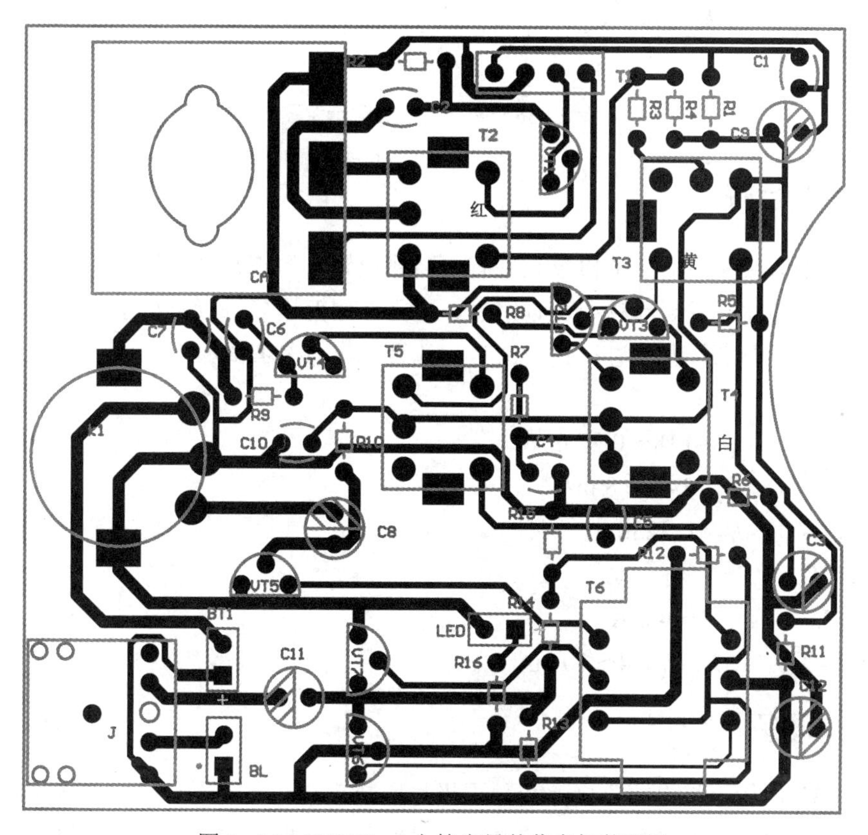

图 2－35　HX108－2 七管半导体收音机装配图

（4）焊接顺序：电阻器、电容器、二极管、三极管，其他元器件顺序为先小后大，先轻后重。

（5）注意二极管、三极管的极性及色环电阻的识别。输入（绿或蓝色）、输出（黄色）变压器不能调换位置。

2.4.4　组合件准备

将电位器拨盘装在 W－5K 电位器上，用 M1.7×4 螺钉固定。将磁棒按图 2－36 所示套入天线线圈及磁棒支架。

将双联 CBM－223P 安装在印刷电路板正面，将天线组合件上的支架放在印刷电路板反面双联上，然后用 2 只 M2.5×5 螺钉固定，并将双联引脚超出电路板部分，弯脚后焊牢。天线线圈的 1 端焊接于双联天线联 C_{1-A} 上，2 端焊接于双联中点地线上，3 端焊接于 VT_1 基极（b）上，4 端焊接于 R_1、C_2 公共点。将电位器组合件焊接在电路板指定位置。

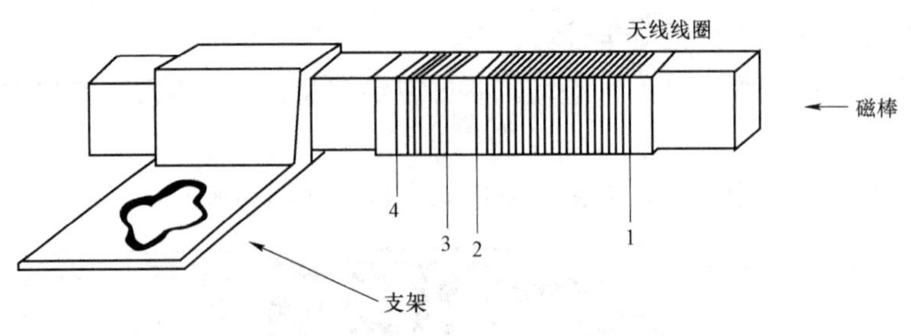

图 2－36　磁棒天线装配示意图

2.4.5　检查与试听

收音机装配焊接完成后，请检查元件有无装错位置，焊点是否脱焊、虚焊、漏焊。所焊元件有无短路或损坏。发现问题要及时修理、更正。用万用表进行整机工作点、工作电流测量，如检查都满足要求，即可进行收台试听。各级工作点参考值如下：

U_{CC}=3 V

U_{C1}=1.35 V　　I_{C1}=0.18～0.22 mA

U_{C2}=1.35 V　　I_{C2}=0.4～0.8 mA

U_{C3}=1.35 V　　I_{C3}=1～2 mA

U_{C4}=1.4 V

U_{C5}=2.4 V　　I_{C5}=2～4 mA

U_{C6}=U_{C7}=3 V　　I_{C6}=I_{C7}=4～10 mA

2.4.6　前框准备

如图 2－37 所示，将电池负极弹簧、正极片安装在塑壳上，同时焊好连接点及黑色、红色引线。将周率板反面的双面胶保护纸去掉，然后贴于前框，注意要安装到位，并撕去周率板正面保护膜。将喇叭 Y 安装于前框，用一字小螺丝批导入压脚，再用烙铁热铆三只固定脚。将拎带套在前框内。将调谐盘安装在双联轴上，用 M2.5×5 螺钉固定，注意调谐盘方向。根据装配图，分别将二根白色或黄色导线焊接在喇叭与线路板上。将正极（红）、负极（黑）电源线分别焊在线路板指定位置。将组装完毕的机心装入前框，一定要到位。

图 2－37　前框示意图

2.4.7　调试

在元器件装配焊接无误及机壳装配好，将机器接通电源，在中波段内能收到本地电台后，

即可进行调试工作。仪器连接方框图如图 2－38 所示。

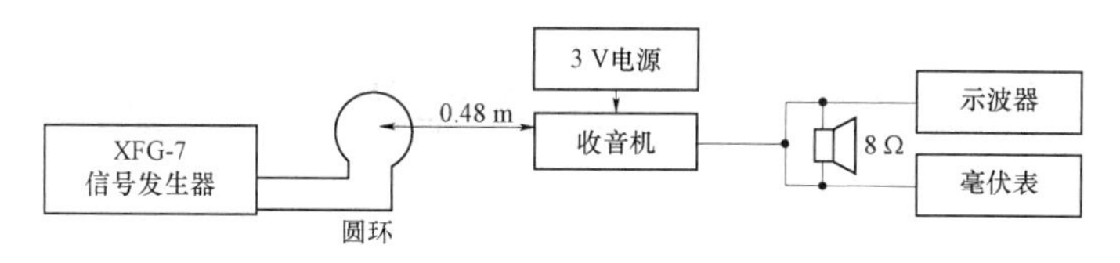

图 2－38　仪器连接方框图

首先将双联旋至最低频率点，XFG－7 信号发生器置于 465 kHz 频率处，输出场强为 10 mV/m，调制频率为 1000 Hz，调幅度为 30%。收音机收到信号后，示波器应有 1 000 Hz 信号波形，用无感应螺丝批依次调节黑、白、黄三个中周，且反复调节，使其输出最大，此时，465 kHz 中频即调好。

将 XFG－7 置于 520 kHz，输出场强为 5 mV/m，调制频率 1 000 kHz，调幅度 30%。双联调至低端，用无感应螺丝批调节红中周（振荡线圈），收到信号后，再将双联旋至最高端，XFG－7 信号发生器置于 1 620 kHz，调节双联振荡联微调电容 C_{1B}，收到信号后，再重复将双联旋至低端，调红中周，以此类推。高低端反复调整，直至低端频率为 520 kHz，高端频率为 1 620 kHz 为止，频率覆盖调节到此结束。将 XFG－7 置于 600 kHz 频率，输出场强为 5 mV/m 左右，调节收音机调谐旋钮，收到 600 kHz 信号后，调节中波磁棒线圈位置，使输出最大，然后将 XFG－7 旋至 1 400 kHz，调节收音机，直至收到 1 400 kHz 信号后，调双联微调电容 C_{1A}，使输出为最大，重复调节 600 kHz 和 1 400 kHz 统调点，直至二点均为最大，至此统调结束。在中频、覆盖、统调结束后，机器即可收到高、中、低端电台，且频率与刻度基本相符。放入电池进行试听，在能收到电台后，将后盖盖好。

目标训练

一、基础知识训练

1. 收音机组装实施过程包括元件清点、元件插件、元件焊接、电路参数调整、组装与调试等。其中电路参数调整是难点。

2. 收音机装配焊接完成后，请检查元件有无装错位置，焊点是否脱焊、虚焊、漏焊。所焊元件有无短路或损坏。发现问题要及时修理、更正。

3. 用万用表进行整机工作点、工作电流测量，如检查都满足要求，即可进行收台试听。

4. 收音机组装过程中的注意事项：注意二极管、三极管的极性及色环电阻的识别；输入（绿或蓝色）、输出（黄色）变压器不能调换位置；红中周插件后外壳应弯脚焊牢，否则会造成卡调谐盘；必须用万用表进行整机工作点、工作电流测量，如检查都满足要求，才能进行收台试听。

二、分析能力训练

1. 小收音机套件中的中周是什么元件，各起什么作用？

2. 输出变压器有什么特点？

3. 如何利用万用表测试各断点的物理量？

4. 找出功放部分的对应三极管。

5. 如果第二级放大工作，最后一级却没有任何反应，分析其原因。

仿真实验 2　分压式偏置放大电路

1. 实验目的

（1）利用仿真的方式测量静态工作点。

（2）测量输出 u_o 的波形。

（3）分析电路中电阻 R_e 的作用。

2. 实验原理

电路采用分压形式给三极管提供发射结静态偏置，具有稳定静态工作点的作用，该电路的电压放大倍数为 $A_u=\dfrac{U_o}{U_i}=\dfrac{-\beta I_B(R_C\,/\!/\,R_L)}{I_B\cdot r_{be}+(1+\beta)I_B\cdot R_{E1}}=-\dfrac{\beta(R_C\,/\!/\,R_L)}{r_{be}+(1+\beta)R_{E1}}$，其原理图如图 2－39 所示。

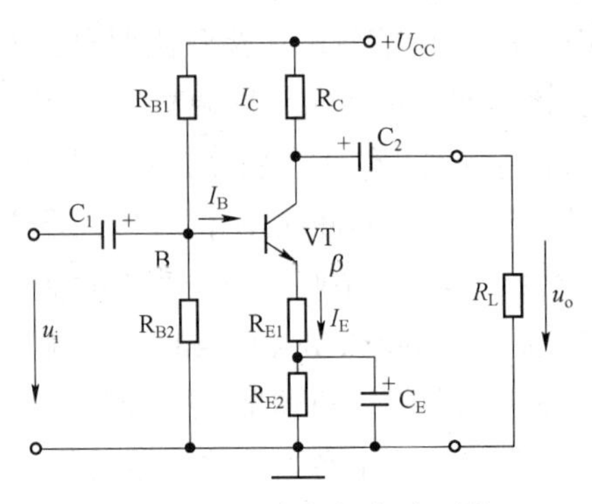

图 2－39　放大电路原理图

3. 实验步骤

（1）建立仿真实验电路如图 2－40 所示。

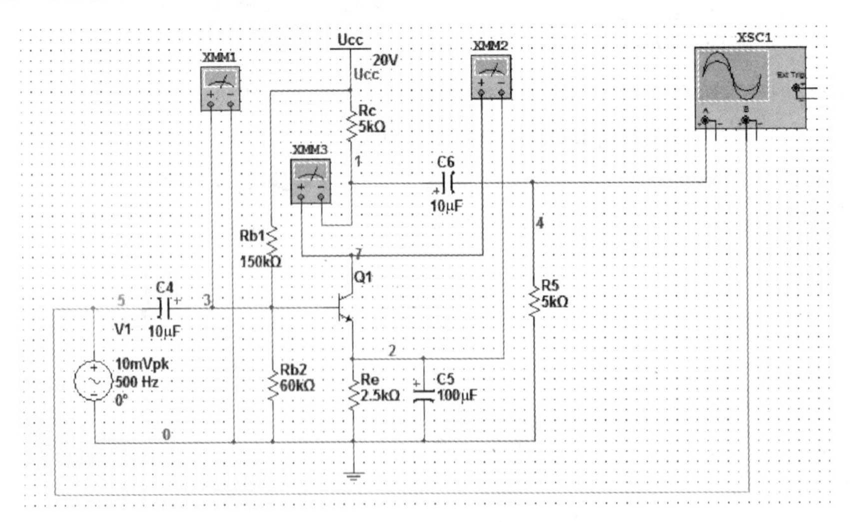

图 2－40　仿真电路图

（2）激活直流电路，分别测量 U_B，U_{CE}，I_C。仿真直流电路及仪表显示如图 2－41 所示。

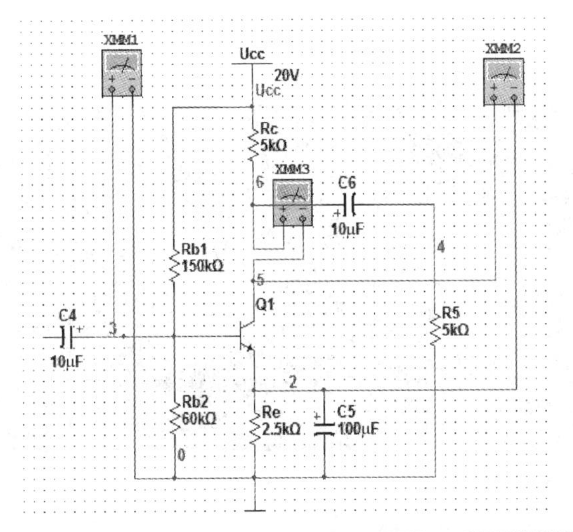

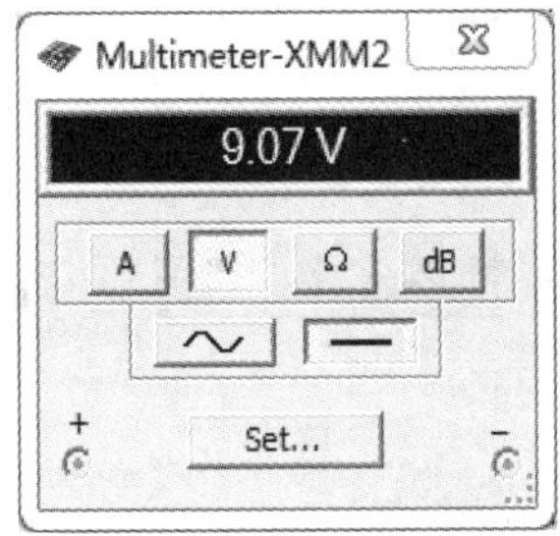

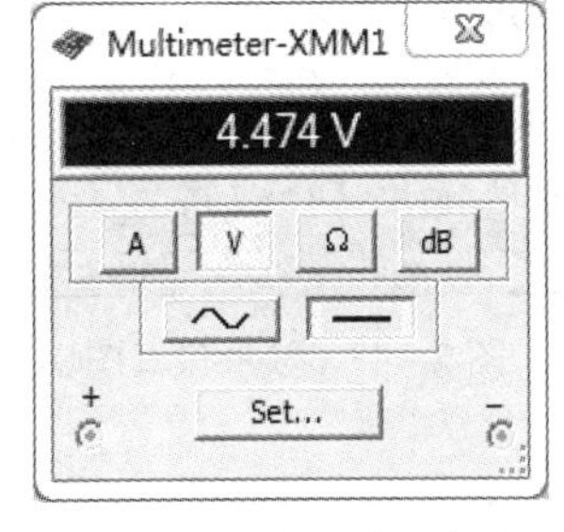

图 2－41　仿真直流电路及仪表显示图

（3）加入 100 mV，500 Hz 交流信号后，激活电路，分别测量 u_2、u_o，波形图如图 2－42 所示。分析二者波形。Channel A 测量 u_o，Channel B 测量 u_2。估算 A_u。

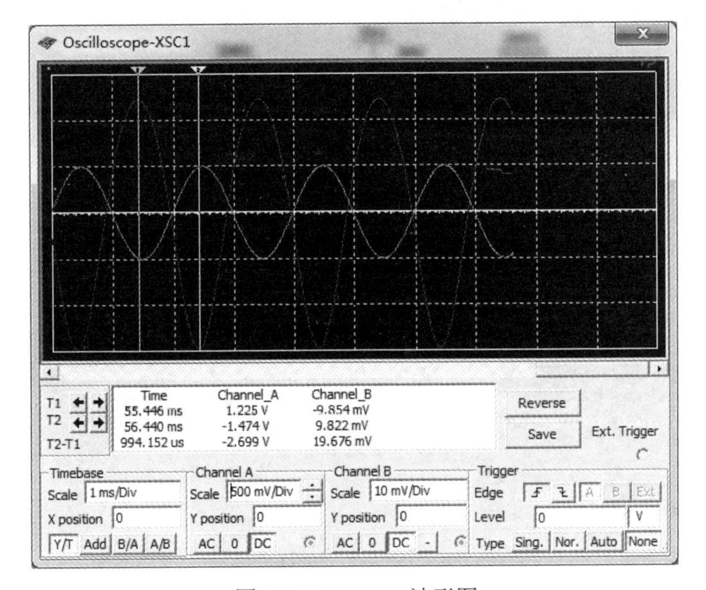

图 2－42　u_2、u_o 波形图

（4）改变 R_{b1}，观察失真情况，将 R_{b2} 阻值修改为 80 kΩ后，出现波形失真，如图 2－43 所示。

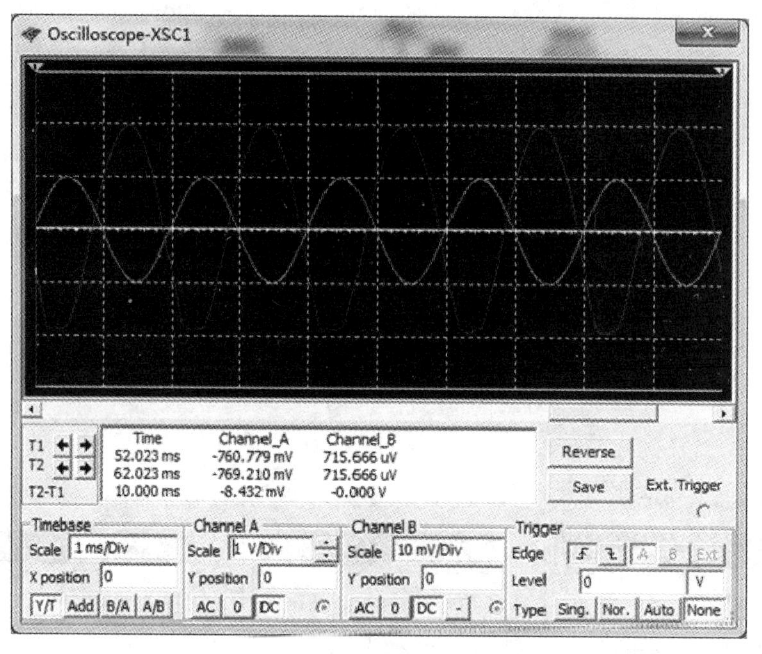

图 2－43　波形失真图

4. 思考题

（1）R_{b1} 电阻降低，静态工作点如何变化？

（2）饱和失真的原因是什么？

项目3

集成运算放大器及负反馈电路分析

集成运算放大电路是利用集成电路的制造工艺，将运算放大电路的所有元器件都制作在一块半导体硅基片上。分为模拟集成电路和数字集成电路两大类。集成运算放大器属于模拟集成电路。由于最初多用于各种模拟信号运算，如比例、求和、求差、积分、微分等，故被称为运算放大器，简称集成运放。

任务3.1　认识集成运放及其组成

任务引入

集成运放是一种高放大倍数的多级直接耦合放大电路。集成运放广泛应用于信号处理、信号变换及信号发生等方面，在其他相关领域也占有重要地位。学习过程中要了解并掌握集成运放的基础知识。

任务目标

（1）了解集成运放的作用。

（2）了解集成运放的组成。

（3）掌握集成运放的结构及符号。

（4）熟知集成运放的相关参数。

知识链接

3.1.1　集成运放基本组成

1. 集成运放的内部电路简介

集成运放型号繁多，性能各异，内部电路各不相同，但其内部电路的基本结构大致相同。集成运放电路可分为输入级、中间级、输出级及偏置电路四个部分，其中输入级采取的是差动放大形式，输出级采取的是功率放大电路，集成运放电路组成框图如图3－1所示。

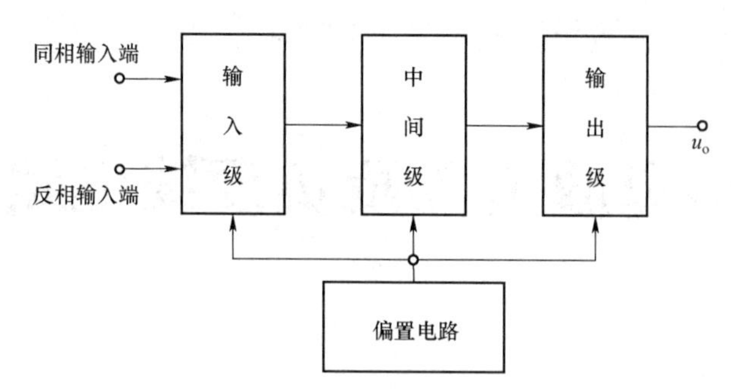

图 3－1　集成运放电路组成框图

2. 集成运放各部分作用

1）输入级

输入级由差动放大器组成，它是决定整个集成运放性能的最关键一级，不仅要求其零漂小，还要求其输入电阻高，输入电压范围大，并有较高的增益等。

2）中间级

中间级主要提供足够的电压放大倍数，同时承担将输入级的双端输出在本级变为单端输出，以及实现电位移动等任务。

3）输出级

输出级主要是给出较大的输出电压和电流，并起到将放大级与负载隔离的作用。输出级电路形式是射极输出器和互补对称电路。

4）偏置电路

偏置电路用来向各放大级提供合适的静态工作电流，决定各级静态工作点。在集成电路中，广泛采用镜像电流源电路作为各级的恒流偏置。

3.1.2　集成运放电路符号

实际的集成运放组件有许多不同的型号和规格，其外形也不尽相同，如图 3－2 所示。

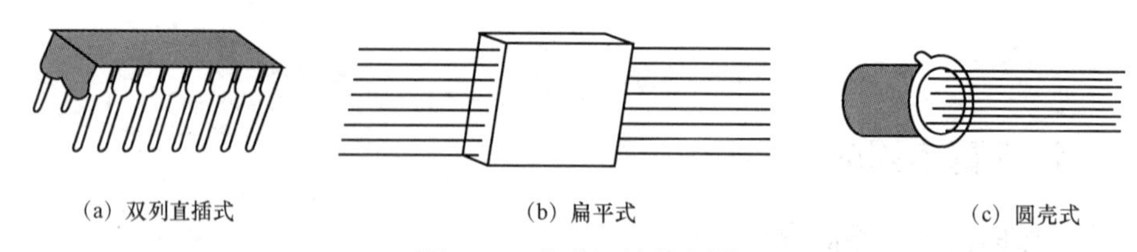

(a) 双列直插式　　(b) 扁平式　　(c) 圆壳式

图 3－2　集成运放外形图

集成运放的外形虽不同，但其电路符号通常如图 3－3 所示。它有同相端和反相端两个输入端，同相端标为“+”，其信号极性与输出信号相同；反相端标为“－”，其信号极性与输出信号相反。其余引脚因型号不同而不同，图 3－4 是 F007 的引脚图。

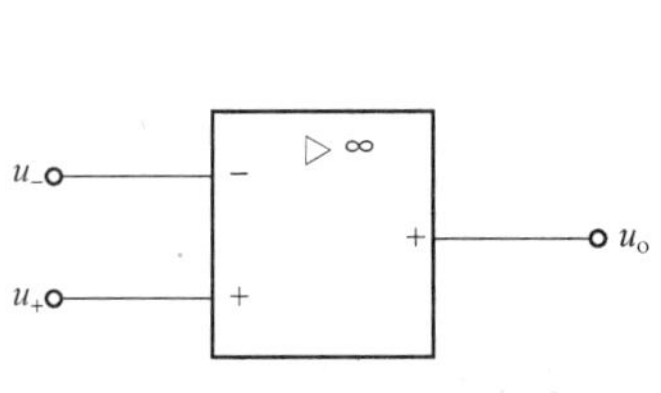

图 3－3　集成运放电路符号

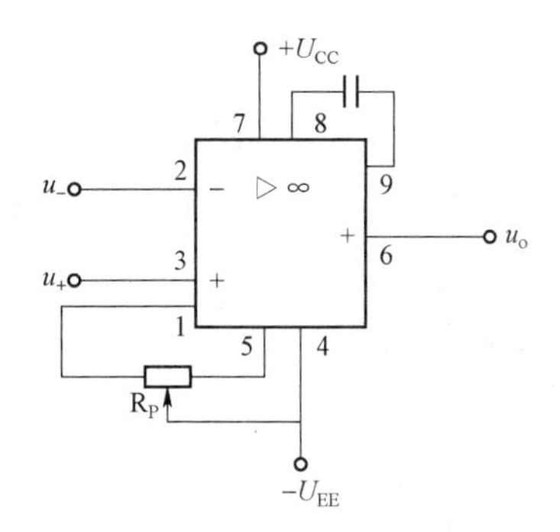

图 3－4　F007 引脚图

学习笔记：

扫描二维码，
学习集成运放符号

3.1.3　集成运放的主要参数

1）开环差模电压放大倍数 A_{od}

这是指集成运放在无外加反馈回路的情况下的输出电压与输入差模信号电压之比，即差模电压放大倍数，常用 A_{od} 表示，对于集成运放而言，A_{od} 很大，且稳定。目前高增益集成运放的 A_{od} 可高达 140 dB（10^7 倍），理想的集成运放 A_{od} 为无穷大。

2）最大输出电压 U_{omax}

最大输出电压是指在一定的电压下，集成运放的最大不失真输出电压的峰—峰值。如 F007 电源电压为±15 V 时的最大输出电压为±10 V。

3）差模输入电阻 R_{id}

R_{id} 的大小反映了集成运放输入端向差模输入信号源索取电流的大小。要求 R_{id} 越大越好，一般集成运放 R_{id} 为几百千欧至几兆欧，故输入级常采用场效应管来提高输入电阻 R_{id}。F007 的 R_{id}=2 MΩ。理想集成运放的 R_{id} 为无穷大。

4）输出电阻 R_o

R_o 的大小反映了集成运放在小信号输出时的负载能力。有时只用最大输出电流 I_{omax} 表示它的极限负载能力。理想集成运放的 R_o 为零。

5）共模抑制比 K_{CMR}

共模抑制比反映了集成运放对共模信号的抑制能力，其定义同差动放大电路。K_{CMR} 越大越好，理想集成运放的 K_{CMR} 为无穷大。

6）最大差模输入电压 U_{idmax}

最大差模输入电压指集成运放两输入端所能承受的最大电压值。超过该值，运放的性能显著恶化，甚至永久性损坏，如 F007 的 U_{idmax} 为±30 V。

7）最大共模输入电压 U_{icmax}

输入端共模信号超过一定数值后，集成运放工作不正常，失去差模放大能力。F007 的 U_{icmax} 值为±13 V。

8）输入失调电压 U_{IO}

输入失调电压是指为了使输出电压为零而在输入端加的补偿电压（取掉外接调零电位器），它的大小反映了电路的不对称程度和调零的难易。对集成运放我们要求输入信号为零时，输出也为零，但实际中往往输出不为零，将此电压折合到集成运放的输入端的电压，常称为输入失调电压 U_{IO}。其值在 1～10 mV 范围，要求越小越好。

集成运放指标的含义只有结合具体的应用才能正确体会。集成运放的指标较多，请查阅有关集成电路手册。

目标训练

一、基础知识训练

1. 关于集成运算放大器，下列说法正确的是（　　）。

   A. 集成运放是一种高电压放大倍数的直接耦合放大器

   B. 集成运放只能放大直流信号

   C. 希望集成运放的输入电阻大，输出电阻小

   D. 集成运放的 K_{CMR} 大

2. 集成运放应用于信号运算时工作在什么区域？（　　）

   A. 非线性区　　　　B. 线性区

   C. 放大区　　　　D. 截止区

3. 理想集成运放的 A_{od}=______，R_{id}=______，R_{od}=______，K_{CMR}=______。

二、分析能力训练

1. 为什么集成运放组成多输入运算电路，一般采用反相输入形式，而较少采用同相输入形式？

2. 集成运放的开环差模电压放大倍数 A_{od} 为什么可高达 10^7，理想的集成运放相关参数会如何？

任务 3.2　掌握集成运放的线性应用

任务引入

随着集成电路技术的迅速发展，集成运放的性能得到了很大程度的改进和提高，从而使集成运放的应用日益广泛。集成运放的应用电路从功能上分有信号运算、信号处理、信号产

生电路等。学习过程中分为线性应用和非线性应用分别进行介绍。

任务目标

（1）掌握理想集成运放的特性。

（2）会分析比例电路。

（3）会分析加减法电路。

知识链接

3.2.1　集成运放的理想特性

1. 理想指标

在分析集成运放组成的各种电路时，将实际运放作为理想运放来处理。这不仅使电路的分析简化，而且所得结果与实际情况非常接近。现将集成运放各种指标中几个重要指标理想化的情况概括如下。

（1）开环差模电压放大倍数：$A_{ud} \to \infty$。

（2）差模输入电阻：$R_{id} \to \infty$。

（3）输出电阻：$R_o \to 0$。

（4）共模抑制比：$K_{CMR} \to \infty$。

（5）失调电压、失调电流及它们的温漂均为零。

2. 集成运放的传输特性

如图 3－5 所示，u_+ 与 u_- 的差值是输入信号，u_o 是输出信号，输入、输出呈比例关系的区域定义为线性区，输出与输入基本无关的水平部分定义为非线性区。因为集成运放的开环差模电压 A_{ud} 非常大，所以其线性区很窄，在输入信号 u_{id} 非常小的范围内，输出电压随输入电压的增加而增加，$u_o = A_{ud}u_{id} = A_{ud}(u_+ - u_-)$。非线性区，输出电压不再与输入电压存在放大关系，$u_o$ 输出正负极限值，分别记为$+U_{OM}$、$-U_{OM}$。

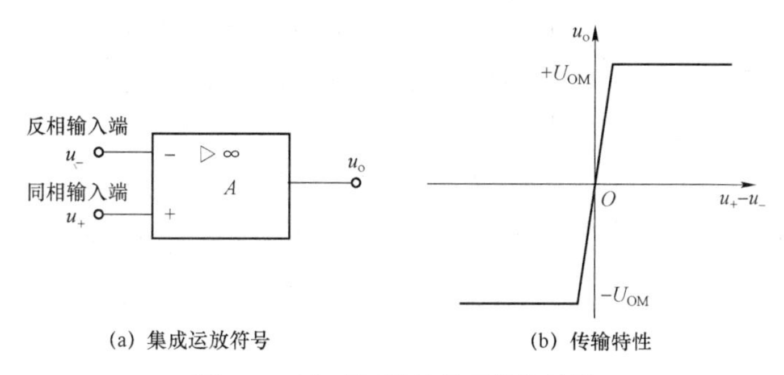

(a) 集成运放符号　　(b) 传输特性

图 3－5　集成运放符号及传输特性

3.2.2　线性区特点

当集成运放工作在线性区时，其输入与输出显然满足公式：

$$u_o = A_{ud}(u_+ - u_-)$$

由于 A_{od} 很大，为使集成运放工作在线性区并稳定工作，输入信号变化范围很小。为了扩展集成运放的线性工作范围，必须通过外部元件引入负反馈。由于理想运放的 $A_{ud} \to \infty$、$R_{id} \to \infty$，可以得到运放工作在线性区的两个重要结论。

（1）虚短路，即反相输入端与同相输入端近似等电位。当集成运放工作在线时，$u_o = A_{ud}u_i$，由于 $A_{ud} \to \infty$，而 u_o 是一有限值，所以 $u_i = u_+ - u_- = u_o / A_{od} \to 0$，即 $u_+ \approx u_-$。

（2）虚断路，即理想运放的输入电流为零。由于理想运放输入电阻 $R_{id} \to \infty$，而 $u_i = u_+ - u_- = 0$，所以 $i_+ = i_- = u_i / R_{id} \to 0$，即 $i = 0$。可见在线性工作区时，流入同相输入端和反相输入端的电流几乎为零，称为“虚断”。

学习笔记：

扫描二维码，
学习线性区结论

3.2.3 集成运放的线性应用

1. 比例运算电路

输出量与输入量成比例的运算放大电路称为比例运算电路。比例运算中的反相比例运算电路、同相比例运算电路是各种运算放大电路的基础，下面分别介绍。

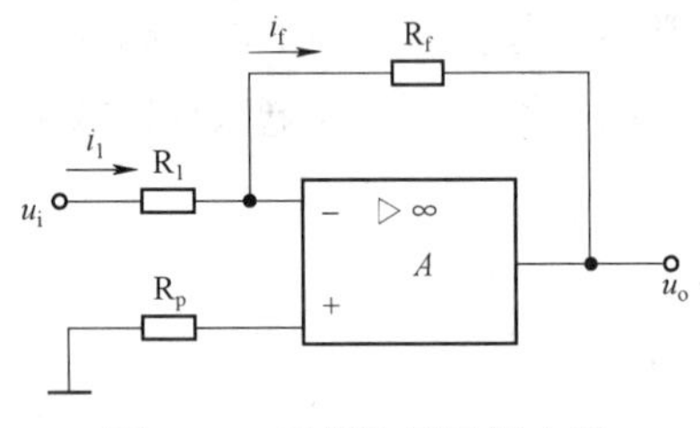

图 3－6　反相比例运算电路

1）反相比例运算电路

反相比例运算电路如图 3－6 所示，输入信号加在反相输入端，反馈电阻 R_f 跨接在输出端与反相输入端之间，输出电压 u_o 经反馈电阻 R_f 接回到反相输入端，同相端经电阻接地。R_p 是平衡电阻，用以提高输入级的对称性，一般取 $R_p = R_1 // R_f$。

利用运放工作在线性区的两个结论可得：$u_+ = u_- = 0$，$i_1 = i_f$，根据上述关系可进一步得出：

$$i_1 = \frac{u_i - u_-}{R_1} = \frac{u_i}{R_1} = i_f = \frac{u_- - u_o}{R_f} = -\frac{u_o}{R_f}$$

$$u_o = -\frac{R_f}{R_1}u_i$$

由上式可知，该电路的输出电压与输入电压成比例，且相位相反，实现了信号的反相比

例运算。其比值仅与$\dfrac{R_f}{R_1}$有关，而与集成运放的参数无关，只要R_1和R_f的阻值精度稳定，便可得到精确的比例运算关系。当R_f和R_1相等时，$u_o=-u_i$，该电路成为一个反相器。

2）同相比例运算电路

同相比例运算电路如图3－7所示，输入信号从同相端输入，反馈电阻仍然接在输出端与反相输入端之间。反相端经电阻R_1接地。

同理取$R_p=R_1 // R_f$，由图3－7可知：$u_+=u_-=u_i$，$i_+=i_-=0$，$u_-=u_+=u_i=\dfrac{R_1}{R_1+R_f}u_o$，所以，$u_o=\left(1+\dfrac{R_f}{R_1}\right)u_-=\left(1+\dfrac{R_f}{R_1}\right)u_i$。

上式表明输出电压与输入电压成同相比例关系，比例系数$\left(1+\dfrac{R_f}{R_1}\right)\geqslant 1$，且仅与电阻$R_1$和电阻$R_f$有关。当$R_f$=0或$R_1\to\infty$时，$u_o=u_i$，该电路构成了电压跟随器，如图3－8所示，其作用类似于射极输出器，利用其输入高电阻、输出低电阻的特点作为缓冲和隔离电路。

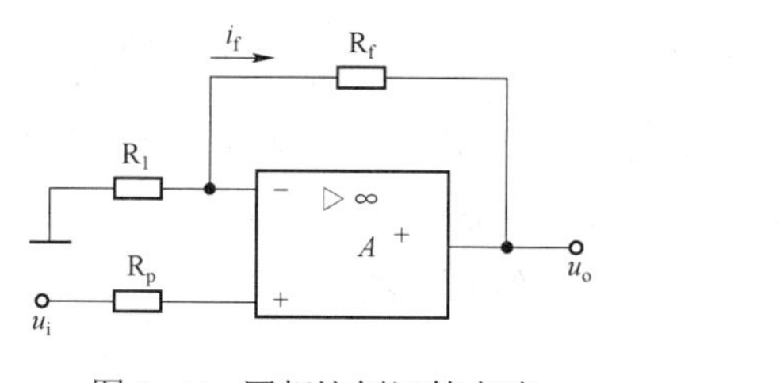

图3－7　同相比例运算电路

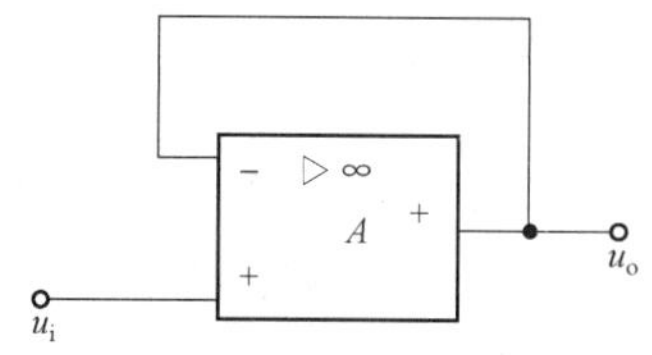

图3－8　电压跟随器

例3－1　如图3－9所示，已知$u_1=4\ \text{V}, R_f=50\ \text{k}\Omega, R_1=10\ \text{k}\Omega$，求输出电压$u_o$及电阻$R_1'$。

解：根据反比例电路输出电压与输入电压的关系$u_o=-\dfrac{R_f}{R_1}u_i$，代入已知数据可得，$u_o=-\dfrac{50}{10}\times 4=-20\ \text{V}$。

而$R_1'=R_1 // R_f=\dfrac{50\times 10}{50+10}\approx 8.3\ \text{k}\Omega$。

例3－2　图3－10所示已知$u_1=4\ \text{V}, R_f=50\ \text{k}\Omega, R_1=10\ \text{k}\Omega$，求输出电压$u_o$及电阻$R_1'$。

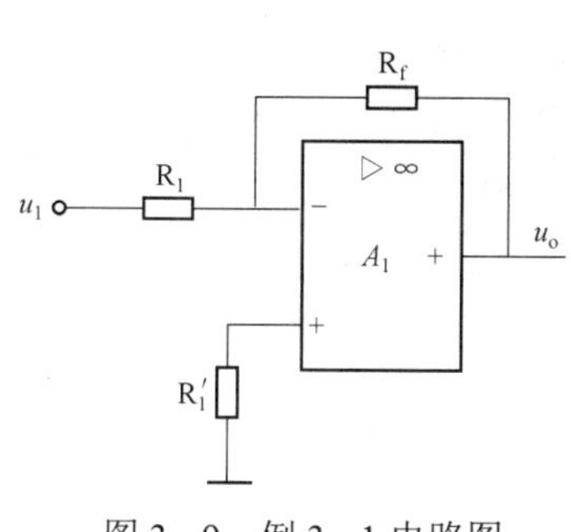

图3－9　例3－1电路图

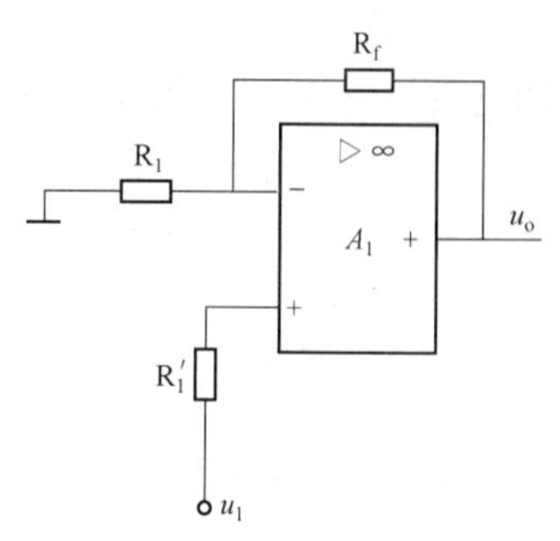

图3－10　例3－2电路图

解：该题与例 3－1 只是更换了信号输入端，根据正比例电路输出电压与输入电压的关系式 $u_o=\left(1+\frac{R_f}{R_1}\right)u_i$ 得，$u_o=\left(1+\frac{50}{10}\right)\times 4=24\ \text{V}$。

而 $R_1'=R_1\ /\!/\ R_f=\frac{50\times 10}{50+10}\approx 8.3\ \text{k}\Omega$。

2. 加、减运算电路

1）反相加法运算电路

反相加法运算电路如图 3－11 所示，图中画出三个输入端，实际上可以根据需要增加输入端的数目，其中平衡电阻 $R_p=R_1\ /\!/\ R_2\ /\!/\ R_3\ /\!/\ R_f$。

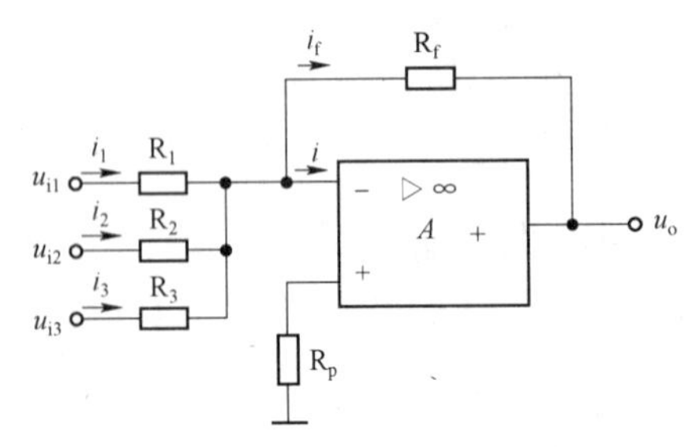

图 3－11　反相加法运算电路

根据理想运放的条件知运放的输入电流 $i=0$，所以有：

$$i_f=i_1+i_2+i_3$$

即：$$-\frac{u_o}{R_f}=\frac{u_{i1}}{R_1}+\frac{u_{i2}}{R_2}+\frac{u_{i3}}{R_3}$$

得：$$u_o=-\left(\frac{R_f}{R_1}u_{i1}+\frac{R_f}{R_2}u_{i2}+\frac{R_f}{R_3}u_{i3}\right)$$

上式表明，输出电压是各个输入电压按比例相加，其中负号表示反相。若 $R_1=R_2=R_f$，则输出电压 $u_o=-(u_{i1}+u_{i2}+u_{i3})$。

所以该电路为一个反相加法电路。若将三个输入信号分别从同相端加入，则可得到同相加法电路。

扫描二维码，
学习加法电路分析

学习笔记：

2）减法运算电路

减法运算电路如图 3－12 所示，两输入信号 u_{i1} 和 u_{i2} 分别加到运放的同相端和反相端，输出电压仍然由 R_f 送回到反相端。为了使两输入端平衡以提高共模抑制比，一般取 $R_1=R_2$，$R_f=R_3$。

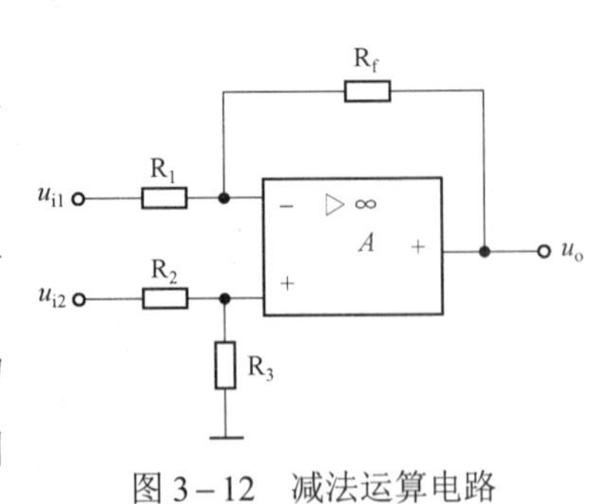

图 3－12　减法运算电路

根据叠加原理，该电路中 u_{i1} 单独作用时的输出电压为 u_{o1}，则 $u_{o1}=-\frac{R_f}{R_1}u_{i1}$；$u_{i2}$ 单独作用时的输出电压为 u_{o2}，则

$u_{o2}=\left(1+\frac{R_f}{R_1}\right)u_+=\left(1+\frac{R_f}{R_1}\right)\frac{R_3}{R_2+R_3}u_{i2}$；将两个输出电压求和，得 $u_o=\left(1+\frac{R_f}{R_1}\right)\frac{R_3}{R_2+R_3}u_{i2}-\frac{R_f}{R_1}u_{i1}$。将已知的电阻大小关系代入，则 $u_o=\frac{R_f}{R_1}(u_{i2}-u_{i1})$，如 $R_1=R_2=R_3=R_f$，则 $u_o=u_{i2}-u_{i1}$。

上述电路分析也可以先求出反相端和同相端电位，然后利用 $u_-=u_+$来推导。

利用理想运放的特性和叠加原理可得 u_- 处的电压是当 $u_o=0$ 时 u_{i1} 单独作用的电压与 $u_{i1}=0$ 时 u_o 单独作用的电压之和，即 $u_-=\frac{R_f}{R_1+R_f}u_{i1}+\frac{R_1}{R_1+R_f}u_o$；同时因为 $R_1=R_2$，$R_f=R_3$ 可得同相端的电位为 $u_+=\frac{R_3}{R_2+R_3}u_{i2}=\frac{R_f}{R_1+R_f}u_{i2}$，根据集成运放线性区“虚短路”，即 $u_-=u_+$，所以 $u_+=\frac{R_f}{R_1+R_f}u_{i2}=u_-=\frac{R_f}{R_1+R_f}u_{i1}+\frac{R_1}{R_1+R_f}u_o$，从而推出 $u_o=\frac{R_f}{R_1}(u_{i2}-u_{i1})$。

若取 $R_f=R_1$，则减法电路的表达式变为 $u_o=u_{i2}-u_{i1}$。

扫描二维码，学习减法电路

学习笔记：

例 3－3　电路如图 3－13 所示，试分析输出电压与输入电压的关系。

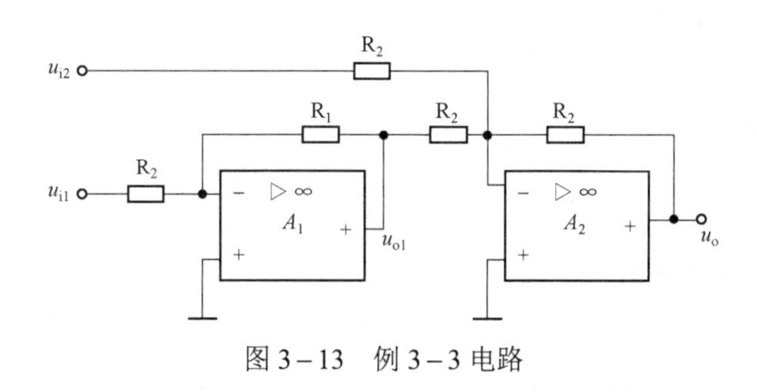

图 3－13　例 3－3 电路

解：该电路第一级为由反相比例放大器构成反相器，第二级为反相加法器，根据前述讨论可得：

$$\frac{u_{i2}}{R_2}+\frac{u_{o1}}{R_2}=\frac{0-u_{o2}}{R_2}$$

$$u_{o2}=-(u_{o1}+u_{i2})=-\left(-\frac{R_1}{R_2}u_{i1}+u_{i2}\right)=\frac{R_1}{R_2}u_{i1}-u_{i2}$$

3. 积分、微分电路

1）积分电路

把反相比例运算电路中的反馈电阻 R_f 用电容 C 代替，就构成了一个基本的积分电路，如图 3－14 所示。利用反相输入端是“虚地”的概念及理想运放“虚断”的结论，由电路可知 $i_C = i_R$，而 $i_R = \frac{u_i}{R}$，因而：

$$i_C = C\frac{\mathrm{d}u_C}{\mathrm{d}t} = -C\frac{\mathrm{d}u_o}{\mathrm{d}t}$$

$$u_o = -\frac{1}{C}\int i_C \mathrm{d}t = -\frac{1}{RC}\int u_i \mathrm{d}t$$

由上式可知，输出电压与输入电压的积分成正比并反相，所以该电路为反相积分器。

积分电路除了作为基本运算电路之外，利用它的充、放电过程还可以用来实现延时、定时及各种波形的产生和变换。

2）微分电路

微分是积分的逆运算，将基本积分电路中的电阻 R 与 C 互换位置，就构成了基本的微分电路。如图 3－15 所示。

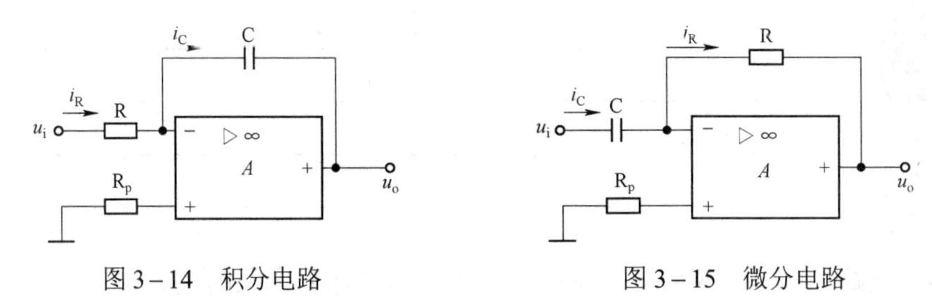

图 3－14　积分电路　　　图 3－15　微分电路

根据“虚断”的结论，结合电路可得：$i_C = i_R$，又因为反相输入端“虚地”，即 $u_+ = u_- = 0$，所以 $i_C = C\frac{\mathrm{d}u_C}{\mathrm{d}t} = C\frac{\mathrm{d}u_i}{\mathrm{d}t}$，可得输出电压为：

$$u_o = -i_R R = -i_C R = -RC\frac{\mathrm{d}u_i}{\mathrm{d}t}$$

显然，该电路可以实现微分运算。

学习笔记：

扫描二维码，
学习微积分电路

例 3－4　设有对称方波，如图 3－16（a）所示，加到图 3－14 所示电路的输入端，积分

电路的电阻、电容分别为 $R=25\ \text{k}\Omega$，$C=0.01\ \mu\text{F}$，且 $t=0$ 时，$u_o=0$，试画出理想情况下输出电压的波形，并标出其幅值。

解： $u_o=-\dfrac{1}{C}\displaystyle\int_0^{0.25}\dfrac{u_s}{R}\text{d}t=-\dfrac{1}{0.01\ \mu\text{F}}\displaystyle\int_0^{0.25\text{ms}}\dfrac{10\ \text{V}}{25\ \text{k}\Omega}\text{d}t=-10\ \text{V}$

因此，三角波的正向峰值为+10 V，负向峰值是 – 10 V，u_o 的波形如图 3 – 16（b）所示。

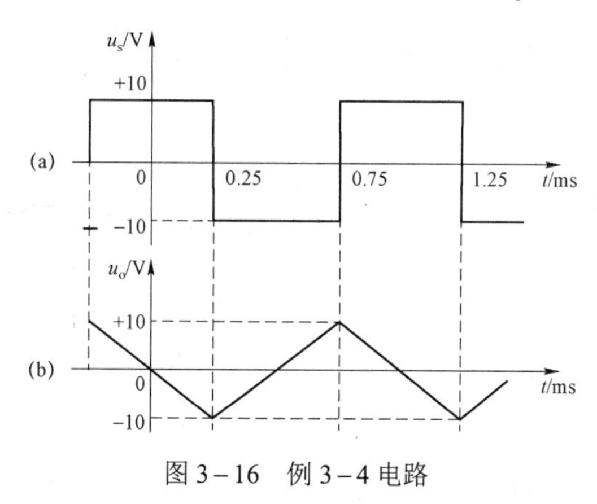

图 3 – 16　例 3 – 4 电路

目标训练

一、基础知识训练

1. 选择题

（1）集成运放电路采用直接耦合方式是因为（　　）。

A. 可获得很大的放大倍数

B. 可使温漂小

C. 集成工艺难以制造大容量电容

（2）通用型集成运放适用于放大（　　）。

A. 高频信号　　B. 低频信号　　C. 任何频率信号

（3）集成运放制造工艺使得同类半导体管的（　　）。

A. 指标参数准确　　B. 参数不受温度影响　　C. 参数一致性好

（4）集成运放的输入级采用差分放大电路是因为可以（　　）。

A. 减小温漂　　B. 增大放大倍数　　C. 提高输入电阻

（5）为增大电压放大倍数，集成运放的中间级多采用（　　）。

A. 共射放大电路　　B. 共集放大电路　　C. 共基放大电路

2. 判断题

（1）运放的输入失调电压 u_{io} 是两输入端电位之差。（　　）

（2）运放的输入失调电流 i_{io} 是两端电流之差。（　　）

（3）运放的共模抑制比 $K_{CMR}=\left|\dfrac{A_d}{A_c}\right|$。（　　）

（4）在输入信号作用时，偏置电路改变了各放大管的动态电流。（　　）

二、分析能力训练

1. 反相比例电路，其中 R_1=10 kΩ，R_f=30 kΩ，试估算它的电压放大倍数。
2. 试用集成运放实现求和运算：$U_O=-(U_{i1}+3U_{i2})$。
3. 假设图 3－17 所示电路中的集成运放是理想的，试求该电路的电压传输函数关系式。
4. 图 3－18 为同相加法器，试证明：$u_o=\left(1+\dfrac{R_f}{R}\right)\left(\dfrac{R_2}{R_1+R_2}u_{i1}+\dfrac{R_1}{R_1+R_2}u_{i2}\right)$。

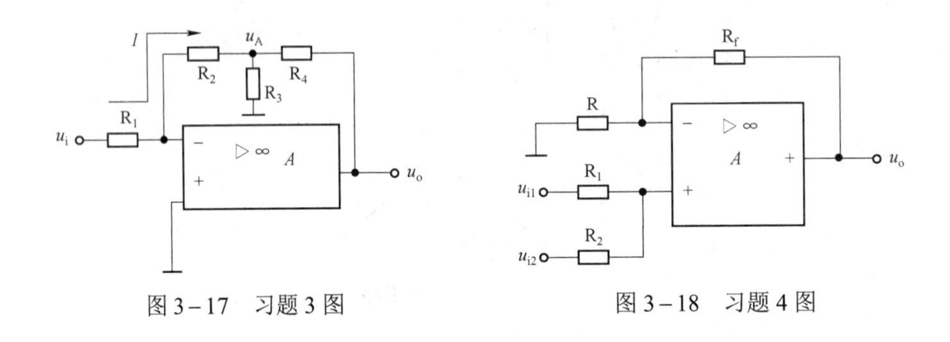

图 3－17　习题 3 图　　　　图 3－18　习题 4 图

任务 3.3　熟悉集成运放的非线性应用

任务引入

随着集成电路技术的迅速发展，集成运放的性能得到了很大程度的改进和提高，从而使集成运放的应用日益广泛。学习过程中分线性应用和非线性应用进行介绍。集成运放工作在开环状态或接入正反馈时，其工作在非线性状态。

任务目标

（1）掌握理想集成运放的非线性特性。

（2）会分析电压比较器。

（3）了解非线性应用的其他电路。

知识链接

3.3.1　非线性区特点

集成运放工作在开环状态或接入正反馈时，其工作在非线性状态，输入端加微小的电压变化量都将使输出电压超出线性放大范围达到正向饱和电压 $+U_{omax}$ 或负向饱和电压 $-U_{omax}$，其值接近正负电源电压。在非线性状态下也有两条重要结论。

（1）虚短路不成立。在非线性区时，$u_o\neq(u_+-u_-)*A_{ud}$，输出电压有两种取值可能：$u_+>u_-$

时，$u_o=+U_{omax}$；$u_+<u_-$时，$u_o=-U_{omax}$。

（2）虚断路依然成立。由于理想运放的$R_{id}\to\infty$，而输入电压是有限的值，所以同线性区的分析类似，$i_+=i_-=0$，即$i=0$。

根据以上讨论可知，在分析集成运放电路时，首先应判断它是工作在什么区域，然后才能利用上述有关结论进行分析。

学习笔记：

扫描二维码，
学习非线性区特点

3.3.2　电压比较器

电压比较器的功能是通过对两个输入信号进行比较与鉴别，确定输出。其在测量、通信和波形变换等方面应用广泛。电压比较器中的集成运放处于正反馈状态或开环状态，工作在非线性区，满足如下关系：

$$\begin{cases}u_+>u_-,\ u_o=+U_{omax}\\u_+<u_-,\ u_o=-U_{omax}\end{cases}$$

1. 单限电压比较器

单限电压比较器主要用于检测输入信号电压是否大于或小于某一特定值。根据输入方式的不同，可分为反相输入式和同相输入式两种。如图 3－19（a）所示，该电路是一个从反相端输入的单限电压比较器，输入信号从反相端输入，同相端经电阻接基准电压U_{REF}，根据集成运放非线性区“虚断”的结论，可知同相端电位为U_{REF}，反相端电位为u_i，u_i与U_{REF}进行比较，如果$u_i>U_{REF}$，则输出正极限，如果$u_i<U_{REF}$，则输出负极限，其输出与输入关系如图 3－19（b）所示。利用单限电压比较器特性，可以进行波形变换。

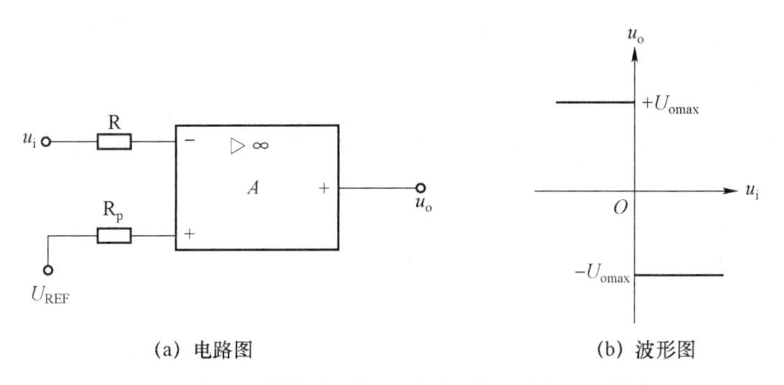

图 3－19　单限电压比较器原理电路及波形图

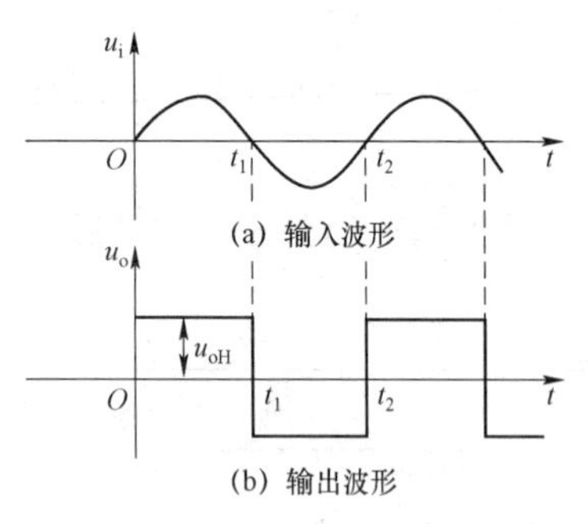

图 3－20　过零电压比较器波形图

当 U_{REF} 为 0 时，电压比较器称为过零电压比较器，图 3－20 所示是过零电压比较器波形图，其将输入的正弦波变成矩形波电压输出，（a）是输入波形，（b）是输出波形。过零比较器非常灵敏，但抗干扰能力较差，当输入电压于参考电压附近时，输出会在正负饱和输出间跳跃，易造成误动作。

如果需要限制输出电压的大小，电路可以连接成图 3－21（a）所示。双向稳压管 VD_z 的作用是输出保护，电路中输出电压的幅值受 VD_z 的稳压值 U_z 限制，电路的正向输出幅度与负向输出幅度基本相等，$u_o = U_z$ 或 $-U_z$，如图 3－21（b）所示。

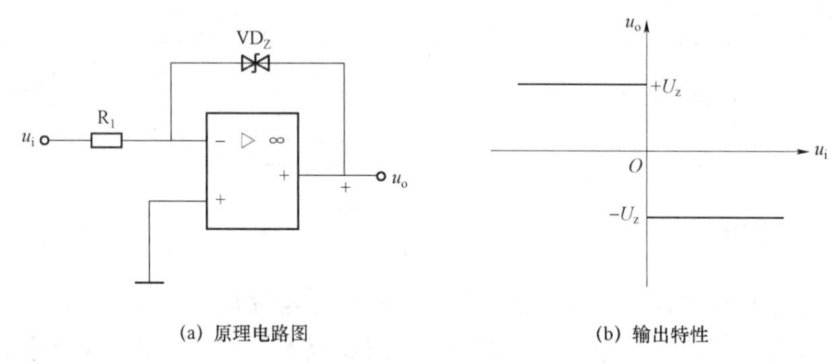

(a) 原理电路图　　(b) 输出特性

图 3－21　限制输出大小的电压比较器及其输出特性

扫描二维码，
学习单限电压比较器

学习笔记：

2. 迟滞电压比较器

迟滞电压比较器能克服简单比较器抗干扰能力差的缺点，原理电路如图 3－22（a）所示，其输出特性如图 3－22（b）所示，该电路是从反相端输入的电压比较器，其输出是正负极限值。

在原理电路中，由集成运放非线性区的特性可知：$u_i = u_-$，而同相端电位为 $u_+ = \dfrac{R_2}{R_2 + R_f} u_o$。$u_i$ 等于 u_-，u_- 与 u_+ 进行比较，u_- 高于 u_+ 时，输出负极限，反之输出正极限，具体关系如下：

$$\begin{cases} u_i = u_- > u_+, & u_o = -U_{omax} \\ u_i = u_- < u_+, & u_o = +U_{omax} \end{cases}$$

该电路在工作过程中同相端的电位是变化的，u_o 不同，u_+ 不同，根据输出由集成运放工作在非线性区特点可知二者关系如下：

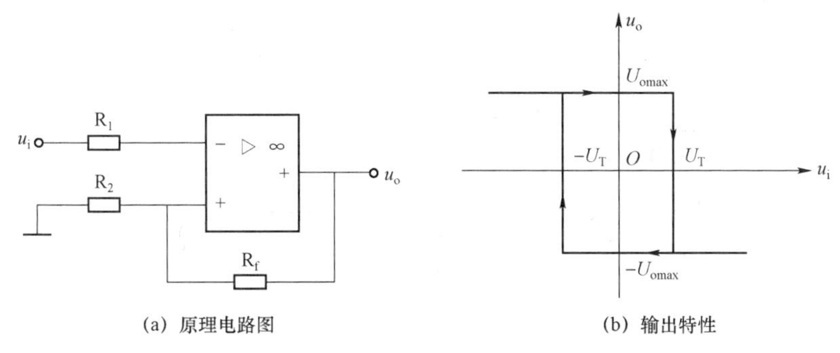

(a) 原理电路图　　(b) 输出特性

图 3－22　迟滞电压比较器及其输出特性

$$\begin{cases} u_o=+U_{omax}\text{时，} u_+=\dfrac{R_2}{R_2+R_f}U_{omax}=+U_{TH} \\ u_o=-U_{omax}\text{时，} u_+=-\dfrac{R_2}{R_2+R_f}U_{omax}=-U_{TH} \end{cases}$$

式中 U_{TH} 是阈值电压，电路工作原理具体分析如下。

假设 u_i 是无穷小量，则反相端电位低于同相端电位，因而输出电压是正极限值，同相端电位是 $+U_{TH}$，继续增大的过程中，只要其小于 $+U_{TH}$，则输出就是正极限值；当 u_i 接近 $+U_{TH}$ 时，再增大一个无穷小量，则使反相端电位高于同相端电位，继而，输出电压变为负极限值，随之，同相端电位变为 $-U_{TH}$，继续增大输入信号该规律不再变化，该过程的工作原理如图 3－22 右行箭头所示。

假设 u_i 从大于$+U_{TH}$的某值开始减小，现在的同相端电位是$-U_{TH}$，输入信号和$-U_{TH}$进行比较，显然，输出电压是负极限值；当输入信号非常接近$-U_{TH}$时，再增加任意无穷小量，则使反相端电位低于同相端电位，此时，输出电压又变为正极限值，同时，同相端电位又变为 $+U_{TH}$。该过程的工作曲线如图 3－22 左行箭头所示。

通过上述分析，迟滞电压比较器的抗干扰性决定于 $+U_{TH}$ 和 $-U_{TH}$，二者的差值称为回差电压。

扫描二维码，
学习迟滞电压比较器

学习笔记：

3.3.3　三角波发生器

如图 3－23 所示，A_1 组成的部分是同相迟滞电压比较器，A_2 为主的是积分电路，两部分电路组成三角波发生器。

由叠加原理，A_1 同相端输入电压 u_+ 为：

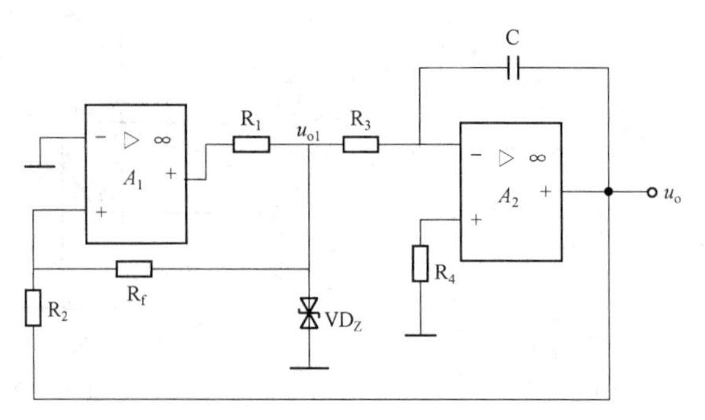

图 3－23　三角波发生器电路

$$u_+ = \frac{R_2}{R_2 + R_f} u_{o1} + \frac{R_f}{R_2 + R_f} u$$

式中，u_{o1}为A_1输出电压，其值等于$\pm U_Z$。

其工作波形如图 3－24 所示，当$u_{o1} = +U_Z$时，积分器输入为正，输出为线性下降波形，u_+也线性下降，当u_+过零变负时，比较器A_1的输出翻转为$-U_Z$。积分器输入为负，此时输出为线性上升波形，u_+也线性上升，当u_+过零变正时，比较器A_1翻转为$+U_Z$。如此往复，输出三角波形，其周期$T = \frac{4R_2}{R_f} R_3 C$。

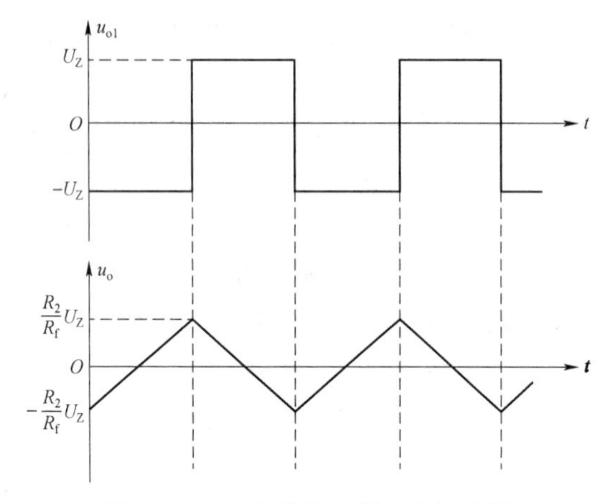

图 3－24　三角波发生器工作波形图

若需要改变输出电压频率，可以改变电阻 R_2、R_3、R_f的阻值大小和电容 C 的容量。

扫描二维码，
学习三角波电路

学习笔记：

目标训练

一、基础知识训练

1. 虚短路不成立。在非线性区时，$u_o \neq (u_+ - u_-) * A_{ud}$，输出电压有两种取值可能：$u_+ > u_-$时，__________；$u_+ < u_-$时，___________。

2. 虚断路依然成立。由于理想运放的$R_{id} \to \infty$，而输入电压是有限的值，所以同线性区的分析类似，_________，即$i = 0$。

二、分析能力训练

用理想运放组成的电压比较器如图3－25所示。已知稳压管的正向导通压降U_D=0.7 V，U_Z=5 V，R_1=30 kΩ，R_2=20 kΩ，R_3=12 kΩ。

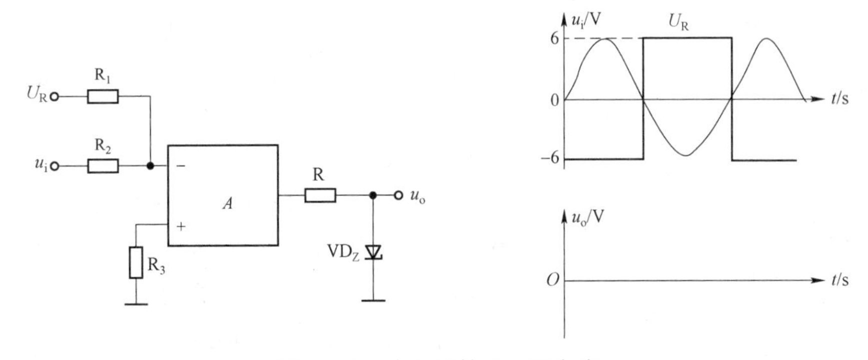

图3－25　电压比较器习题电路

1. 试求比较器的电压传输特性。

2. 若u_i=6sinωt（V），U_R为方波如图所示，试画出u_o的波形。

任务3.4　负反馈电路分析

任务引入

在放大电路中将输出信息通过一定的途径部分或者全部引回到输入端，这种现象叫作反馈。在反馈放大器中，不同类型的反馈具有不同的规律性，对电路性能的影响也各不相同。对反馈可以从不同的角度进行分类。按反馈信号的成分可分为直流反馈和交流反馈；按反馈的极性可分为正反馈和负反馈；按反馈信号与输出信号的关系，即反馈信号的采样方式可分为电压反馈和电流反馈；按反馈信号与输入信号的关系，即反馈信号的叠加方式可分为串联反馈和并联反馈。在这里只讨论其中的负反馈电路。将输出端采样与输入端叠加两方面综合考虑，实际的负反馈放大器可以分为如下四种基本类型：电压串联负反馈、电压并联负反馈、电流串联负反馈、电流并联负反馈。

任务目标

（1）了解负反馈的相关知识。

（2）掌握四种负反馈电路及其分析。

（3）进一步掌握集成运放相关电路分析。

知识链接

在实际应用中，电路中常常引入负反馈来改善放大器的工作性能。本任务主要介绍反馈的基本概念、判别方法，分析反馈对放大器性能的影响。

3.4.1 理解反馈的基本概念

通过一定的电路形式把输出信号（电压量或电流量）的一部分或全部，回送到输入端，影响输入信号，从而改善电路工作性能的过程，叫作反馈，反馈分为正反馈和负反馈两种。反馈电路组成框图如图 3－26 所示。

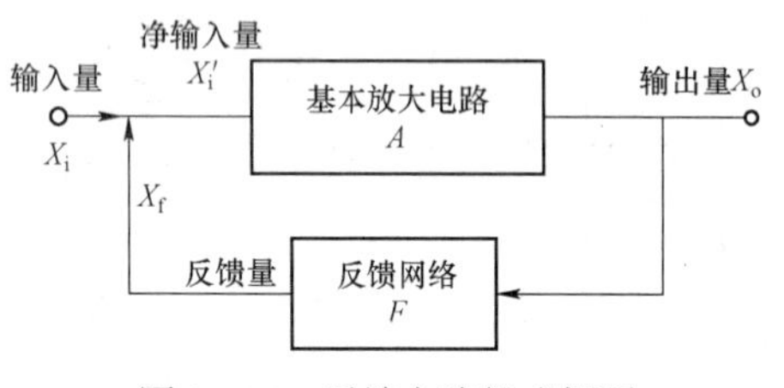

图 3－26 反馈电路组成框图

通过图 3－26 可以看出，在具有反馈的放大电路中，信号有两条通路，一条是信号通过放大电路从输入端流向输出端，信号被放大的正向通路，叫基本放大电路；另一条是信号通过适当的电路从输出端流向输入端的反向通路，叫反馈通路，反馈放大电路是一个闭环电路。相对而言，无反馈通路的放大电路则是一个开环电路。图中 X_i' 是反馈信号影响后的输入信号，叫作电路的净输入信号，X_o 则是电路总的输出信号。

图中，基本放大电路的放大倍数 $A=\dfrac{X_o}{X_i'}$，反馈网络的反馈系数 $F=\dfrac{X_f}{X_o}$。由于 $X_i'=X_i-X_f$，所以：

$$X_o=A(X_i-X_f)=A(X_i-FX_o)=AX_i-AFX_o$$

反馈放大电路的放大倍数（即闭环增益）为：

$$A_f=\frac{X_o}{X_i}=\frac{A}{1+AF}$$

3.4.2 掌握反馈的分类

1. 正反馈和负反馈的判断

在电路外加输入信号不变的情况下，反馈的结果使基本放大电路的净输入信号增加，从而引起输出信号增加，使放大能力增加的反馈，叫正反馈。反馈结果使基本放大电路的净输入信号减小，引起输出信号减小，从而使放大能力减弱的反馈，叫负反馈。正、负反馈的判断可以采用瞬时极性法。

利用瞬时极性法进行判断时先假定某一时刻输入信号变化趋势，可用符号表示，“+”表

示增加，“–”表示下降或减小，再根据基本放大电路的性能得出此时输出信号的变化趋势，然后判断反馈信号是加强了还是削弱了基本放大电路的净输入信号，就可判定反馈的正、负极性。该判断方法的具体步骤如下。

（1）假设输入信号某一瞬时的极性（“+”或“–”）。

（2）根据输入和输出信号的关系确定输出信号和反馈信号的瞬时极性。

（3）再根据反馈信号与输入信号的连接关系，分析净输入量是增大还是减小，从而判断出是正反馈还是负反馈。

如图3–27所示，当u_i为+时，反相端电位为+，输出为–，将输出的一部分引回到反相端，在N点+、–相遇，使集成运放净输入信号减弱，所以反馈是负反馈。如图3–28所示，当u_i为+时，反相端电位为+，输出为–，将输出引回到同相端，净输入信号是反相端与同相端之间的差，所以净输入信号增强，该反馈是正反馈。

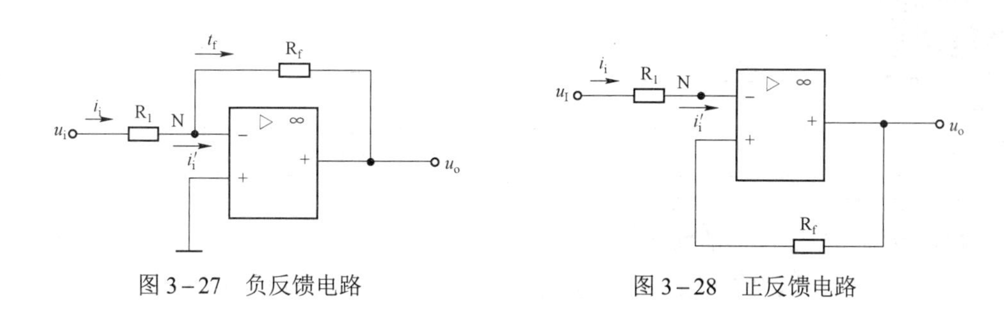

图3–27　负反馈电路　　　　图3–28　正反馈电路

学习笔记：

扫描二维码，
学习正、负反馈的判断

2. 电路交、直流反馈的判断

反馈放大电路按交、直流的性质可分为直流反馈和交流反馈两种。若反馈回来的信号为直流量称为直流反馈，直流反馈的作用是稳定静态工作点。若反馈回来的信号为交流量称为交流反馈，交流反馈能改善放大电路动态性能。如反馈信号中既有交流信号又有直流信号，则称作交直流反馈。电路的反馈信号既可以有交流信号成分，又可以有直流信号成分，故引入的是交直流反馈。如图3–29所示，R_{E2}电阻在交流通路中被电容C_E旁路，所以它在电路中起到的作用是直流反馈，而电阻R_{E1}没被旁路，所以它即起直流反馈又具备交流反馈的作用。在图3–30中，一条是输出端与反相输入端直接连接，这条通路交直流量都能反馈到反相输入端，所以构成了交直流反馈通路，存在交直流反馈。另一条由电容和电阻构成的反馈通路，由于电容具有隔直作用，所以这条路径只能反馈交流量，故构成交流反馈。

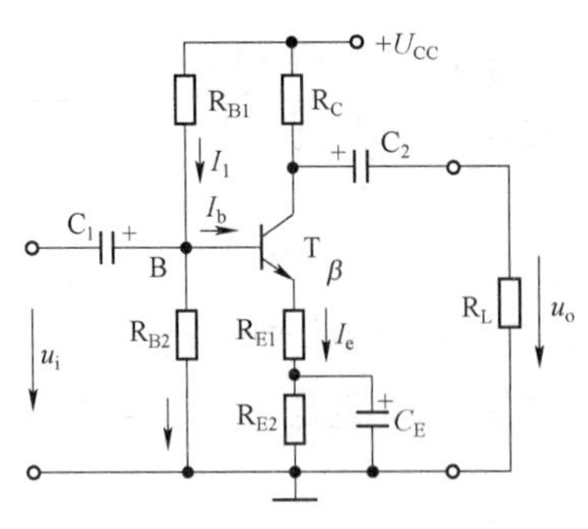

图 3－29　正、负反馈分析电路 1

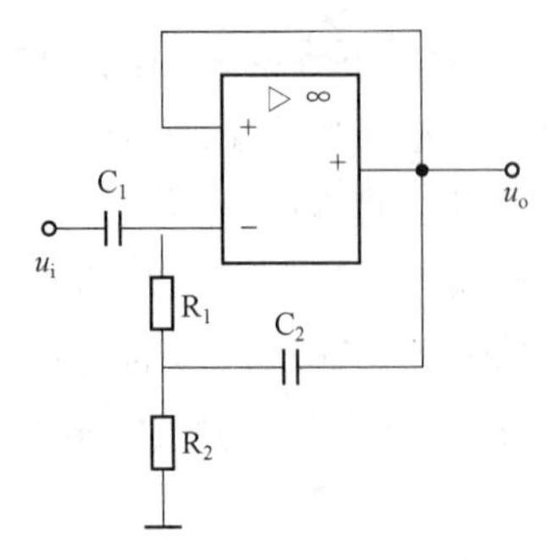

图 3－30　正、负反馈分析电路 2

学习笔记：

扫描二维码，
学习交、直流反馈的判断

3. 电压反馈和电流反馈的判断

电压反馈、电流反馈的判断从输出端观察，电压反馈的反馈信号取自输出电压，即反馈信号和输出电压成比例，反馈网络与输出回路负载并联，如图 3－31 所示。如果反馈信号的大小与输出电流成比例，反馈网络与输出回路负载并联，则为电流反馈，如图 3－32 所示。

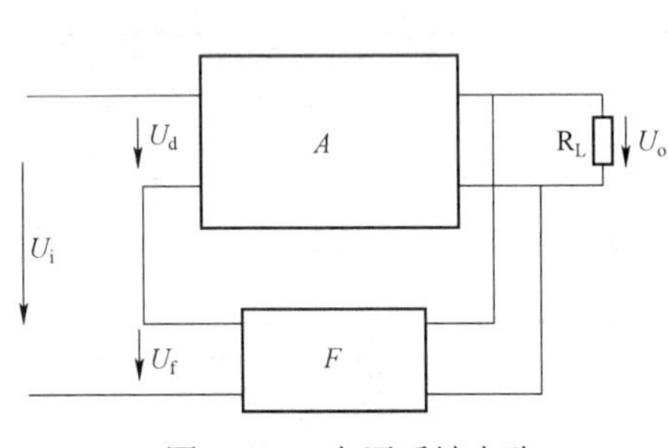

图 3－31　电压反馈电路

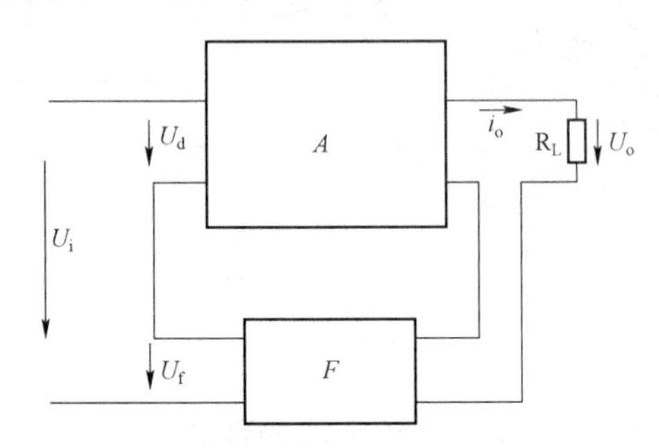

图 3－32　电流反馈电路

电压反馈和电流反馈可以用“短路法”来判断，具体的方法是：先假定输出电压为零（如负载交流短路，则 $u_o=0$，但 $i_o\neq 0$）；再判断反馈信号的情况，如反馈信号不再存在，说明在反馈中起作用的是输出电压，则引入的是电压反馈。如果反馈信号不消失，则是电流反馈。如图 3－33 所示，令 $u_o=0$，R_L 被短路，输出端直接接地，u_f 消失，反馈为电压反馈。如图 3－34 所示，R_L 被短路后，$u_o=0$，u_f 不消失，该反馈为电流反馈。

电流反馈也可以用“断路法”来判断，令负载 R_L 两端断开，若反馈信号为零，则为电流反馈。将图 3－34 中的 R_L 断路，输出电流变为零，所以 u_f 变为零，反馈消失，该反馈为电流反馈。

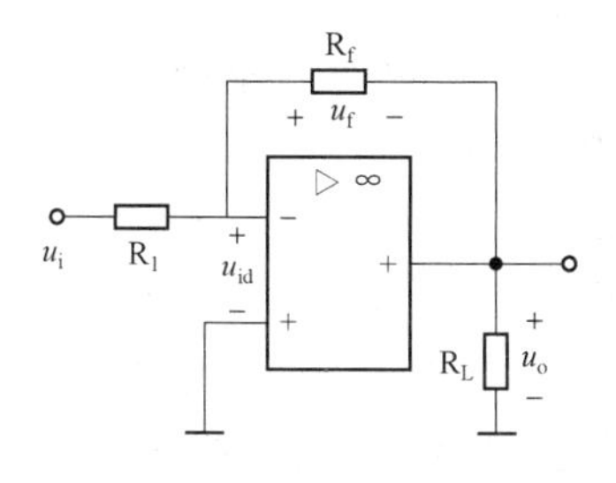

图 3–33　电压反馈分析电路

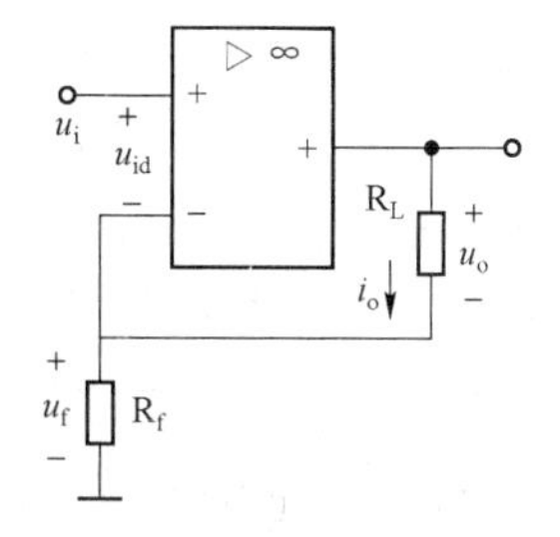

图 3–34　电流反馈分析电路

扫描二维码，学习电压、电流反馈的判断

学习笔记：

4. 串联反馈和并联反馈的判断

串联反馈和并联反馈是通过对电路的输入端观察来判断的，反馈放大电路按与输入端的连接方式可分为串联反馈和并联反馈两种。在输入端反馈信号（或反馈网络）与输入信号串联连接称为串联反馈，如图 3–31、图 3–34 所示，在输入端净输入信号和反馈信号是串联，所以该反馈是串联反馈；在输入端反馈信号（或反馈网络）与输入信号并联连接称为并联反馈，如图 3–33 所示，电路输入端呈并联分流的方式，净输入信号和反馈信号是并联，该反馈是并联反馈。

扫描二维码，学习串、并联反馈的判断

学习笔记：

3.4.3　四种反馈组态的分析

1. 电压串联负反馈

电压串联负反馈的实际电路和连接方框图分别如图 3–35 中（a）与（b）所示。图（a）中，R_f、R_1 为反馈元件，它们构成的反馈网络在输出和输入之间建立起联系。从电路的输出端来说，反馈信号是输出信号 U_o 在 R_f、R_1 组成的分压电路中 R_1 上所分取的电压 U_f，反馈电

压是输出电压 U_o 的一部分。假设将输出短路，$U_o=0$，则 $U_f=0$，因此，反馈信号与反馈电压成正比，这个反馈是电压反馈。在输入端，反馈信号与输入信号相串联，它们是以电压的形式在输入回路中叠加的，即 $U_d=U_i-U_f$，假设把反馈节点（运放的反相输入端）对地短路，使 $U_f=0$，输入信号仍能加入运放的同相输入端，这是串联反馈。设 U_i 瞬时为“+”，根据运放的输入输出特性，则输出 U_o 也为“+”，反馈至反相输入端亦为“+”，这样，反馈的引入使运放的净输入信号 U_d 减小，因此是负反馈。这种判断反馈极性的方法称为瞬时极性法。因此图 3－35（a）所示电路是一个电压串联负反馈放大电路。

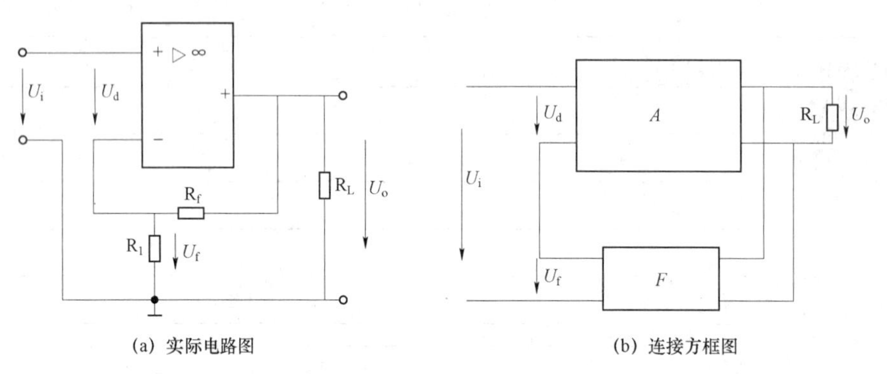

(a) 实际电路图　　(b) 连接方框图

图 3－35　电压串联负反馈

电压负反馈具有稳定输出电压的作用。设输入信号 U_i 不变，若负载电阻 R_L 因某种原因减小使输出电压 U_o 减少，则经 R_f、R_1 分压所得反馈信号 U_f 也减少，结果使净输入信号 U_d 增大（$U_d=U_i-U_f$），使 U_o 增大，即抑制了 U_o 的减少。这个稳压过程可表示如下：

$$R_L\downarrow \longrightarrow U_o\downarrow \longrightarrow U_f\downarrow \longrightarrow U_d\uparrow \longrightarrow U_o\uparrow$$

可见，引入电压负反馈后，因其他原因（这个原因不是输入电压的变化）导致输出电压变化的趋势因负反馈的自动调节作用而受到抑制，使输出电压基本稳定。稳定输出电压的过程也说明，电压负反馈放大器具有恒压源的性质，而恒压源的内阻很小（理想情况下恒压源的内阻为 0）。这就是说，放大器的输出电阻因引入电压负反馈而减小了，这是电压负反馈的又一重要特点。

由于在输入回路中输入信号 U_i 与反馈信号 U_f 是串联叠加的，在 U_i 不变时，U_f 的引入使净输入信号 U_d 减少，则使输入电流比无反馈时减小，也就是使输入电阻增大，因此，串联负反馈使放大器的输入电阻增大，这是串联负反馈的特性。电压串联负反馈放大电路具有输入电阻大、输出电阻小、输出电压稳定的特点。

2. 电压并联负反馈

电压并联负反馈的实际电路和连接方框图分别如图 3－36（a）和（b）所示。

图 3－36（a）中，R_f 为反馈元件，它在输出与输入之间建立起反馈通道。从电路的输出端来看，在输出端的采样对象是输出电压 U_o，若将输出短路，即设 $U_o=0$，则反馈信号消失，因而是电压反馈。在电路的输入端，反馈信号与输入信号是以电流的形式相叠加的，流过 R_f

的电流 I_f 与输入电流 I_i 并联作用在输入端，$I_d=I_i-I_f$ 若假设反馈节点（运放的反相端）对地短路，则使运放两输入端短路，输入信号不能进入运放电路，因而是并联反馈。设输入信号 U_i 瞬时为“+”，即反相输入端为“+”，由运放的输入、输出特性知，输出信号 U_o 应为“－”，从而使流过 R_f 的电流 I_f 增加，在 I_i 不变的条件下，因 I_f 的分流作用而使流入运放的净输入电流 I_d 减少，故为负反馈。所以该电路是一个电压并联负反馈放大电路。

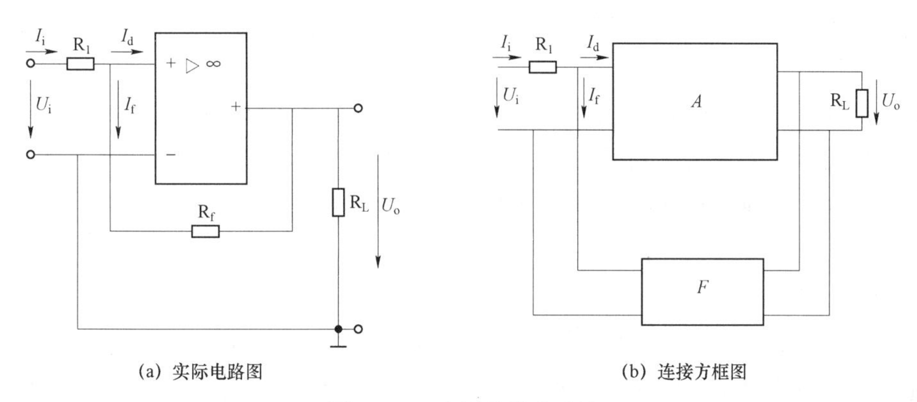

(a) 实际电路图　　(b) 连接方框图

图 3－36　电压并联负反馈

同电压串联负反馈一样，电压并联负反馈既然是电压负反馈，因而也能稳定输出电压，减小输出电阻。在输入回路中，由于输入信号 I_i 与反馈信号 I_d 是并联叠加的，相当于在输入回路中增加了一条并联支路。在净输入电流 I_d 一定的前提下，由于 I_f 的引入将使 I_i 增加，也就是使输入电阻减少，这就是说，并联负反馈使放大器的输入电阻减小，这是并联负反馈的特点。

总之，电压并联负反馈放大电路具有输入电阻小、输出电阻小、输出电压稳定的特点。

3. 电流串联负反馈

电流串联负反馈的实际电路和连接方框图分别如图 3－37（a）和（b）所示。R 为反馈元件，它在输出与输入之间建立起反馈通道。从电路的输出端来看，反馈元件 R 上的电压 $U_f=RI'_o$，而 $I'_o\approx I_o$（运放的输入电流 I_- 很小，可略），则反馈量 U_f 与输出电流 I_o 成比例。

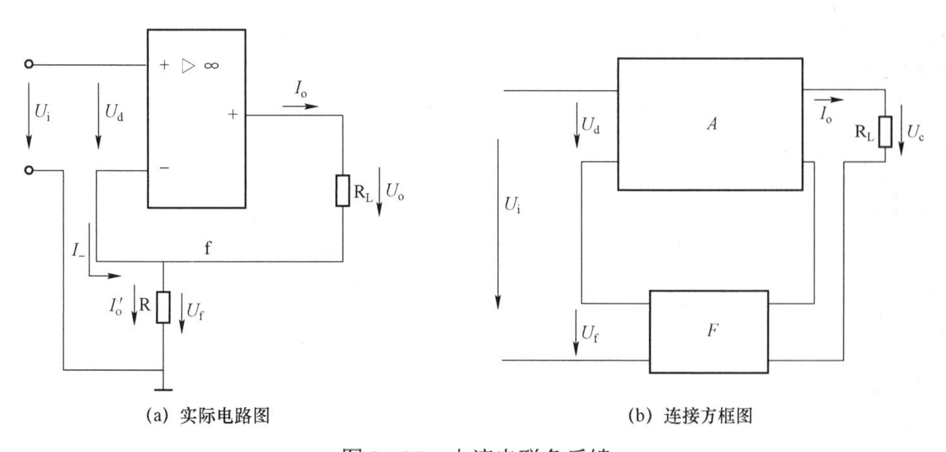

(a) 实际电路图　　(b) 连接方框图

图 3－37　电流串联负反馈

若将负载 R_L 短路，即设 U_o=0，则反馈信号 U_f 依然存在，显然不是电压反馈，若将 R_L 开路（使 I_o=0），反馈便消失，所以，这个电路是电流反馈。在输入端，反馈信号与输入信号相串联，它们是以电压的形式在输入回路中叠加的，即 $U_d=U_i-U_f$，假设把反馈节点（运放的反相输入端）对地短路，使 U_f=0，输入信号仍能加入运放的同相输入端，因而是串联反馈。设输入信号 U_i 瞬时为“+”，由运放的输入、输出特性知，输出信号 U_o 应为“+”，反馈至反相输入端也应为“+”，这样，反馈的引入使运放的净输入信号 U_d 减小，抵消了 U_i 的增加，因此是负反馈。

电流负反馈具有稳定输出电流的作用。在输入电压 U_i 一定时，若因某种原因（如负载电阻变小）使输出电流 I_o 增大，则反馈信号 U_f 增大，从而使运放的净输入信号 U_d 减小，使输出电压 U_o 减小，使 I_o 减小，从而抑制了 I_o 的增大。其稳流过程可表示如下：

$$R_L\downarrow \longrightarrow I_o\uparrow \longrightarrow U_f\uparrow \longrightarrow U_d\downarrow \longrightarrow U_o\downarrow \longrightarrow I_o\downarrow$$

可见，引入电流负反馈后，由于某种原因导致输出电流变化的趋势因负反馈的自动调节作用而受到抑制，使输出电流基本稳定。电流负反馈放大器具有恒流源的性质，而恒流源的内阻很大（理想情况下，恒流源的内阻为∞）。这就是说放大器的输出电阻因引入电流负反馈而增大了，这是电流负反馈的又一重要特点。

总之，电流串联负反馈放大电路具有输入电阻大、输出电阻大、输出电流稳定的特点。

4. 电流并联负反馈

电流并联负反馈的实际电路和连接方框图分别如图 3－38（a）和（b）所示。类似于上述分析，图 3－38（a）为电流并联负反馈放大电路。电流并联负反馈放大电路具有输入电阻小、输出电阻大、输出电流稳定的特点。

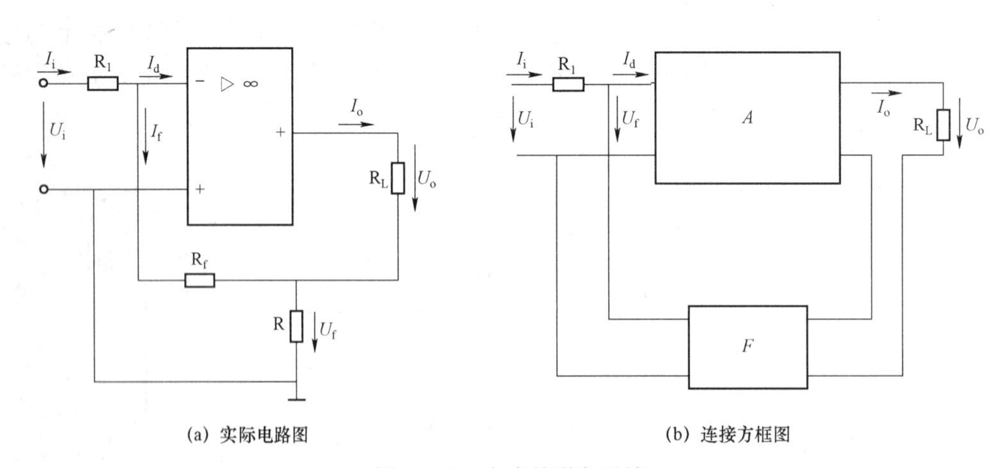

(a) 实际电路图　　(b) 连接方框图

图 3－38　电流并联负反馈

扫描二维码，
学习四种反馈组态

学习笔记：

例 3-5　如图 3-39 所示，判断各电路中有无反馈。若有，试判断反馈的正负。

解：（1）判断有无反馈。

因为在图 3-39（a）和（b）中，都存在反馈元件 R_f，在图（c）中存在公用元件 R_e，在图（d）中存在沟通元件 R_f 和公用元件 R_{e2}，所以四个电路均存在反馈。

（2）判断正负反馈。

① 确定反馈信号与输入信号的混合（叠加）点，在图 3-39（a）、（b）、（c）、（d）电路中混合点分别为运放反相端 A、运放反相端 B、三极管发射极 E 和三极管 VT_1 的基极 D。

② 假设输入信号的瞬时极性为正，则可以判断出输入信号在图 3-39（a）、（b）、（c）、（d）中的混合点的极性分别为负、正、负、正。

③ 根据放大的移相规律，判断图 3-39（a）、（b）、（c）、（d）中输出信号的瞬时极性分别为正、负、负、正。

④ 根据输出信号的瞬时极性，判断反馈信号在混合点的瞬时极性分别为正、负、正、负。

⑤ 比较反馈信号和输入信号在混合点的瞬时极性，极性均相反，故四个电路均引入负反馈。

例 3-6　如图 3-39 所示，试判断各电路的反馈组态。

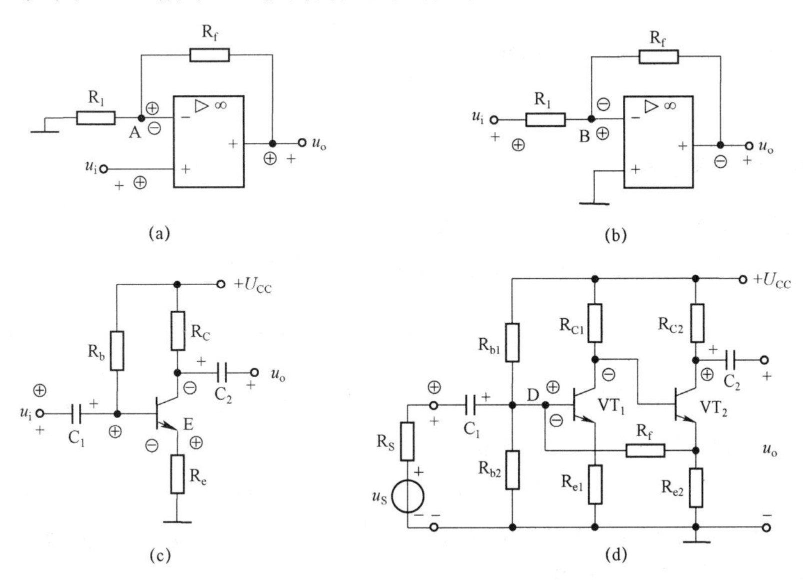

图 3-39　例 3-6 图

解：图（a）中，在输出端，反馈元件 R_f 和输出远地点相连，所以是电压反馈。在输入端，反馈元件 R_f 没有和输入的远地点相连，而是与近地点相连，所以是串联反馈。故该电路为电压串联负反馈。

图（b）中，在输出端，反馈元件 R_f 和输出远地点相连，所以是电压反馈。在输入端，反馈元件 R_f 和输入的远地点相连，所以是并联反馈。故该电路为电压并联负反馈。

图（c）中，在输出端，反馈元件 R_e 没有和输出远地点相连，所以是电流反馈。在输入端，反馈元件 R_e 也没有和输入的远地点相连，所以是串联反馈。故该电路为电流串联负反馈。

图（d）中，在输出端，反馈元件 R_f 没有和输出远地点相连，所以是电流反馈。在输入端，反馈元件 R_f 与输入远地点相连，所以是并联反馈。故该电路为电流并联负反馈。

3.4.4 为改善放大电路性能，根据需要引入负反馈

1. 基本情况

（1）要稳定交流性能，应引入交流负反馈；要稳定直流性能，应引入直流负反馈。

（2）要稳定输出电压，应引入电压负反馈；要稳定输出电流，应引入电流负反馈。

（3）要提高输入电阻，应引入串联负反馈；要减小输入电阻，应引入并联负反馈。

（4）要减小输出电阻，应引入电压负反馈；要增加输出电阻，应引入电流负反馈。

2. 组态综合情况

（1）要得到一个电压控制的电压源，获得一个良好的电压放大电路，应选用电压串联负反馈组态。

（2）要得到一个电流控制的电流源，获得一个良好的电流放大电路，应选用电流并联负反馈组态。

（3）要得到一个电流控制的电压源，获得一个良好的电流—电压转换电路，应选用电压并联负反馈组态。

（4）要得到一个电压控制的电流源，获得一个良好的电压—电流转换电路，应选用电流串联负反馈组态。

3.4.5 深度负反馈的分析

1. 深度负反馈基本知识

根据前面反馈电路框图分析知反馈放大电路的放大系数（即闭环增益）为 $A_f=\dfrac{X_o}{X_i}=\dfrac{A}{1+AF}$，这个式子反映了反馈放大电路的基本关系，也是分析反馈问题的基本出发点。其中 $1+AF$ 是描述反馈强弱的量，被称为反馈深度，反馈放大器的很多性能的变化都与它有关。关于反馈深度，下面分几种情况简单加以讨论。

（1）若 $1+AF>1$，$A_f<A$，说明引入反馈后，放大倍数减小了。

（2）若 $1+AF=0$，$A_f\to\infty$，这就是说，即使没有输入信号，放大电路也有信号输出，这时的放大电路处于自激状态。除振荡电路外，自激状态一般情况下是应当避免或消除的。

（3）若 $AF \gg 1$，则 $A_f=A/(1+FA) \approx 1/F$，也就是说放大器的闭环放大倍数仅由反馈系数来决定，而与开环放大倍数几乎无关，输入信号约等于反馈信号，这种情况称为深度负反馈。因为反馈网络一般由 R、C 等无源元件组成，它们的性能十分稳定，所以反馈系数 F 也十分稳定。因此，深度负反馈时，放大器的闭环放大倍数比较稳定。

在理想深度负反馈时：

电压负反馈使闭环输出电阻 $R_{of} \to 0$

电流负反馈使闭环输出电阻 $R_{of} \to \infty$

串联负反馈使闭环输入电阻 $R_{if} \to \infty$

并联负反馈使闭环输入电阻 $R_{if} \to 0$

2. 深度负反馈放大电路电压放大倍数的估算

深度负反馈电路如图 3－40 所示，反馈组态为电压串联负反馈，根据集成运放线性区特点，可知 $u_+ = u_- = u_i$，由电路图分析可得 $u_+ = u_- = u_i = u_f$，电路中的反馈是深度负反馈。

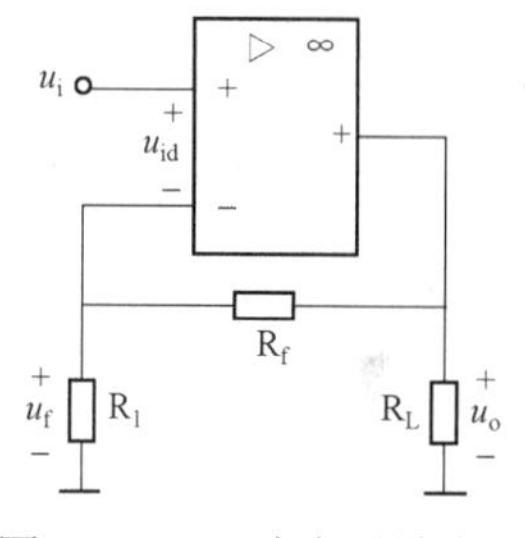

图 3－40　深度负反馈电路

反馈电压则为：

$$u_f = \frac{R_1}{R_1 + R_f} u_o$$

利用深度负反馈条件，则电压放大倍数为：

$$A_{uf} = \frac{u_f}{u_o} = \frac{1}{F} = \frac{R_1 + R_f}{R_1} = 1 + \frac{R_f}{R_1}$$

3.4.6　反馈对放大电路的影响

负反馈放大电路除了具有稳定输出量的作用外，还具有稳定放大倍数、扩展通频带、减小非线性失真、抑制放大器内部噪声等作用。

1. 提高放大倍数稳定性

对于单级放大电路，其电压放大倍数为：

$$A = -\beta \frac{R_L'}{R_{be}}$$

从上式可看出，电压放大倍数取决于晶体管及电路元件的参数，当更换电路元件、电源电压不稳定或温度、负载变化时，都会引起电压放大倍数的变化。所以，要提高放大倍数的稳定性，一般采用在电路中引入负反馈。通常用放大倍数的相对变化量作为衡量稳定性的指标。

闭环电压放大倍数方程：

$$A_f = \frac{A}{1 + AF}$$

上式求导，得：

$$\frac{dA_f}{dA} = \frac{1}{(1 + AF)^2}$$

即：

$$\mathrm{d}A_{\mathrm{f}}=\frac{\mathrm{d}A}{(1+AF)^2}$$

可得闭环电压放大倍数的相对变化量为：

$$\frac{\mathrm{d}A_{\mathrm{f}}}{A_{\mathrm{f}}}=\frac{1}{1+AF}\frac{\mathrm{d}A}{A}$$

可见，引入负反馈后，虽然放大倍数下降至$\frac{A}{1+AF}$，但稳定性能提高了$1+AF$倍，反馈深度越深，$1+AF$越大，电路放大倍数稳定性越高。

2. 负反馈扩展了放大电路通频带

放大电路的幅频特性如图 3－41 所示，图中f_{H}、f_{L}分别为无反馈时的上、下限频率，其通频带$f_{\mathrm{bw}}=f_{\mathrm{H}}-f_{\mathrm{L}}$；$f_{\mathrm{Hf}}$、$f_{\mathrm{Lf}}$分别为放大电路有反馈时的上、下限频率，其通频带$f_{\mathrm{bwf}}=f_{\mathrm{Hf}}-f_{\mathrm{Lf}}$。显然，引入负反馈后，放大电路的通频带变宽。

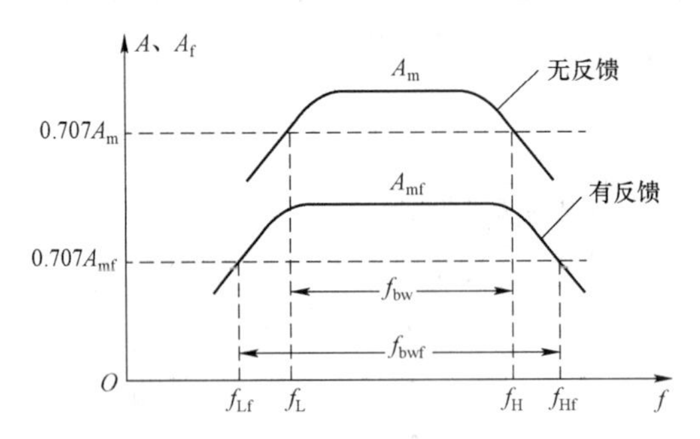

图 3－41　放大电路的幅频特性

3. 减小非线性失真

因为三极管是非线性器件，在输入较大的正弦波信号时，会因为输入特性的非线性导致输出信号的波形前半周大后半周小，产生非线性失真，如图 3－42 所示。引入反馈后，由于反馈量$X_{\mathrm{f}}\propto X_{\mathrm{o}}$，所以$X_{\mathrm{f}}$的波形和$X_{\mathrm{o}}$一样，总体上是上大下小，如图 3－43 中的②所示，由于输入端的净输入量$X_{\mathrm{id}}=X_{\mathrm{i}}-X_{\mathrm{f}}$，使输入信号上面的半波波形变小，下面的波形形状不变，所以净输入波形总体形状是上小下大，如图 3－43 中的③所示，这种波形经过放大电路放大后，正好抵消了晶体三极管的非线性失真，使输出波形接近正弦波形，如图 3－43 中的④所示。

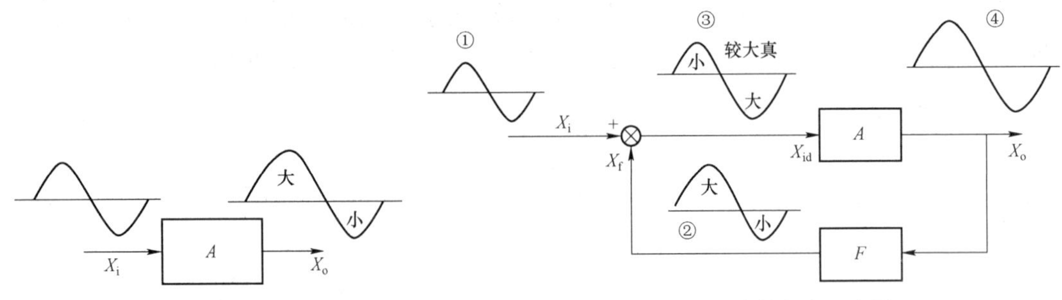

图 3－42　非线性失真示意图

图 3－43　改善非线性失真示意图

学习笔记：

扫描二维码，
学习负反馈的影响

仿真实验 3　比例电路的仿真与分析

1. 实验目的

（1）测量并分析反相比例电路 u_{i}、u_{o} 的关系。

（2）测量并分析同相比例电路 u_{i}、u_{o} 的关系。

2. 实验原理

（1）反相比例电路中 R_{f} 是反馈电阻，输入电压从反相端输入，输出电压与输入电压反相，$u_{\mathrm{o}}=-\dfrac{R_{\mathrm{f}}}{R_1}u_{\mathrm{i}}$，其电路原理图如图 3－44 所示。

（2）同相比例电路中 R_{f} 是反馈电阻，输入电压从同相端输入，输出电压与输入电压反相，$u_{\mathrm{o}}=\left(1+\dfrac{R_{\mathrm{f}}}{R_1}\right)u_{-}=\left(1+\dfrac{R_{\mathrm{f}}}{R_1}\right)u_{\mathrm{i}}$，其电路原理图如图 3－45 所示。

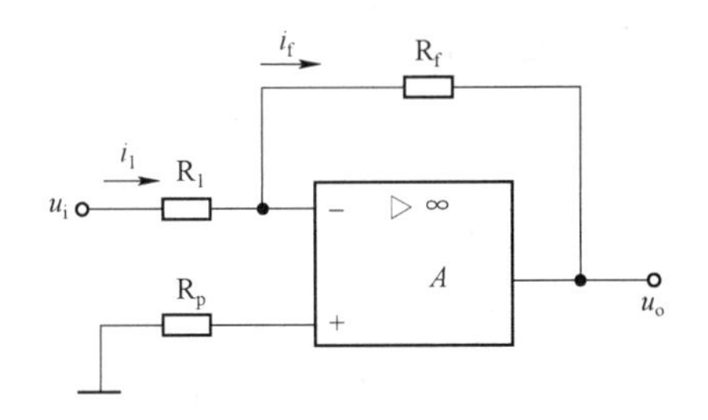

图 3－44　反相比例电路原理图

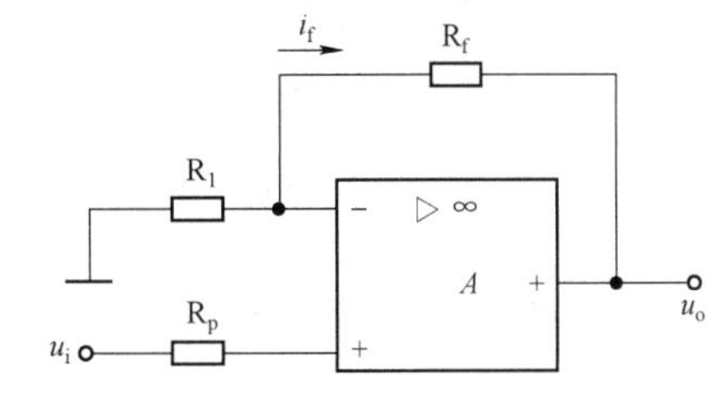

图 3－45　同相比例电路原理图

3. 实验步骤

（1）建立反相比例仿真电路如图 3－46 所示。

（2）单击仿真电源开关，观察示波器显示的波形，测量 u_{i}、u_{o}，并分析二者的关系。Channel A 红色测量 u_{i}，Channel B 绿色测量 u_{o}，波形图如图 3－47 所示。

（3）建立同相比例仿真电路如图 3－48 所示。

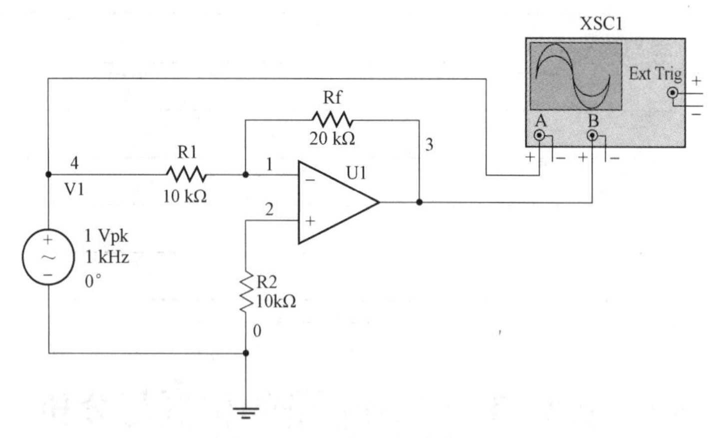

图 3-46　反相比例仿真电路

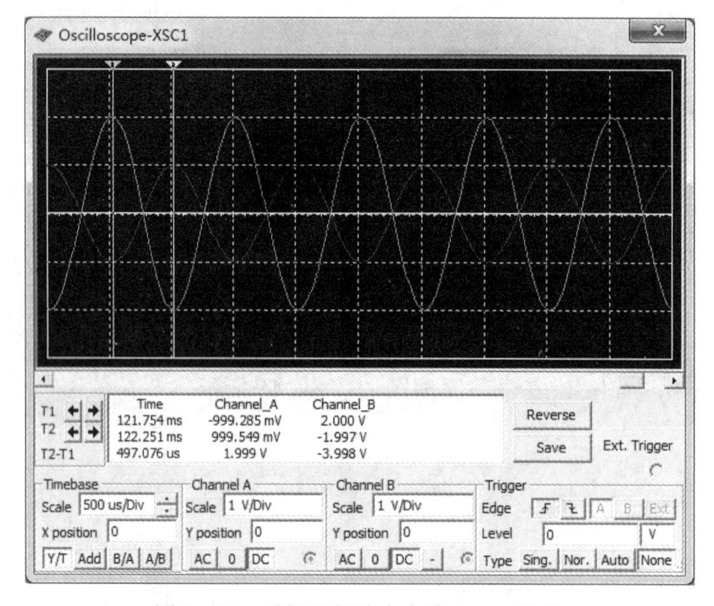

图 3-47　反相比例放大电路 u_i、u_o 波形

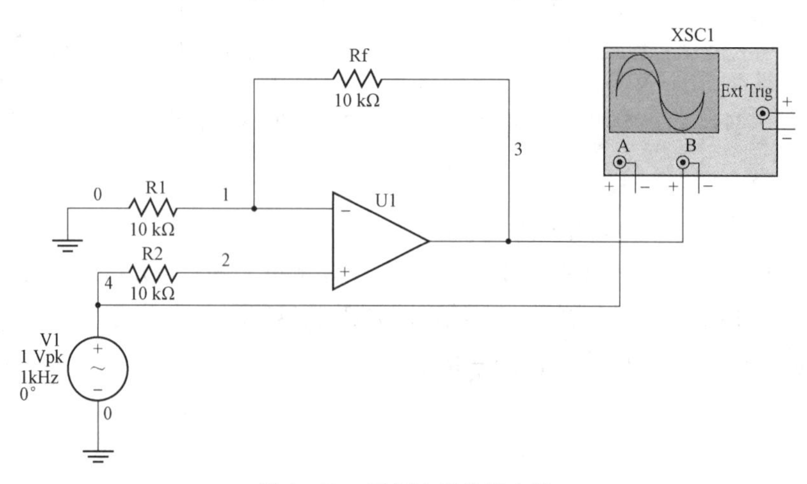

图 3-48　同相比例仿真电路

（4）单击仿真电源开关，观察示波器显示的波形，测量 u_i、u_o，并分析二者的关系。Channel A 红色测量 u_i，Channel B 绿色测量 u_o。波形图如图 3－49 所示。

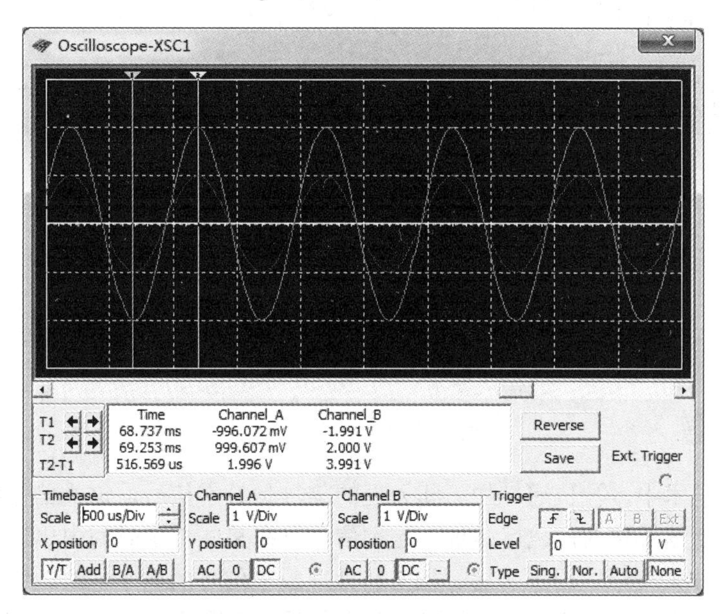

图 3－49 同相比例放大电路 u_i、u_o 波形图

4. 思考题

（1）在实验中去掉 R_f，两电路的输出电压会如何变化？

（2）同相比例电路中，改变 R_1 阻值的大小，输出电压如何变化？

项目 4

组合逻辑电路分析、设计与制作

任务 4.1　逻辑电路基础知识

任务引入

在数字电子技术中，被传递、加工和处理的信号是数字信号，这类信号的特点是在时间上和幅度上都是断续变化的，也就是说，这类信号只在某些特定时间内出现。其高电平和低电平通常用 1 和 0 来表示。用于传递、加工和处理数字信号的电子电路，称作数字电路。它主要是研究输出信号与输入信号之间的对应逻辑关系，其分析的主要工具是逻辑代数。因此，数字电路又称作逻辑电路。数字电路主要有如下优点。

（1）便于高度集成化。由于数字电路采用二进制，凡具有两个状态的电路都可用来表示 0 和 1 两个数，因此，基本单元电路的结构简单，允许电路参数有较大的离散性，有利于将众多的基本单元电路集成在同一块硅片上和进行批量生产。

（2）可靠性高、抗干扰能力强。数字信号是用 1 和 0 来表示信号的有和无，数字电路辨别信号的有和无是很容易做到的，从而大大提高了电路的工作可靠性。同时，数字信号不易受到噪声干扰。因此，它的抗干扰能力很强。

（3）数字信息便于长期保存。借助某种媒体（如磁盘、光盘等）可将数字信息长期保存下来。

（4）数字集成电路产品系列多、通用性强、成本低。

（5）保密性好。数字信息容易进行加密处理，不易被窃取。

任务目标

（1）学习数制与编码，并掌握它们之间的相互转换。

（2）掌握逻辑电路基础，并能进行分析。

（3）掌握数字集成电路分析。

知识链接

4.1.1　认识数制与编码

数制是指计数的规则，它是进位计数制的简称。在数字电路中，常用的计数进制除十进

制外，还有二进制、八进制和十六进制。

1. 不同的数制

（1）十进制。十进制中，有 0、1、2、3、4、5、6、7、8、9 十个数码，它的进位规律是逢十进一，十进制是以 10 为基数的计数体制，10^n 是位权。如：

$$(3108.92)_{10}=3\times10^3+1\times10^2+0\times10^1+8\times10^0+9\times10^{-1}+2\times10^{-2}$$

式中　10^3、10^2、10^1、10^0 为整数部分千位、百位、十位、个位的权，数码与权的乘积，称为加权系数，十进制数的数值为各位加权系数之和。

（2）二进制。二进制是以 2 为基数的计数体制。在二进制中，每位只有 0 和 1 两个数码，它的进位规律是逢二进一，位权是 2 的整数次幂。任何一个二进制数都可以写成按位权展开的多项式。如：

$$\begin{aligned}(11011.01)_2&=1\times2^4+1\times2^3+0\times2^2+1\times2^1+1\times2^0+0\times2^{-1}+1\times2^{-2}\\&=16+8+0+2+1+0.25\\&=27.25\end{aligned}$$

式中　2^4、2^3、2^2、2^1 等是位权，二进制数的各位加权系数的和就是其对应的十进制数。

（3）八进制。八进制是以 8 为基数的计数体制，八进制中，有 0、1、2、3、4、5、6、7 八个数码，基数为 8，逢八进一，位权是 8 的整数次幂。任何一个八进制数都可以写成按位权展开的多项式。如：

$$\begin{aligned}(315.28)_8&=3\times8^2+1\times8^1+5\times8^0+2\times8^{-1}+8\times8^{-2}\\&=192+8+5+0.25+0.125\\&=205.375\end{aligned}$$

式中　8^n 是八进制数各位的权。

（4）十六进制。十六进制是以 16 为基数的计数体制。在十六进制中，每位有 0、1、2、3、4、5、6、7、8、9、A（10）、B（11）、C（12）、D（13）、E（14）、F（15）十六个不同的数码，它的进位规律是逢十六进一，各位的权为 $16(2^4)$ 的幂。如：

$$\begin{aligned}(1C.8)_{16}&=1\times16^1+12\times16^0+8\times16^{-1}\\&=16+12+0.5\\&=28.5\end{aligned}$$

2. 数制的转换

1）各种数制转换成十进制

二进制、八进制、十六进制转换成十进制时，只要将它们按权展开，求出各加权系数的和，便得到相应进制数对应的十进制数，介绍数制时已提过。

2）十进制转换为二进制

十进制数分整数部分和小数部分，整数的转换采用除 2 取余法，小数部分的转换采用乘 2 取整法。转换时将整数和小数分别进行转换，再将转换结果排列在一起，就得到该十进制数转换的完整结果。下面举例说明。

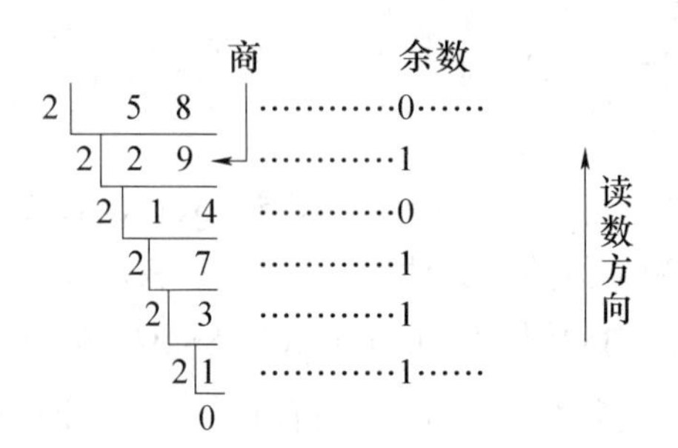

例 4－1 将十进制数$(58.25)_{10}$转换成二进制数。

解：① 整数部分转换。

$(58)_{10}=(111010)_2$

② 小数部分转换。

$0.25\times2=0.5$ 整数部分 0

$0.5\times2=1.0$ 整数部分 1

$(0.25)_{10}=(.01)_2$

$(58.25)_{10}=(111010.01)_2$

3）二进制和八进制间的相互转换

每位八进制数用三位二进制数构成，二进制数转换为八进制数的方法是：整数部分从低位开始，每三位二进制数为一组，最后不足三位的，则在高位加 0 补足三位为止；小数点后的二进制数则从高位开始，每三位二进制数为一组，最后不足三位的，则在低位加 0 补足三位，然后用对应的八进制数来代替，再按顺序排列写出对应的八进制数。下面举例说明。

例 4－2 将二进制数$(1101101011.10111101)_2$转换成八进制数。

解：
```
001   101   101   011.101   111   010
 ↓     ↓     ↓     ↓   ↓     ↓     ↓
 1     5     5     3   5     7     2
```

所以，$(1101101011.10111101)_2=(1553.572)_8$

八进制数转换成二进制数，就是将每位八进制数用三位二进制数来代替，再按原来的顺序排列起来，即得相应的二进制数。

4）二进制和十六进制间的相互转换

每位十六进制数用四位二制数构成，二进制数转换为十六进制数的方法是：整数部分从低位开始，每四位二进制数为一组，最后不足四位的，则在高位加 0 补足四位为止；小数部分从高位开始，每四位二进制数为一组，最后不足四位的，在低位加 0 补足四位，然后用对应的十六进制数来代替，再按顺序写出对应的十六进制数。下面举例说明。

例 4－3 将$(110110101.1010)_2$转换为十六进制数。

解：$(110110101.1010)_2=(0001\ 1011\ 0101.1010)_2$

$=(1B5.A)_{16}$

将每位十六进制数用四位二进制数来代替，再按原来的顺序排列起来便得到了相应的二进制数。

5）数制对照表

十进制、二进制、八进制、十六进制数制对照表见表 4－1。

表 4－1　数制对照表

十进制	二进制	八进制	十六进制	十进制	二进制	八进制	十六进制
0	0000	0	0	8	1000	10	8
1	0001	1	1	9	1001	11	9
2	0010	2	2	10	1010	12	A
3	0011	3	3	11	1011	13	B
4	0100	4	4	12	1100	14	C
5	0101	5	5	13	1101	15	D
6	0110	6	6	14	1110	16	E
7	0111	7	7	15	1111	17	F

3. 编码

将若干个二进制数码 0 和 1 按一定规则排列起来表示某种特定含义的代码，称为二进制代码，或称二进制码。在数字系统中，二进制代码常用来表示特定的信息。下面介绍几种数字电路中常用的二进制代码。

1）8421BCD 码

这种代码每一位的权值是固定不变的，为有权码。它取了四位二进制数的前 10 种组合，即 0000(0)～1001(9)，从高位到低位的权值分别为 8、4、2、1，所以称为 8421BCD 码。每组二进制代码各位加权系数之和便为它所代表的十进制数。

2）2421BCD 码和 5421BCD 码

2421BCD 码和 5421BCD 码也是有权码，从高位到低位的权值分别是 2、4、2、1 和 5、4、2、1，每组代码各位加权系数的和为其代表的十进制数。

3）余 3 码

这种代码没有固定的权，为无权码，它比 8421BCD 码余 3（0011），所以称为余 3 码。

4）格雷码

格雷码是一种无权码，它有多种形式，它的特点是任意两组相邻代码之间只有一位不同，其余各位都相同，而 0 和最大数 (2^n-1) 之间也有只有一位不同。因此，它是一种循环码。表 4－2 为常用的几种 BCD 码之间的对照表。

表 4－2　常用的几种 BCD 码之间的对照表

十进制数码	8421 码	5421 码	2421 码	余 3 码（无权码）	格雷码（无权码）
0	0000	0000	0000	0011	0000
1	0001	0001	0001	0100	0001
2	0010	0010	0010	0101	0011
3	0011	0011	0011	0110	0010
4	0100	0100	0100	0111	0110

续表

十进制数码	8421 码	5421 码	2421 码	余 3 码（无权码）	格雷码（无权码）
5	0101	1000	1011	1000	0111
6	0110	1001	1100	1001	0101
7	0111	1010	1101	1010	0100
8	1000	1011	1110	1011	1100
9	1001	1100	1111	1100	1000

4.1.2　掌握逻辑的基本逻辑关系

1. 与逻辑分析

当决定一件事情的条件全部具备之后，这件事情才会发生，这种因果关系称为与逻辑关系。

如图 4-1 所示电路中，若将开关闭合记为 1，断开记为 0，灯亮记为 1，灯灭记为 0，得到表 4-3，该表包括了 A、B 开关及灯泡亮灭的所有组合，具有唯一性，称为与逻辑真值表。

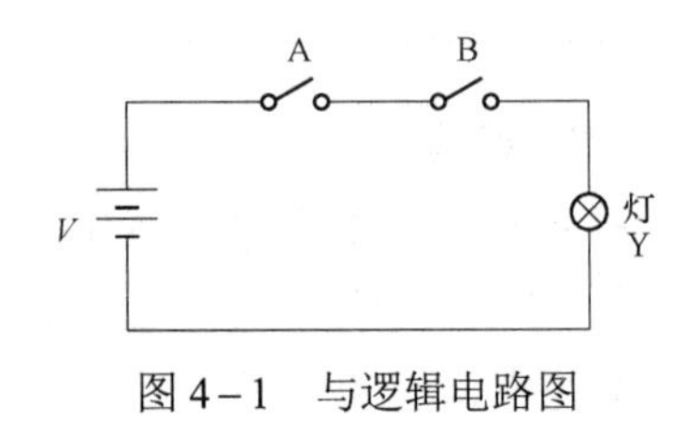

图 4-1　与逻辑电路图

表 4-3　与逻辑真值表

A	B	Y
0	0	0
0	1	0
1	0	0
1	1	1

通过表 4-3 可以发现，逻辑变量 A、B 的取值和函数 Y 值之间的关系满足逻辑乘的运算规律，可用下式表示：

$$Y = A \cdot B \cdot \cdots$$

满足与逻辑关系的电路称为与门，其逻辑符号及对应波形图如图 4-2 所示。

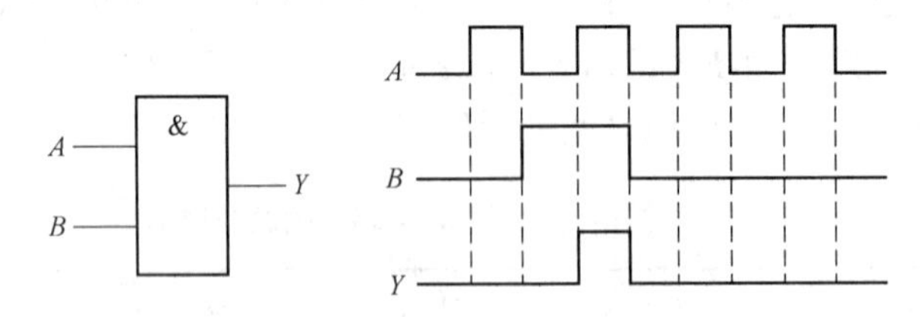

图 4-2　与逻辑符号及对应波形图

2. 或逻辑分析

决定某一事件的各种条件中，有一个或几个条件具备时，这一事件就会发生，这种因果关系称为或逻辑关系。

或逻辑电路如图 4-3 所示，只要开关 A、B 有一个合上，或者两个都合上，灯就会亮。其真值表如表 4-4 所示。

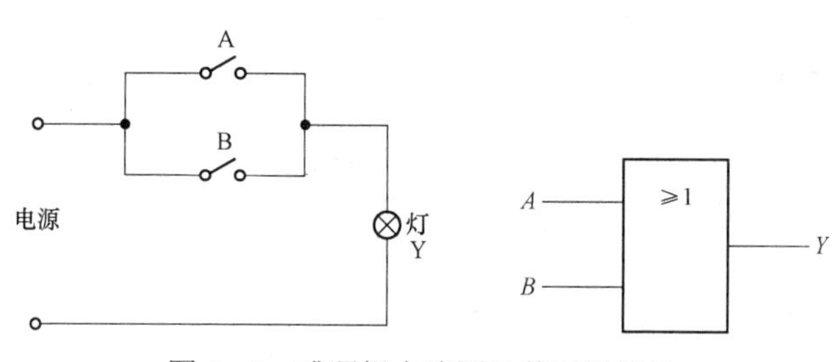

图 4-3 或逻辑电路图及其逻辑符号

表 4-4 或逻辑真值表

A	B	Y
0	0	0
0	1	1
1	0	1
1	1	1

通过表 4-4 可以发现，逻辑变量 A、B 的取值和函数 Y 值之间的关系满足逻辑加的运算规律，可用下式表示：

$$Y = A + B + \cdots$$

满足或逻辑关系的电路称为或门，对应波形图如图 4-4 所示。

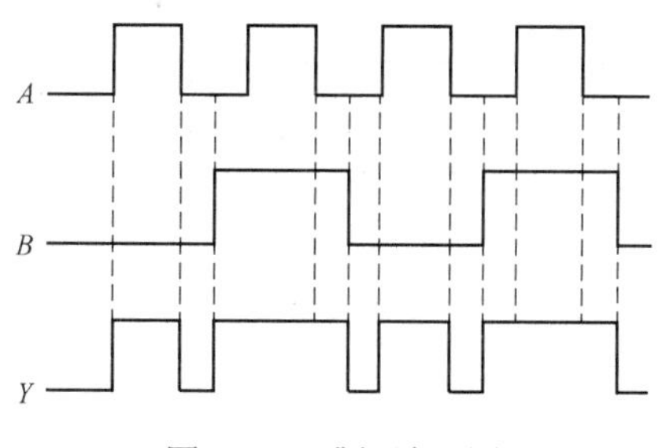

图 4-4 或门波形图

3. 非逻辑分析

条件具备时事情不发生，条件不具备时事情才发生，这种因果关系称为非逻辑关系。如图 4-5 所示电路，当 A 闭合时，灯不亮；而当 A 不闭合时，灯亮。

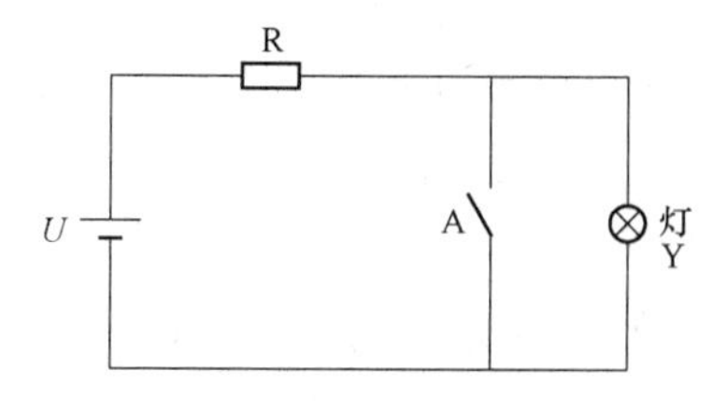

图 4-5 非逻辑电路图

若用逻辑表达式来描述，则可写为：

$$Y = \overline{A}$$

A 代表进行非逻辑运算的变量，Y 是运算结果。

非逻辑真值表如表 4–5 所示。

表 4–5　非逻辑真值表

A	Y
0	1
1	0

满足非逻辑关系的电路称为非门，其逻辑符号及对应波形图如图 4–6 所示。

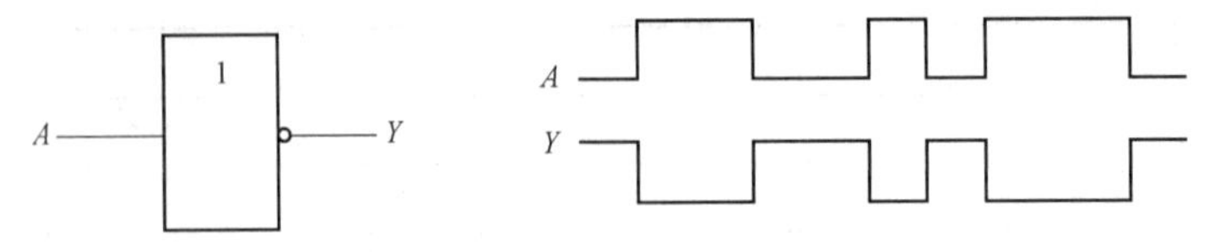

图 4–6　非逻辑符号及对应波形图

学习笔记：

扫描二维码，
学习基本逻辑关系

4.1.3　掌握逻辑运算规律

1. 逻辑代数的基本公式和定律

1）常量的运算

$$0+0=0，0\cdot 0=0，0+1=1，0\cdot 1=0，1+1=1，1\cdot 1=1$$

2）变量与常量的关系公式

$$A+0=A \qquad A+1=1 \qquad A+\overline{A}=1$$

$$A\cdot 0=0 \qquad A\cdot 1=A \qquad A\cdot \overline{A}=0$$

$$A\odot 0=\overline{A} \qquad A\odot 1=A \qquad A\odot \overline{A}=0$$

$$A\oplus 0=A \qquad A\oplus 1=\overline{A} \qquad A\oplus \overline{A}=1$$

3）交换律、结合律、分配律

交换律：$A+B=B+A$　　$A\cdot B=B\cdot A$　　$A\odot B=B\odot A$　　$A\oplus B=B\oplus A$

结合律：$(A+B)+C=A+(B+C)$　　$(A\cdot B)\cdot C=A\cdot (B\cdot C)$

分配律：$A(B+C)=AB+AC$　　$A+BC=(A+B)(A+C)$

4）逻辑代数的一些特殊规律

重叠律：$A+A=A$　　$A\cdot A=A$　　$A\odot A=1$　　$A\oplus A=0$

反演律：$\overline{A+B}=\overline{A}\cdot\overline{B}$　　$\overline{AB}=\overline{A}+\overline{B}$　　$\overline{A\odot B}=A\oplus B$　　$\overline{A\oplus B}=A\odot B$

2. 逻辑代数的三个重要规则

1）代入规则

对于任一个含有变量 A 的逻辑等式，可以将等式两边的所有变量 A 用同一个逻辑函数替代，替代后等式仍然成立。这个规则的正确性是由逻辑变量和逻辑函数值的二值性保证的。利用代入规则，可以把基本定律加以推广。如基本定律 $A+\overline{A}B=A+B$，用 $\overline{A}$ 替代 A 后，则有 $\overline{A}+AB=\overline{A}+B$。

2）反演规则

对任何一个逻辑函数式 Y，如果将式中所有的“·”换成“+”，“+”换成“·”，“0”换成“1”，“1”换成“0”，原变量换成反变量，反变量换成原变量，则得逻辑函数 Y 的反函数。这种变换原则称为反演规则。在应用反演规则时必须注意下面两点：

（1）变换后的运算顺序要保持变换前的运算优先顺序不变；

（2）规则中的反变量换成原变量只对单个变量有效，而对于与非、或非等运算的长非号则保持不变。

3）对偶规则

对任何一个逻辑函数式 Y，如果把式中所有的“·”换成“+”，“+”换成“·”，“0”换成“1”，“1”换成“0”，这样就得到一个新的逻辑函数式 Y 的对偶式。这种变换原则称为对偶规则。对偶变换要注意保持变换前运算的优先顺序不变。

扫描二维码，
学习运算定律及规则

学习笔记：

3. 逻辑函数的公式化简

1）并项法

利用 $A+\overline{A}=1$； $AB+A\overline{B}=A$ 两个等式，将两项合并为一项，消去一个变量。如：

$$\overline{A}\overline{B}C+\overline{A}\overline{B}\overline{C}=\overline{A}\overline{B}(C+\overline{C})=\overline{A}\overline{B}$$

2）吸收法

利用公式 $A+AB=A$ 吸收多余项。如：

$$\overline{A}B+\overline{A}BCD=\overline{A}B$$

3）消去法

利用公式 $A+\overline{A}B=A+B$ 消去多余因子。如：

$$AB+\bar{A}C+\bar{B}C=AB+C(\bar{A}+\bar{B})=AB+\overline{AB}C=AB+C$$

4）配项法

一般是在适当项中，配上 $A+\bar{A}=1$ 的关系式，再同其他项的因子进行化简。如：

$$\begin{aligned}A\bar{B}+B\bar{C}+\bar{B}C+\bar{A}B &= A\bar{B}+B\bar{C}+(A+\bar{A})\bar{B}C+\bar{A}B(C+\bar{C})\\ &= A\bar{B}+B\bar{C}+A\bar{B}C+\bar{A}\bar{B}C+\bar{A}BC+\bar{A}B\bar{C}\\ &= A\bar{B}(1+C)+B\bar{C}(1+\bar{A})+\bar{A}C(B+\bar{B})\\ &= A\bar{B}+B\bar{C}+\bar{A}C\end{aligned}$$

学习笔记：

扫描二维码，
学习公式化简

例 4-4 化简逻辑函数 $F=AD+A\bar{D}+AB+\bar{A}C+BD+A\bar{B}EF+\bar{B}EF$。

解： $F=A+AB+\bar{A}C+BD+A\bar{B}EF+\bar{B}EF$（利用 $A+\bar{A}=1$）

$=A+\bar{A}C+BD+\bar{B}EF$（利用 $A+AB=A$）

$=A+C+BD+\bar{B}EF$（利用 $A+\bar{A}B=A+B$）

4.1.4 逻辑门电路

门电路是构成数字电路的基本单元。所谓“门”，就是在一定的条件下，它能允许信号通过，条件不满足时，信号无法通过。在数字电路中，实际使用的开关都是二极管、三极管及场效应管之类的电子器件。这些器件具有可以区分的两种工作状态，可以起到断开和闭合的开关作用。

1. 二极管与门电路

图 4-7 所示为二极管与门电路，A、B、C 是它的三个输入端，F 是输出端，对于 A、B、C 中的三端而言，都只能有两种状态：高电位或低电位，规定+5 V 为高电平，用“1”表示，

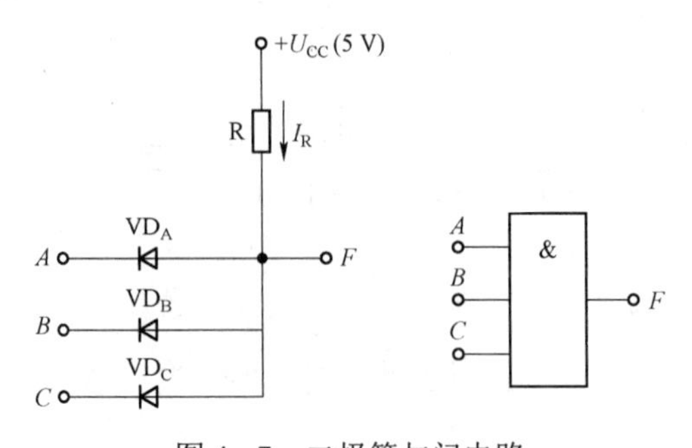

图 4-7 二极管与门电路

0 V 为低电平，用“0”表示。当输入端 A、B、C 全为高电平“1”，即三个输入端都在+5 V左右时，三个二极管均截止，输出端 F 电位与 U_{CC} 相同。因此，输出端 F 也是“1”。当输入端不全为“1”，而有一个或一个以上为“0”时，如输入端 A 是低电平 0 V，则二极管 VD_A 因正向偏置而导通，输出端 F 的电位近似等于输入端 A 的电位，即 F 为“0”。这时二极管 VD_B、VD_C 因承受反向电压而截止。

当输入端 A、B、C 都是低电平时，即三个输入端都在 0 V 左右，VD_A、VD_B、VD_C 均导通，所以输出端 F 为低电平，即 F 为“0”。

若把输入端 A、B、C 看作逻辑变量，F 看作逻辑函数，根据以上分析可列出真值表，如表 4－6 所示，逻辑表达式为：

$$F=A \cdot B \cdot C$$

表 4－6　与门真值表

A	B	C	F
0	0	0	0
0	0	1	0
0	1	0	0
0	1	1	0
1	0	0	0
1	0	1	0
1	1	0	0
1	1	1	1

扫描二维码，
学习二极管与门电路

学习笔记：

2. 二极管或门电路

图 4－8 所示为二极管或门电路。分析过程同上，A 端为高电平“1”，而 B、C 端为低电平“0”时，则二极管 VD_A 因承受较高的正向电压而导通，F 端的电位为 U_A，此时 VD_B、VD_C 承受反向电压而截止，所以输出端 F 为高电平“1”。

可以分析，只有在输入端全为“0”时，输出端才为“0”，其余情况输出全为“1”，其真值表如表 4－7 所示，此电路为或门电路，其逻辑表达式为：

$$F=A+B+C$$

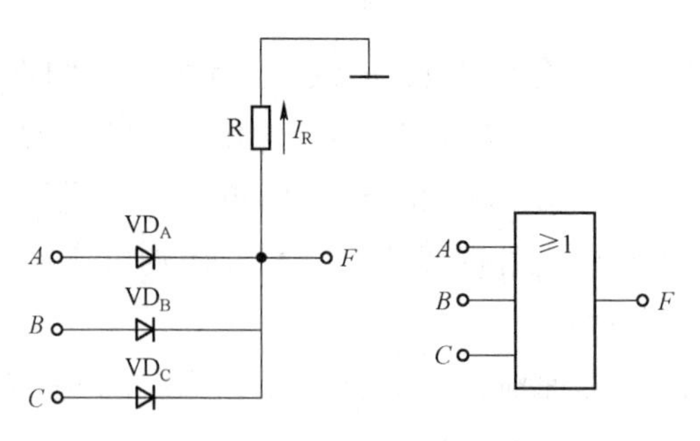

图 4-8　二极管或门电路

表 4-7　或门真值表

A	*B*	*C*	*F*
0	0	0	0
0	0	1	1
0	1	0	1
0	1	1	1
1	0	0	1
1	0	1	1
1	1	0	1
1	1	1	1

学习笔记：

扫描二维码，
学习二极管或门电路

3. 三极管非门电路

三极管非门电路如图 4-9 所示。图中 *A* 为输入端，*F* 为输出端。当输入端 *A* 为“0”时，三极管可靠截止，输出端 *F* 的电位接近于 U_{CC}，在这种情况下，*F* 输出高电平“1”。当输入端 *A* 为高电平“1”时，如电路参数满足 $I_B > \dfrac{U_{CC}}{\beta R_C}$ 条件，则三极管饱和导通。

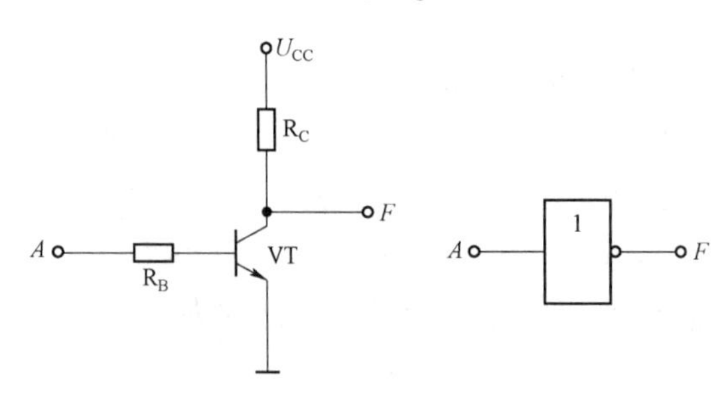

图 4-9　三极管非门电路

4. 复合门电路

前面介绍了二极管与门和或门电路，采用二极管与三极管组合，组成与非门、或非门。与非门和或非门在负载能力、工作速度和可靠性方面都大为提高，成为逻辑电路中常用的基本单元。图 4-10 是一个简单的与非门电路，它是由二极管与门和三极管非门串联而成。其真值表如表 4-8 所示。

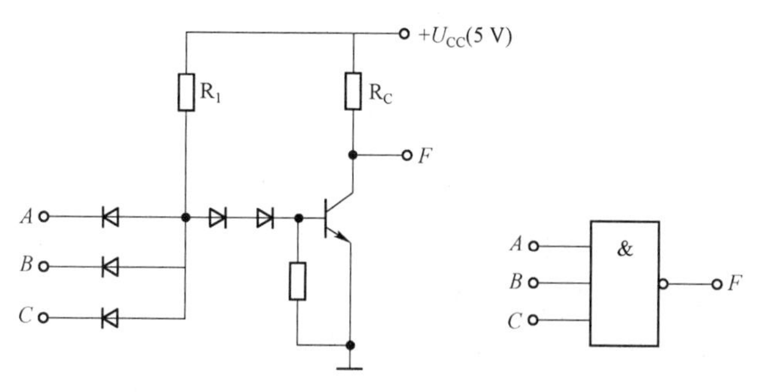

图 4-10　与非门电路

表 4-8　与非门真值表

A	B	C	F
0	0	0	1
0	0	1	1
0	1	0	1
0	1	1	1
1	0	0	1
1	0	1	1
1	1	0	1
1	1	1	0

学习笔记：

扫描二维码，
学习与非门电路

4.1.5　集成逻辑电路认知

1. 集成电路芯片引脚排列规则

集成电路中常见门电路主要有两种：双极型电路和单极型电路，其中应用较多的是双极型的 TTL 门电路和单极型的 CMOS 门电路。以 74LS20 为例，双极型的 TTL 门电路，其集成芯片都是双列直插式的，其引脚排列规则及逻辑符号如图 4-11 所示。74LS00 集成电路逻辑原理同 74LS20，只是它是二端输入的与非门，另外还有 74LS08 等很多集成逻辑电路芯片。

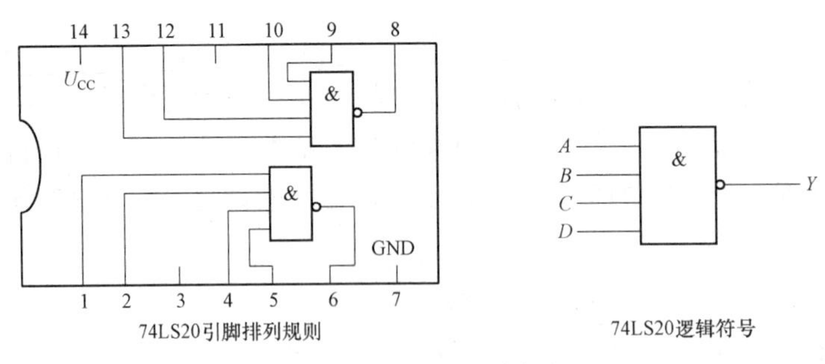

图 4－11　74LS20 图示

2. 识别方法

先看集成电路的型号（如 74LS20），再看标记（左边的缺口或小圆点标记），从左下角开始按逆时针方向标记为管脚 1，2，3，…依次排列到最后一脚（在左上角）。在标准 TTL 集成电路中，电源端 U_{CC} 一般排在左上端，接地端 GND 一般排在右下端。如 74LS20 为 14 脚的芯片，14 脚为 U_{CC}，7 脚为 GND。若集成芯片引脚上的功能为 NC，则表示该引脚为空脚，与内部电路不连接。

3. TTL 集成电路使用规则

（1）插接集成块时，要认清定位标记，不得插反。

（2）电源电压使用范围为 +4.5 V～+5.5 V 之间，要求使用 $U_{CC}=+5$ V，且电源极性不允许接错。

（3）闲置输入端处理方法有以下几种。

① 悬空，相当于正逻辑 1。对于一般小规模集成电路的数据输入端，允许悬空处理，但易受外界干扰，导致电路的逻辑功能不正常。

② 直接接电源电压 U_{CC}（也可以串入一只 1～10 kΩ 的固定电阻）或接至某一固定电压（+2.4～+4.5 V）的电源上，也可以与输入端为接地的多余与非门的输出端相接。

③ 若前级驱动能力允许，可以与使用的输入端并联。

（4）输入端通过电阻接地，电阻值的大小将直接影响电路的状态。当 $R \leqslant 680\ \Omega$ 时，输入端相当于逻辑 0；当 $R \geqslant 4.7\ \text{k}\Omega$ 时，输入端相当于逻辑 1。对于不同系列的器件，要求的阻值不同。

（5）输出端不允许并联使用（集电极开路门（OC 门）和三态输出门电路除外），否则，不仅会使电路逻辑功能混乱，甚至会导致器件损坏。

（6）输出端不允许直接接地或直接接 +5 V 电源，否则将损坏器件，有时为了使后级电路获得较高的输出电压，允许输出端通过电阻 R 接至 U_{CC}，一般取 $R=3$～5.1 kΩ。

扫描二维码，
学习逻辑集成电路

学习笔记：

目标训练

一、基础知识训练

1. 将下列十进制数转换为等值的二进制数。

（1）$(174)_{10}$；（2）$(37.438)_{10}$；（3）$(0.416)_{10}$；（4）$(81.39)_{10}$

2. 将下列 8421BCD 码转换为十进制数。

（1）$(111\ 0100)_{8421BCD}$；　（2）$(0110\ 1000\ 0101)_{8421BCD}$；

（3）$(101\ 0111\ 1000)_{8421BCD}$；　（4）$(10\ 0101\ 0101)_{8421BCD}$

3. 用代数法化简下列各式。

（1）$Y=A+ABC+A\overline{BC}+BC+\overline{B}C$

（2）$Y=A\overline{B}+BD+DCE+\overline{A}D$

（3）$Y=(A+B+C)(\overline{A}+\overline{B}+\overline{C})$

二、分析能力训练

1. 二极管为什么能作为开关使用？

2. 在逻辑电路中，正逻辑和负逻辑是怎样规定的？

3. 在图 4－12（a）所示电路中，如二极管是理想的，在输入图 4－12（b）所示的电压波形时，试画出它们的输出电压波形。

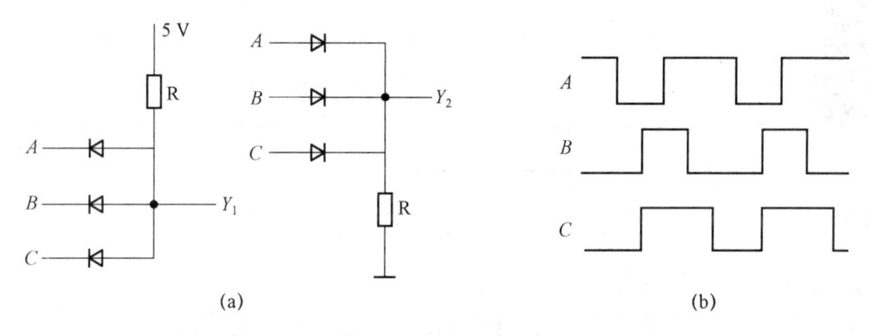

图 4－12　习题 3 图

4. 在图 4－13（a）所示电路中，当输入图 4－13（b）所示的电压波形时，试画出输出波形。

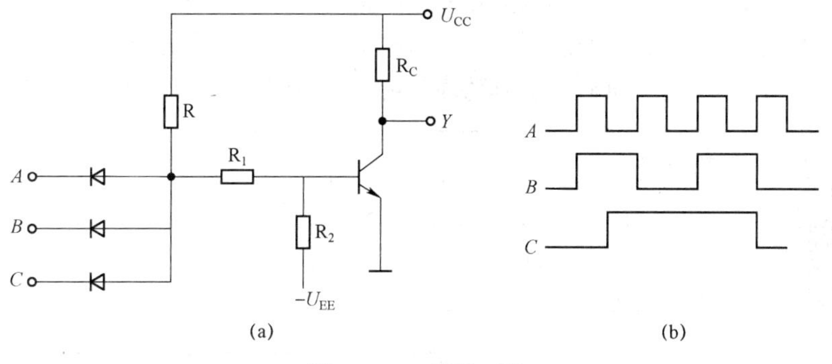

图 4－13　习题 4 图

任务 4.2　组合逻辑电路的分析与设计

任务引入

组合逻辑电路的分析主要是根据给定的逻辑图，找出输出信号与输入信号间的关系，从而确定它的逻辑功能。组合逻辑电路的设计，则是根据给出的实际问题，求出能实现这一逻辑要求的最简逻辑电路。

任务目标

（1）掌握组合逻辑电路的分析。

（2）了解组合逻辑电路的设计。

知识链接

4.2.1　组合逻辑电路的分析方法

扫描二维码，学习组合逻辑电路分析方法

学习笔记：

1. 组合逻辑电路的分析过程

（1）根据给定的逻辑电路写出各个门的输出。一般从输入端向输出端逐级写出各个门输出对其输入的逻辑表达式。

（2）写出整个逻辑电路的输出对输入变量的逻辑函数式。可进行化简，求出最简输出逻辑函数式。

（3）列出逻辑函数的真值表。将输入变量的状态以自然二进制数顺序的各种取值组合代入输出逻辑函数式，求出相应的输出状态，并填入表中，即得真值表。

（4）分析逻辑功能。通常通过分析真值表的特点来说明电路的逻辑功能。

扫描二维码，学习组合逻辑电路分析过程

学习笔记：

2. 组合逻辑电路分析举例

分析图 4－14 所示组合逻辑电路的功能。

分析步骤：

（1）写出输出逻辑函数表达式为：

$$Y_1 = A \otimes B$$

$$Y = Y_1 \otimes C$$

$$Y = A \otimes B \otimes C$$

（2）列出逻辑函数的真值表。将输入 A、B、C 取值的各种组合代入表达式中，求出输出 Y 的值。由此可列出真值表进行分析。

（3）逻辑功能分析。列出真值表，在输入 A、B、C 三个变量中，有奇数个 1 时，输出 Y 为 1，否则 Y 为 0。因此，图 4－14 所示电路为三位判奇电路。

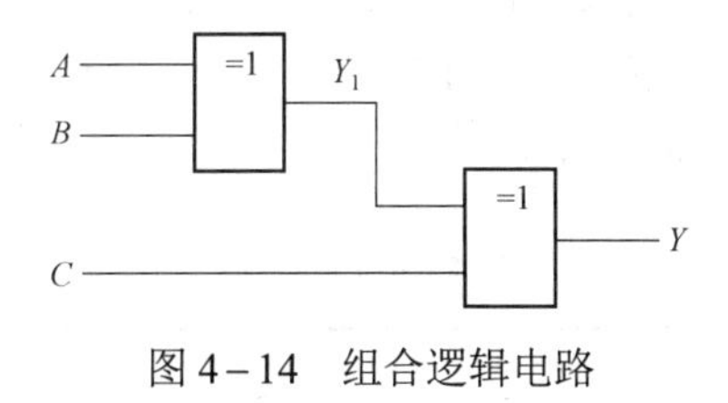

图 4－14　组合逻辑电路

4.2.2　组合逻辑电路的设计方法

扫描二维码，学习组合逻辑电路的设计方法

学习笔记：

1. 组合逻辑电路的设计步骤

（1）分析设计要求，列出真值表。

根据题意确定输入变量和输出函数及它们之间的关系，然后将输入变量以自然二进制数顺序的各种取值组合排列，列出真值表。

（2）根据真值表写出输出逻辑函数表达式。

将真值表中输出为 1 所对应的各个最小项进行逻辑加后，便得到输出逻辑函数表达式。

（3）对输出逻辑函数进行化简。

通常用代数法或卡诺图法对逻辑函数进行化简。

（4）根据最简输出逻辑函数式画逻辑图。

可根据最简输出逻辑函数表达式画逻辑图，也可根据要求将输出逻辑函数变换为与非表达式、或非表达式、与或非表达式或其他表达式来画逻辑图。

扫描二维码，
学习组合逻辑电路的
设计过程

学习笔记：

2. 组合逻辑电路设计举例

设计一个 A、B、C 三人表决电路。当表决某个提案时，多数人同意，提案通过，同时 A 具有否决权。用与非门实现。

（1）分析设计要求，列出真值表。设 A、B、C 三个人表决同意提案时用 1 表示，不同意时用 0 表示；Y 为表决结果，提案通过用 1 表示，不通过用 0 表示，同时还应考虑 A 具有否决权。由此可列出表 4-9 所示的真值表。

表 4-9　真值表

输　入			输　出
A	B	C	Y
0	0	0	0
0	0	1	0
0	1	0	0
0	1	1	0
1	0	0	0
1	0	1	1
1	1	0	1
1	1	1	1

（2）将输出逻辑函数化简后，变换为与非表达式。进行化简，可得：$Y = AC + AB$

将上式变换成与非表达式为：$Y = \overline{\overline{AC + AB}} = \overline{\overline{AC} \cdot \overline{AB}}$

（3）根据输出逻辑函数画逻辑图。根据逻辑函数表达式可画出图 4-15 所示的逻辑图。

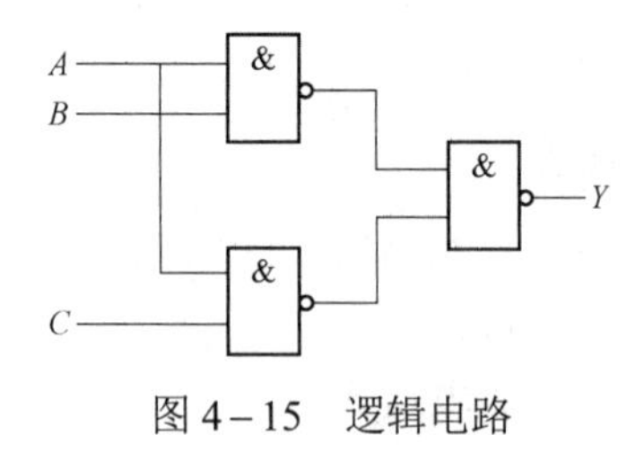

图 4-15　逻辑电路

目标训练

一、基础知识训练

1. 说明组合逻辑电路特点及作用，以及如何分析逻辑电路的功能。

2. 逻辑函数有哪几种表示方式？各有什么特点？

3. 简要说明组合逻辑电路的设计方法。

二、分析能力训练

1. 试分析图 4-16 所示电路的逻辑功能。

2. 用与非门设计一 3 人表决电路。对于某一个提案，如赞成时，可按一下每人前面的电钮；不赞成时，不按电钮。表决结果用指示灯指示，灯亮表示多数人同意，提案通过；灯不亮，提案被否决。设计一个能实现上述要求的表决电路。

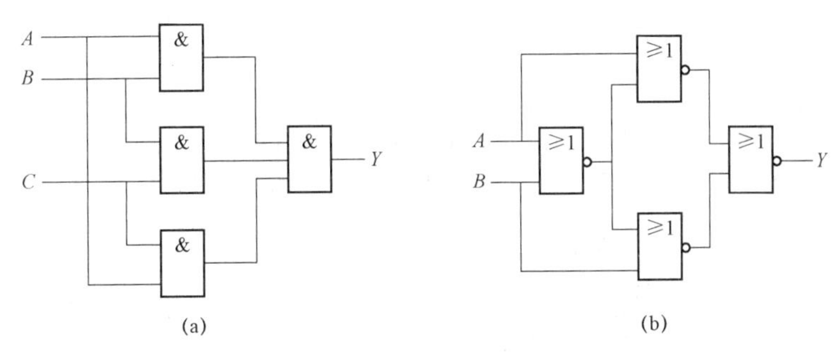

图 4-16　习题 1 图

任务 4.3　常用组合逻辑电路分析

任务引入

常用组合逻辑电路有编码器、译码器、七段数字显示器等，其功能和作用各不同，这些组合逻辑电路都广泛应用于数字电路中。学习过程中，重点学习各组合逻辑电路的功能及作用，学会部分电路的应用。

任务目标

（1）理解编码器等组合逻辑电路的工作原理。

（2）学会分析各组合逻辑电路。

（3）会用组合逻辑电路设计电路。

知识链接

4.3.1　编码器分析

将具有特定意义的信息编成相应二进制代码的过程，称为编码。实现编码功能的电路，称为编码器。其输入为被编信号，输出为二进制代码。编码器有二进制编码器、二—十进制编码器和优先编码器等。

1. 二进制编码器

用 n 位二进制代码对 2^n 个信号进行编码的电路，称为二进制编码器。图 4-17 所示为由非门和与非门组成的3位二进制编码器。I_0～I_7为8个需要编码的输入信号，输出Y_2、Y_1和Y_0为3位二进制代码。

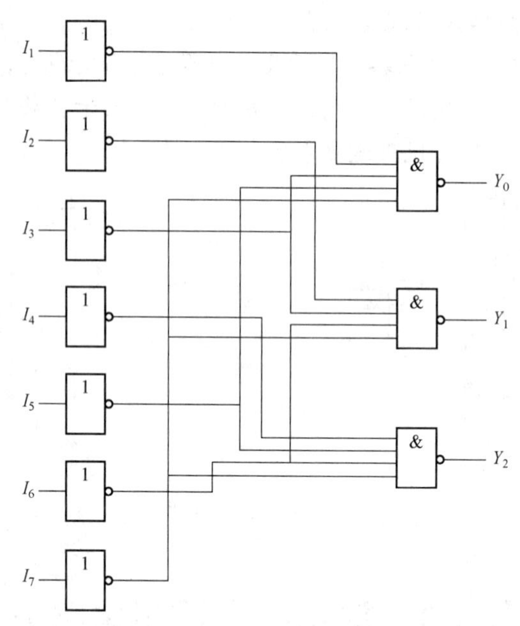

图4－17　8线－3线编码器

由图可写出编码器的输出逻辑函数为：

$$Y_0=\overline{\overline{I_1}\,\overline{I_3}\,\overline{I_5}\,\overline{I_7}}$$

$$Y_1=\overline{\overline{I_2}\,\overline{I_3}\,\overline{I_6}\,\overline{I_7}}$$

$$Y_2=\overline{\overline{I_4}\,\overline{I_5}\,\overline{I_6}\,\overline{I_7}}$$

根据上式可列出如表4－10所示的真值表。由该表可知，编码器在任何时刻只能对一个输入信号进行编码，不允许有两个或两个以上的输入信号同时请求编码，否则输出编码会发生混乱。这就是说I_0，I_1，…，I_7这8个编码信号是相互排斥的。在I_0～I_7为0时，输出就是I_0的编码，故I_0未画。由于该编码器有8个输入端，3个输出端，故称8线－3线编码器。

表4－10　3位二进制编码器的真值表

输　入								输　出		
I_0	I_1	I_2	I_3	I_4	I_5	I_6	I_7	Y_2	Y_1	Y_0
1	0	0	0	0	0	0	0	0	0	0
0	1	0	0	0	0	0	0	0	0	1
0	0	1	0	0	0	0	0	0	1	0
0	0	0	1	0	0	0	0	0	1	1
0	0	0	0	1	0	0	0	1	0	0
0	0	0	0	0	1	0	0	1	0	1
0	0	0	0	0	0	1	0	1	1	0
0	0	0	0	0	0	0	1	1	1	1

扫描二维码，
学习二进制编码器

学习笔记：

2. 二－十进制编码器

将 0～9 这 10 个十进制数转换为二进制代码的电路，称为二－十进制编码器。

图 4－18 所示为二－十进制编码器，$I_0 \sim I_9$ 为 10 个需要编码的输入信号，输出 Y_3、Y_2、Y_1、Y_0 为 4 位二进制代码。

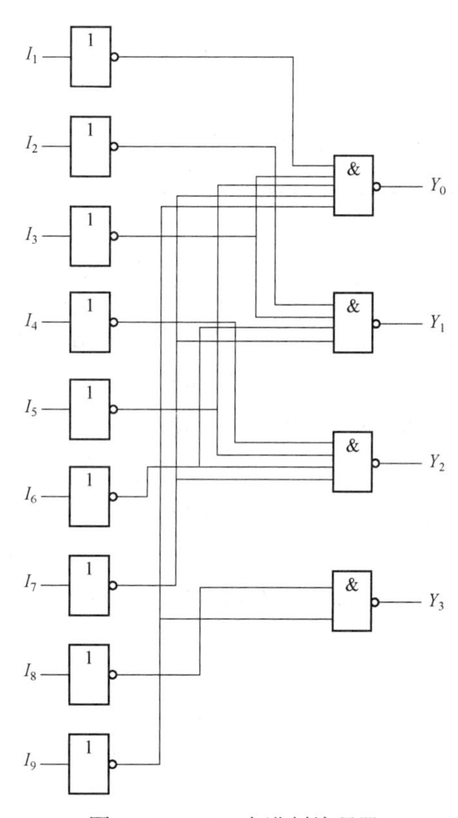

图 4－18　二－十进制编码器

根据图可写出编码器的输出逻辑函数为：

$$
\begin{cases}
Y_0 = \overline{\overline{I_1}\,\overline{I_3}\,\overline{I_5}\,\overline{I_7}\,\overline{I_9}} \\
Y_1 = \overline{\overline{I_2}\,\overline{I_3}\,\overline{I_6}\,\overline{I_7}} \\
Y_2 = \overline{\overline{I_4}\,\overline{I_5}\,\overline{I_6}\,\overline{I_7}} \\
Y_3 = \overline{\overline{I_8}\,\overline{I_9}}
\end{cases}
$$

根据上式可列出如表 4-11 所示的二-十进制编码器的真值表。由该表可看出：当编码器某一个输入信号为 1 而其他输入信号都为 0 时，则有一组对应的数码输出，如 $I_7=1$时，$Y_3Y_2Y_1Y_0=0111$。输出数码各位的权从高位到低位分别为 8、4、2、1。由表 4-11 可以看出，该编码器的输入端也是相互排斥的。

表 4-11　二-十进制编码器的真值表

输　入										输　出			
I_0	I_1	I_2	I_3	I_4	I_5	I_6	I_7	I_8	I_9	Y_3	Y_2	Y_1	Y_0
1	0	0	0	0	0	0	0	0	0	0	0	0	0
0	1	0	0	0	0	0	0	0	0	0	0	0	1
0	0	1	0	0	0	0	0	0	0	0	0	1	0
0	0	0	1	0	0	0	0	0	0	0	0	1	1
0	0	0	0	1	0	0	0	0	0	0	1	0	0
0	0	0	0	0	1	0	0	0	0	0	1	0	1
0	0	0	0	0	0	1	0	0	0	0	1	1	0
0	0	0	0	0	0	0	1	0	0	0	1	1	1
0	0	0	0	0	0	0	0	1	0	1	0	0	0
0	0	0	0	0	0	0	0	0	1	1	0	0	1

3. 优先编码器

在前面讨论的编码器中，输入信号之间是相互排斥的，而在优先编码器中就不存在这个问题，它允许同时输入数个编码信号，而电路只对其中优先级别最高的信号进行编码，逐个完成，这样的电路称作优先编码器。在优先编码器中，是优先级别高的编码信号排斥级别低的。至于优先权的顺序，是根据实际需要来确定的。

图 4-19 给出了一个集成 8 线-3 线优先编码器 74LS148 的外引线图，表 4-12 为 74LS148 的功能表。74LS148 对 8 条数据线 $\overline{I_0}\sim\overline{I_7}$ 进行二进制优先编码，由 $\overline{Y_2},\overline{Y_1},\overline{Y_0}$ 输出，它允许在几个输入端上同时有信号，电路只对其中优先级最高的信号进行编码。它不必对输入信号提出严格要求，而且使用可靠方便，所以应用十分广泛。$\overline{Y}_{EX}$ 和 $\overline{Y_S}$ 是用于扩展编码功能的输出端。该电路输入信号低电平有效，输出为 3 位二进制反码。

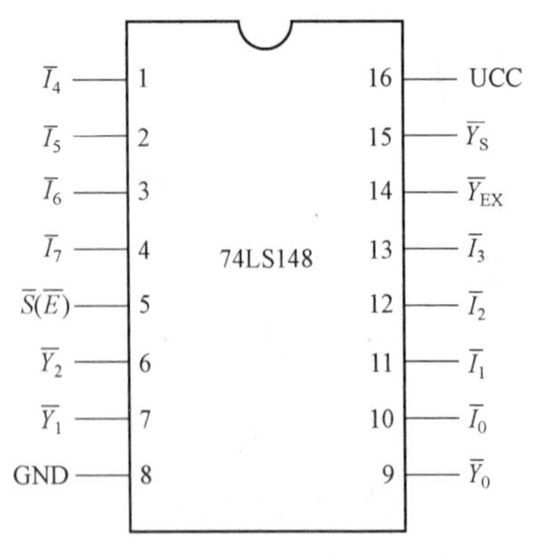

图 4-19　74LS148 的外引线图

如果暂不考虑电路中 $\overline{S}$（控制端）、$\overline{Y_S}$（选通输出端）、$\overline{Y}_{EX}$（扩展端）的作用，看表 4－12 中间的黑框，由 $\overline{I_7}$～$\overline{I_0}$ 列和 $\overline{Y_2}$～$\overline{Y_0}$ 列就可以看出，$\overline{I_7}$～$\overline{I_0}$ 具有不同的编码优先权，$\overline{I_7}$ 优先权最高，$\overline{I_0}$ 优先权最低。电路中对输入信号没有约束条件。表中×表示任意。

表 4－12　8 线－3 线优先编码 74LS148 的功能表

控制端	输入								输出			扩展端	选通输出端
$\overline{S}$	$\overline{I_7}$	$\overline{I_6}$	$\overline{I_5}$	$\overline{I_4}$	$\overline{I_3}$	$\overline{I_2}$	$\overline{I_1}$	$\overline{I_0}$	$\overline{Y_2}$	$\overline{Y_1}$	$\overline{Y_0}$	$\overline{Y}_{EX}$	$\overline{Y_S}$
1	×	×	×	×	×	×	×	×	1	1	1	1	1
0	1	1	1	1	1	1	1	1	1	1	1	1	0
0	0	×	×	×	×	×	×	×	0	0	0	0	1
0	1	0	×	×	×	×	×	×	0	0	1	0	1
0	1	1	0	×	×	×	×	×	0	1	0	0	1
0	1	1	1	0	×	×	×	×	0	1	1	0	1
0	1	1	1	1	0	×	×	×	1	0	0	0	1
0	1	1	1	1	1	0	×	×	1	0	1	0	1
0	1	1	1	1	1	1	0	×	1	1	0	0	1
0	1	1	1	1	1	1	1	0	1	1	1	0	1

从表可以看出，当控制端 $\overline{S}=0$ 时编码器正常工作，当 $\overline{S}=1$ 时，无论 $\overline{I_7}$～$\overline{I_0}$ 是何种信号，所有输出门均被封锁，编码器所有输出均为高电平。

扫描二维码，
学习优先编码器

学习笔记：

4.3.2　译码器分析

1. 二进制译码器

译码是编码的逆过程。由于编码是将含有特定意义的信息编成二进制代码。因此，译码则是将表示特定意义信息的二进制代码翻译出来。实现译码功能的电路称为译码器。译码器输入为二进制代码，输出为与输入代码对应的特定信息，它可以是脉冲，也可以是电平，根据需要而定。

二进制译码器是将二进制代码翻译成对应输出信号的电路。常见的芯片有 2 线－4 线译码器 74LS139，3 线－8 线译码器 74LS138，4 线－16 线译码器 74LS154 等。74LS138 的外引线图如图 4-20 所示，其功能表如表 4-13 所示。

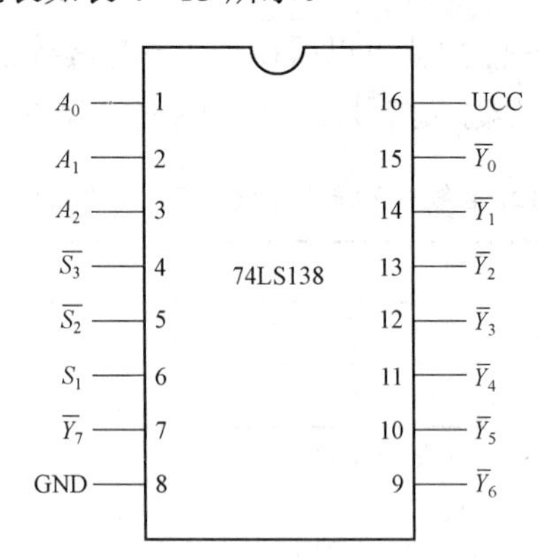

图 4-20　74LS138 的外引线图

表 4-13　74LS138 的功能表

输　入					输　出							
$\overline{S}_1$	$\overline{S}_2+\overline{S}_3$	A_2	A_1	A_0	$\overline{Y}_0$	$\overline{Y}_1$	$\overline{Y}_2$	$\overline{Y}_3$	$\overline{Y}_4$	$\overline{Y}_5$	$\overline{Y}_6$	$\overline{Y}_8$
0	×	×	×	×	1	1	1	1	1	1	1	1
×	1	×	×	×	1	1	1	1	1	1	1	1
1	0	0	0	0	0	1	1	1	1	1	1	1
1	0	0	0	1	1	0	1	1	1	1	1	1
1	0	0	1	0	1	1	0	1	1	1	1	1
1	0	0	1	1	1	1	1	0	1	1	1	1
1	0	1	0	0	1	1	1	1	0	1	1	1
1	0	1	0	1	1	1	1	1	1	0	1	1
1	0	1	1	0	1	1	1	1	1	1	0	1
1	0	1	1	1	1	1	1	1	1	1	1	0

扫描二维码，
分析译码器电路

学习笔记：

2. 显示译码器

在数字系统中，常常需要将译码输出显示成十进制数字或其他符号，因此希望译码器能同显示器配合使用或直接驱动显示器，这种类型的译码器就叫作显示译码器。常见的数码管

显示器有七段数码显示器和米字形数码显示器，重点学习前者。

1）半导体数码管的结构

半导体数码管是最常用的数字显示器。LED 数码管要显示 BCD 码所表示的十进制数字需要一个专门的译码器，该译码器不但要完成译码功能，还要有相当的驱动能力。一个 LED 数码管可以显示一位 0～9 十进制数和一个小数点。半导体数码管将十进制数码分为七段，每段为一个发光二极管。选择不同的字段发光，可显示出不同的字形，其示意图如图 4－21 所示。

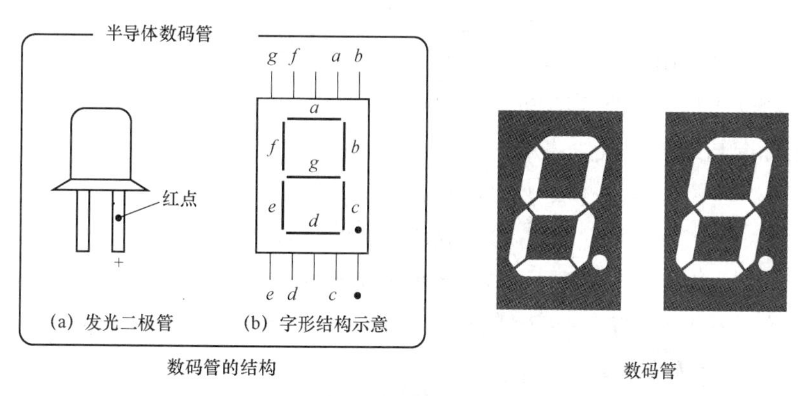

图 4－21　数码管示意图

2）半导体数码管的接法

半导体数码管中七个发光二极管有共阴极和共阳极两种接法，图 4－22（b）是共阴极接法，图 4－22（c）是共阳极接法。

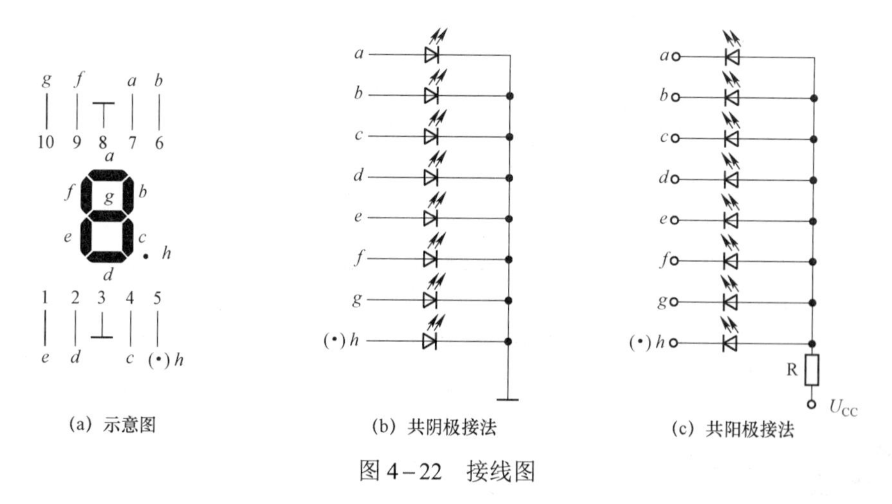

图 4－22　接线图

（1）共阴极接法。

当公共端接低电平，某一段接高电平时发光，即哪个管子的阳极接收到高电平，哪个管子发光。

（2）共阳极接法。

公共端接高电平，某一段接低电平时发光，即哪个管子的阴极接收到低电平，哪个管子发光。使用时，每个发光二极管要串联限流电阻（约 100 Ω）。

4.3.3 用译码器实现组合逻辑函数

由于二进制译码器的输出为输入变量的全部最小项，即每一个输出对应一个最小项，而任何一个逻辑函数都可变换为最小项之和的标准式，因此，用译码器和门电路可实现任何单输出或多输出的组合逻辑函数。当译码器输出低电平时，多选用与非门；当输出为高电平时，多选用或门。下面举例说明。

例 4-5 试用译码器和门电路实现逻辑函数：$Y=\overline{A}\overline{B}C+AB\overline{C}+C$。

解：（1）根据逻辑函数选用译码器。由于逻辑函数 Y 中有 A、B、C 三个变量，故应选用 3 线-8 线译码器 CT74LSl38。其输出为低电平有效。

（2）写出标准与或表达式为：

$$\begin{aligned}Y&=\overline{A}\overline{B}C+AB\overline{C}+C\\&=\overline{A}\overline{B}C+\overline{A}BC+A\overline{B}C+AB\overline{C}+ABC\\&=m_1+m_3+m_5+m_6+m_7\end{aligned}$$

（3）将逻辑函数 Y 和 CT74LSl38 的输出表达式进行比较。设 $A=A_2$、$B=A_1$、$C=A_0$，进行比较后得 $Y=\overline{\overline{I_1}\,\overline{I_3}\,\overline{I_5}\,\overline{I_6}\,\overline{I_7}}$。

（4）画图。根据上式可画出图 4-23 所示的连线图。

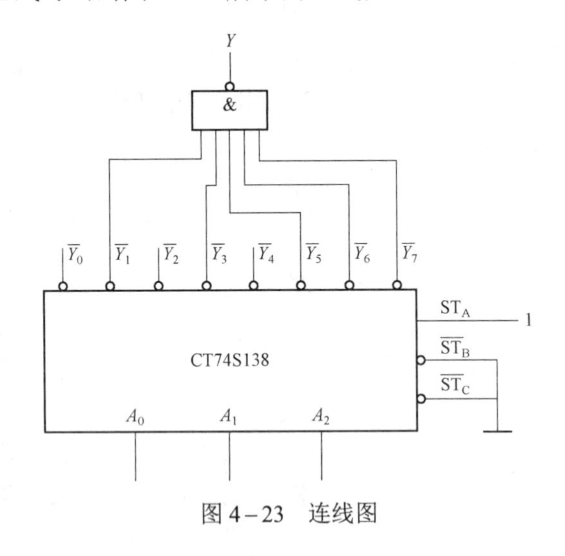

图 4-23 连线图

扫描二维码，
学习用译码器
设计电路

学习笔记：

目标训练

一、基础知识训练

1. 分析优先编码器和普通编码器有何异同点。

2. 分析并说明编码器和译码器的工作原理有何区别。

3. 分析七段数码显示器的工作原理及电路连接方式。

4. 说明 74LS138 集成块控制端的作用。

二、分析能力训练

试用 3 线－8 线译码器和门电路实现下面多输出逻辑函数：

$$\begin{cases} Y_1 = AC \\ Y_2 = \overline{A}\overline{B}C + A\overline{B}\overline{C} + BC \\ Y_3 = AB\overline{C} + \overline{B}\overline{C} \end{cases}$$

任务 4.4　八路数显抢答器的分析与设计

任务引入

八路数显抢答器包含组合逻辑电路的各种基本电路，主要考查常用元器件的识别与检测能力、电子产品的装配与焊接能力、基本电路的分析及应用能力。在该任务的完成过程中，学生可以提高学习兴趣，提高主动分析问题和解决问题的能力。

任务目标

（1）认识常用元器件。

（2）提高元器件识别与检测能力。

（3）提高电子电路元器件焊接及整体装配能力。

（4）提高电路分析及应用能力。

（5）锻炼电路故障排除能力。

知识链接

4.4.1　电路元器件认知

电路包括抢答、编码、优先、锁存、数显和复位，电路元器件清单如表 4－14 所示，S1～S8 为抢答键，S9 为复位键，CD4511 是一块含 BCD－7 段锁存、译码、驱动电路于一体的集成电路。其中 1，2，6，7 脚为 BCD 码输入端，9～15 脚为显示输出端，3 脚（$\overline{LT}$）为测试输出端。当 $\overline{LT}$ 为 0 时，输出端为 1，4 脚（$\overline{BI}$）为消隐端，$\overline{BI}$ 为 0 时输出全为 0，5 脚（$\overline{EL}$）为锁存允许端，当 $\overline{EL}$ 由 0 变为 1 时，输出端保持 $\overline{EL}$ 为 0 时的显示状态。16 脚为电源正，8

脚为电源负。555及外围电路组成抢答器迅响电路。数码管为共阴数码管。

表4-14 元器件清单表

序号	名称规格	数量
1	按键	9
2	二极管 IN4148	18
3	电阻 10 kΩ	9
4	电阻 510 Ω	7
5	电容 100 μF	1
6	电容 47 μF	1
7	电容 103	1
8	电容 104	1
9	555 集成块	1
10	CD4511 集成块	1
11	七段数码显示管	1
12	蜂鸣器	1

4.4.2 集成电路 CD4511 简介

CD4511是一块含BCD-7段锁存、译码、驱动电路于一体的集成电路。图4-24为CD4511管脚排列图。数据输入端DD（6脚）、DC（2脚）、DB（1脚）和DA（7脚）；译码输出端OA（13脚）、OB（12脚）、OC（11脚）、OD（10脚）、OE（9脚）、OF（15脚）和OG（14脚）；输入控制端$\overline{LT}$、$\overline{BI}$和EL。

$\overline{LT}$（3脚）——试灯信号输入端，用于检查显示数码管的好坏。当$\overline{LT}=0$、$\overline{BI}=1$时，七段全亮，显示“日”，这表明数码管是好的，否则是坏的。正常工作时，$\overline{LT}=1$。

$\overline{BI}$（4脚）——熄灭控制信号输入端，用于间歇显示的控制。当$\overline{BI}=0$时不论输入的DCBA和其他辅助控制信号是什么状态，七段全灭。可供使用者控制仅对有效数据进行译码，避免在无意义的数据输入时显示出来造成字形的紊乱。正常工作时，$\overline{BI}=1$。

EL（5脚）——锁存端。当$EL=0$时，数据输入DCBA会被送入缓存器保存，以供译码器译码；当$EL=1$时，则缓存器会关闭，不论DCBA的输入数据为何状态，皆不影响输出，其输出仍保留EL由0转为1以前的状态。

CD4511驱动数码管应用电路如图4-25所示，三个输入控制端都接高电平“1”，8421BCD码由6、2、1、7管脚输入，输出端连接七段数码显示管。

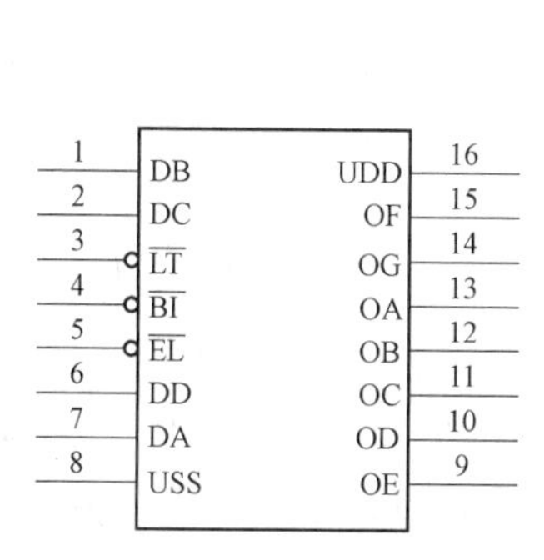

图 4－24　CD4511 管脚排列图

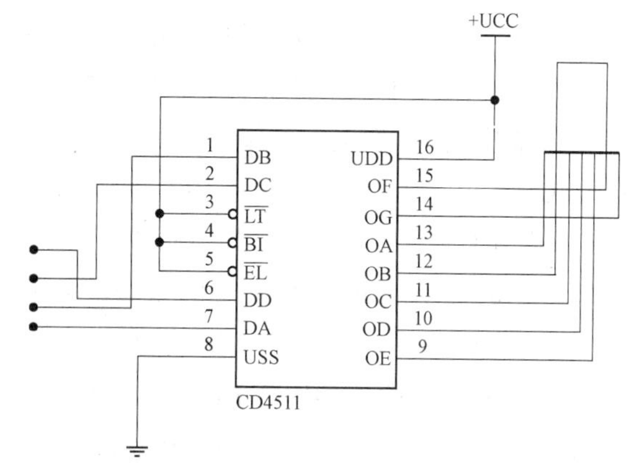

图 4－25　CD4511 驱动数码管应用电路

4.4.3　八路数显抢答器电路分析

八路数显抢答器原理电路如图 4－26 所示，包括编码、译码驱动、译码显示等。

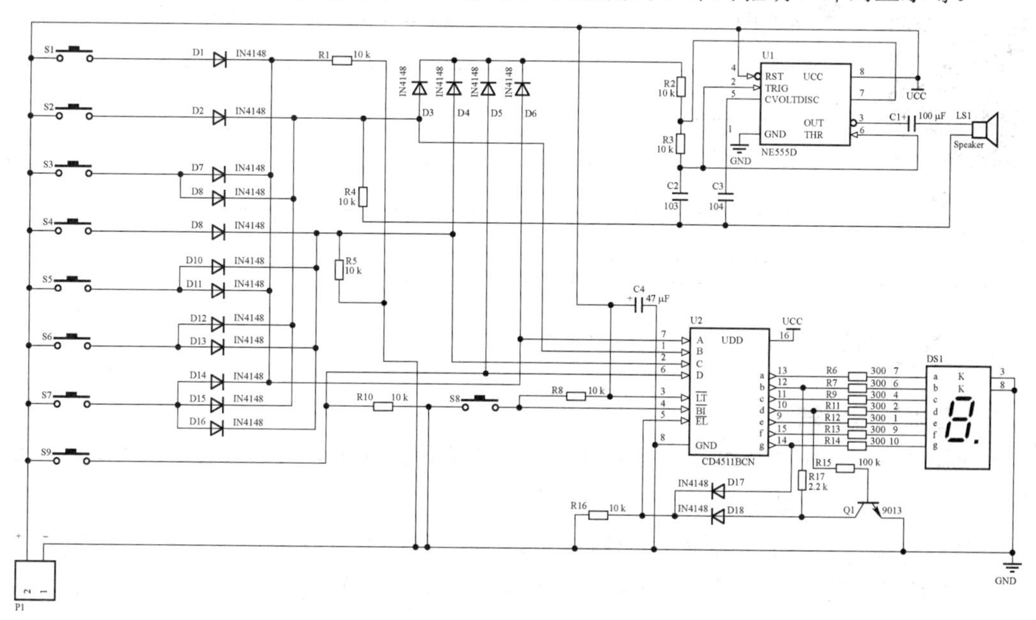

图 4－26　八路数显抢答器原理电路

图中 D1～D12 十二个二极管组成编码器，将抢答键按对应的 BCD 码进行编码，并将所得的高电平加在 CD4511 所对应的输入端。CD4511 的 1、2、6、7 脚为 BCD 码输入端，9～15 脚为显示输出端。3 脚为测试端（$\overline{LT}$），当 $\overline{LT}$ 为“0”时，输出全为“1”。4 脚为消隐端（$\overline{BI}$），当 $\overline{BI}$ 为“0”时，输出全为“0”，因此此时可以清除锁存器内的数值，即可使用为复位端。5 脚为锁存端（EL），当 EL 端由“0”→“1”时，a、b、c、d、e、f、g 七个输出端保持在 EL 为“0”时所加 BCD 码对应的数码显示状态。16、8 脚分别接电源正负极。由 CD4511 的引脚图可知，6、2、1、7 脚分别代表 BCD 码的 8、4、2、1 位。按下对应的键，即可得到 0001、0010、0011、0100、0101、0110、0111、1000 八个一系列的 BCD 码。高电平加在 CD4511 对应的输入端上，便可以由其内部电路译码为十进制数在数码管上显示出来。优先锁存电路由两个二极管（D13、D14）、一个三极管（VT）、两个电阻及 CD4511 的锁存端（EL）完成。在初始状态或复位后的状态时，CD4511 输入端都与一个电阻（10 kΩ）串联接地，所以此时 BCD 码输入端为“0000”，则 CD4511 输出端 a、b、c、d、e、f 均为高电平，g 为低电平，且数码显示为“0”。而当 d 为高电平，三极管（VT）导通及 g 为低电平时，D13、D14 的正极均为低电平，使 CD4511 的 EL 端为低电平“0”，可见，此时没有锁存即允许 BCD 码输入。而当任一抢答键按下时，由数码显示可知，CD4511 输出端 d 输出为低电平或输出端 g 输出为高电平，两个状态必有一个存在或者都存在，迫使 CD4511 的 EL 端，由“0”→“1”，即将首先输入的 BCD 码显示的数字锁存并保持。此刻，其他按键编码就无法输入，从而达到了抢答的目的。音频振荡电路为 NE555 组成的多谐振荡器推动扬声器发出讯响声。四只二极管（IN4148）组成二极管或门电路分别接 CD4511 的 1、2、6、7 引脚，为 NE555 提供电源 $+U_{CC}$，即任何抢答键按下时，扬声器都能发出报警声。

扫描二维码，
学习抢答器原理图

学习笔记：________________

____

____

____

____

____

目标训练

一、基础知识训练

基础知识部分主要包括组合逻辑电路的分析与设计、八路数显电路总体组成及各部分作用等，训练计划主要由每小组制订。

1. 认知电路元件，了解各电路元件的作用。如：D1～D12 十二个二极管组成________，并将抢答键按对应的 BCD 码进行编码，并将所得的高电平加在________所对应的输入端。CD4511 的 1、2、6、7 脚为________端，________脚为显示输出端。

2. 分析电路中各部分完成的功能，如二极管部分是如何实现编码作用的？

3. 电路元件插件、焊接。

（1）完成 555 部分电路的插件及焊接，并测试 555 的输出。

（2）检查七段数码显示管各管脚是否正常，判断其类别。

（3）识别 CD4511 集成块，并完成插件及焊接，在各个输入端输入对应信息，测试其输出。

（4）连接 CD4511 与七段数码显示器，再次在输入端输入对应信息，观察数码管显示情况。

（5）完成整体电路，观察并检测作品情况，分析出现的问题。

4. 检查作品是否成功。

接通 5 V 电源，逐个按下按钮，观察电路是否正常工作，如果不正常工作，检查电路并分析故障原因。

二、分析能力训练

由学生自己对照检查单检查自己小组的产品，然后派代表向大家介绍、展示，反馈的主要内容是解决在产品制作过程中出现的问题及解决问题的方法。

仿真实验 4　八路数显抢答器

1. 实验目的

（1）测量并分析 555 电路的输出波形。

（2）分析 CD4511 的输入与输出。

（3）分析与演示整体电路的工作过程。

2. 实验原理

CD4511 是一块含 BCD—7 段锁存、译码、驱动电路于一体的集成电路。CD4511 的 1、2、6、7 脚为 BCD 码输入端，9～15 脚为显示输出端。由 CD4511 的引脚图可知，6、2、1、7 脚分别代表 BCD 码的 8、4、2、1 位。按下对应的键，即可得到 0001、0010、0011、0100、0101、0110、0111、1000 八个一系列的 BCD 码，CD4511 的输出输送到数码管各个管脚，数码管完成显示作用。八路数显抢答器电路原理图如图 4–27 所示。

3. 实验步骤

（1）建立仿真实验电路如图 4–28 所示。如 Multisim 中 CD4511 锁存引脚 EL 不能按照预期功能工作，可以采用 74LS373 进行锁存，本仿真电路就采用了 74LS373 进行锁存，具体见电路图。

（2）单击仿真电源开关，观察并分析 555 电路的输出波形。其波形图如图 4–29 所示。

（3）按下 S3 键，测量 CD4511 的输入信号。在工具中找到▦，鼠标显示 Logic Analyzer，放置到仿真电路图合适位置，分别把 CD4511 输入信号接入逻辑分析仪，启动仿真。按下 S3 键，观测逻辑分析仪波形，波形图如 4–30 所示。其中紫色最高位 DD，蓝色次高位 DC，绿色次低位 DB，红色最低位 DA。

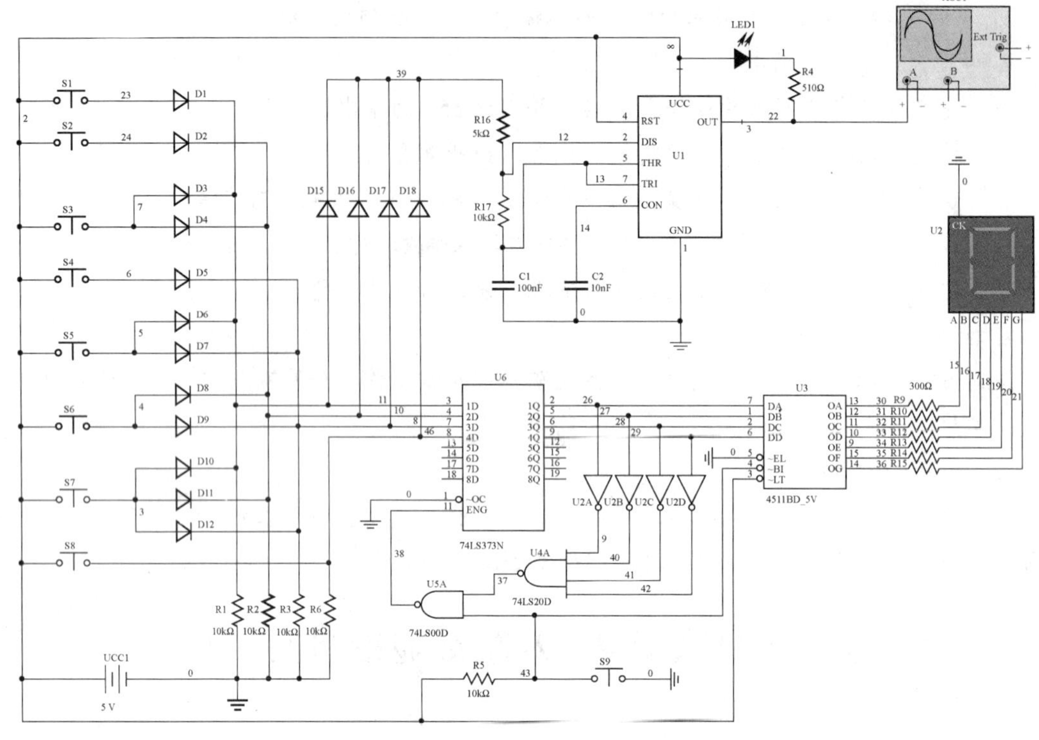

图 4-27　八路数显抢答器电路原理图

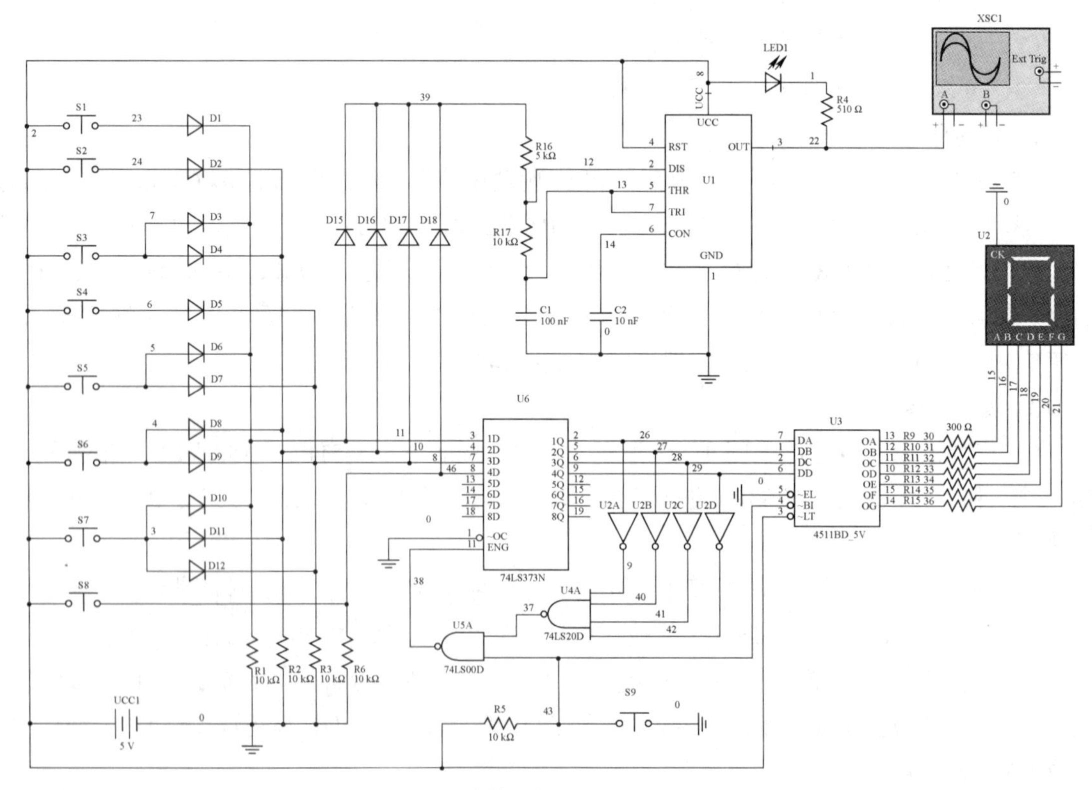

图 4-28　八路数显抢答器仿真实验电路图

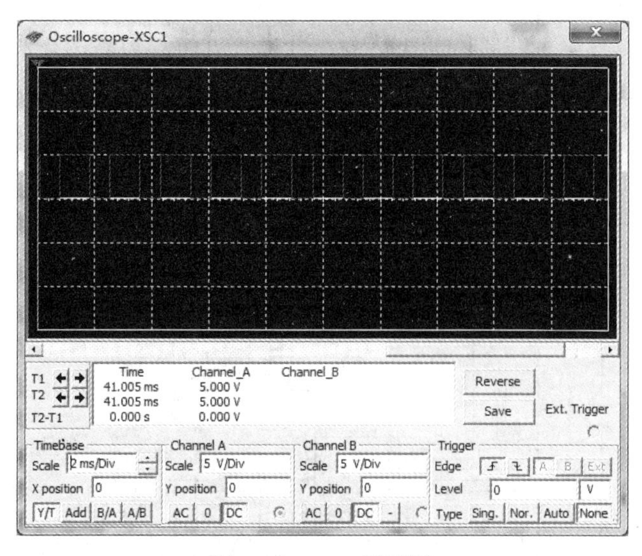

图 4-29　555 波形图

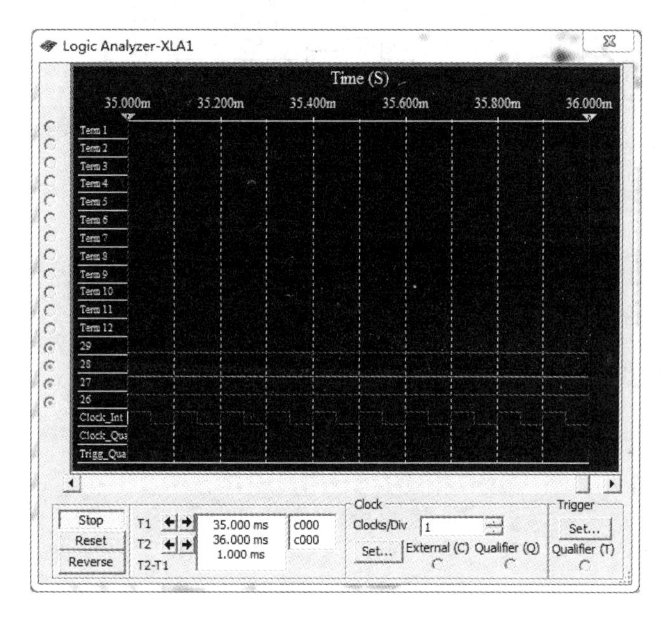

图 4-30　按下 S3 键 CD4511 输入逻辑波形图

（4）观察并分析 CD4511 与数码管的连接，连接图如图 4-31 所示。

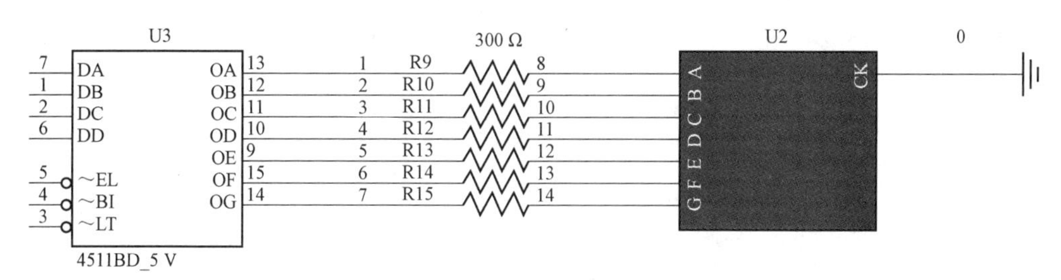

图 4-31　CD4511 与数码管的连接图

（5）按下 S3 键，观察数码管的显示状态，并进行分析，仿真演示如图 4－32 所示。

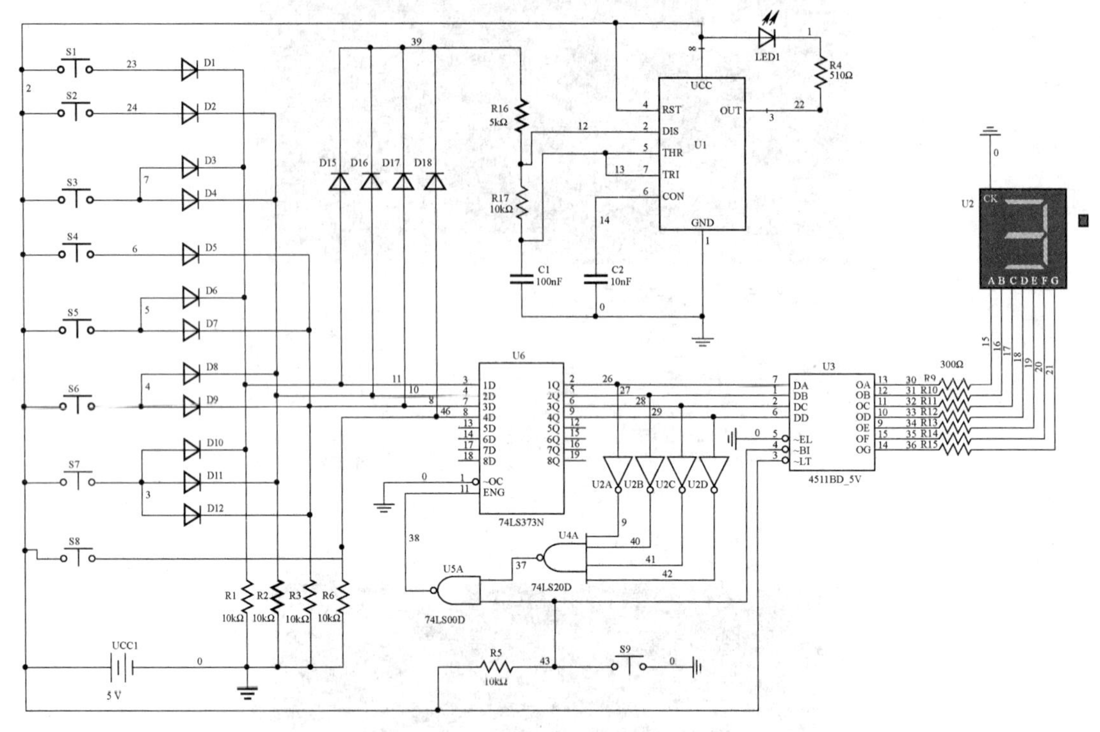

图 4－32　按下 S3 键仿真演示图

4. 思考题

（1）CD4511 的 6、1 两个管脚能不能互换？

（2）多个二极管组成的电路有何作用？

项目 5

时序逻辑电路分析、设计与制作

任务 5.1　触发器电路分析

任务引入

触发器有两个基本特性：它有两个稳定状态，可分别用来表示二进制数码 0 和 1；在输入信号作用下，触发器的两个稳定状态可相互转换，输入信号消失后，已转换的稳定状态可长期保持下来，这就使得触发器能够记忆二进制信息，常用作二进制存储单元，是一个具有记忆功能的基本逻辑电路，应用广泛。触发器由门电路组成，它有一个或多个输入端，有两个互补输出端，分别用 Q 和 $\bar{Q}$ 表示。通常用 Q 端的输出状态来表示触发器的状态。当 $Q=1$、$\bar{Q}=0$ 时，称为触发器的 1 状态，记 $Q=1$；当 $Q=0$、$\bar{Q}=1$ 时，称为触发器的 0 状态，记 $Q=0$。

任务目标

（1）会分析基本 RS 触发器电路结构及原理。

（2）会分析同步触发器的电路结构和原理。

（3）会分析常用集成触发器的电路结构、工作原理和逻辑功能。

（4）熟悉触发器的应用等。

知识链接

5.1.1　分析由与非门组成的基本 RS 触发器

1. 认知电路结构

由两个与非门的输入和输出交叉耦合组成的基本 RS 触发器如图 5-1（a）所示，图 5-1（b）为其逻辑符号。$\overline{R_D}$ 和 $\overline{S_D}$ 为信号输入端，它们上面的非号表示低电平有效，在逻辑符号中用小圆圈表示。Q 和 $\bar{Q}$ 为输出端，在触发器处于稳定状态时，它们的输出状态相反。

2. 逻辑功能分析

（1）当 $\overline{R_D}=0$、$\overline{S_D}=1$ 时，触发器置 0。因 $\overline{R_D}=0$，G_2 输出 $\bar{Q}=1$，这时 G_1 输入都为高电平 1，输出 $Q=0$，触发器被置 0。使触发器处于 0 状态的输入端 $\overline{R_D}$ 称为置 0 端，也称复位端，低电平有效。

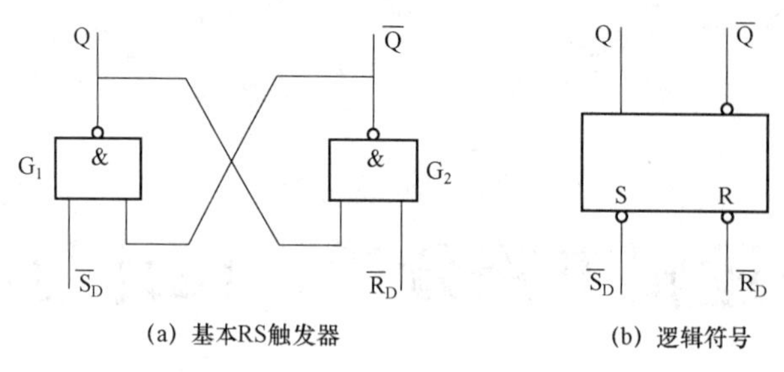

图 5-1 基本 RS 触发器及其逻辑符号

（2）当$\overline{R_D}=1$、$\overline{S_D}=0$时，触发器置1。因$\overline{S_D}=0$，G_1输出$Q=1$，这时G_2输入都为高电平1，输出$\overline{Q}=0$，触发器被置1。使触发器处于1状态的输入端$\overline{S_D}$称为置1端，也称置位端，低电平有效。

（3）当$\overline{R_D}=0$、$\overline{S_D}=1$时，触发器保持原状态不变。如触发器处于$Q=0$、$\overline{Q}=1$的0状态时，则$Q=0$反馈到G_2的输入端，G_2因输入有低电平0，输出$\overline{Q}=1$；$\overline{Q}=1$又反馈到G_1的输入端，G_1输入都为高电平1，输出$Q=0$。电路保持0状态不变。

如触发器原处于$Q=1$、$\overline{Q}=0$的1状态时，则电路同样能保持状态不变。

（4）当$\overline{R_D}=\overline{S_D}=0$时，触发器状态不定。这时触发器输出$Q=\overline{Q}=0$，这既不是1状态，也不是0状态。而在$\overline{R_D}$和$\overline{S_D}$同时由0变为1时，由于$G_1$和$G_2$电气性能上的差异，其输出状态无法预知，可能是0状态，也可能是1状态。在实际中，这种情况是不允许的。

3. 特性表

现态，是指触发器输入信号（$\overline{R_D}$、$\overline{S_D}$端）变化前的状态，用Q^n表示；次态，是指触发器输入信号变化后的状态，用Q^{n+1}表示。触发器次态Q^{n+1}与输入信号和电路原有状态（现态）之间关系的真值表称作特性表。因此，上述基本RS触发器的逻辑功能可用表5-1所示的特性表来表示。

表 5-1 基本 RS 触发器的特性表

$\overline{R_D}$	$\overline{S_D}$	Q^n	Q^{n+1}	说明
0 0	0 0	0 1	× ×	触发器状态不定
0 0	1 1	0 1	0 0	触发器置 0
1 1	0 0	0 1	1 1	触发器置 1
1 1	1 1	0 1	0 1	触发器保持原状态不变

扫描二维码，
学习基本 RS 触发器

学习笔记：

5.1.2　同步 RS 触发器

基本 RS 触发器是由 $\overline{R_D}$、$\overline{S_D}$（或 R_D、$\overline{S_D}$）端的输入信号直接控制的。在实际工作中，触发器的工作状态不仅要由 $\overline{R_D}$、$\overline{S_D}$（或 R_D、$\overline{S_D}$）端的信号来决定，而且还要求触发器按一定的节拍翻转，为此，需要加入一个时钟控制端 CP，只有在 CP 端上出现时钟脉冲时，触发器的状态才能变化。具有时钟脉冲控制的触发器称为时钟触发器，因为触发器状态的改变与时钟脉冲同步，称同步触发器。

1. 认知电路结构

同步 RS 触发器在基本 RS 触发器的基础上增加了两个由时钟脉冲 CP 控制的门 G_3、G_4，如图 5－2 所示，图中 CP 为时钟脉冲输入端，简称钟控端或 CP 端。

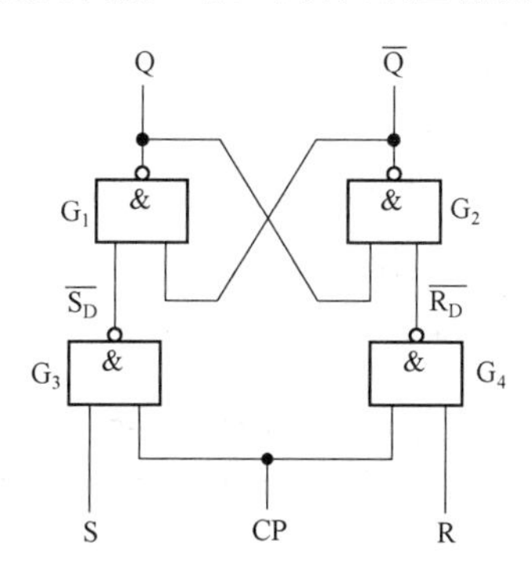

图 5－2　同步 RS 触发器

2. 分析逻辑功能

当 CP＝0 时，G_3 门有 0 出 1、G_4 有 0 出 1，输入信号 S、R 无效，此时 G_3、G_4 被封锁，不管 R 端和 S 端的信号如何变化，触发器的状态保持不变，即 $Q^{n+1}=Q^n$。

当 CP＝1 时，G_3、G_4 解除封锁，单凭一个 1 无法决定输出，此时 R、S 端的输入信号能通过这两个门使基本 RS 触发器的状态发生变化。其输出状态仍由 R、S 端的输入信号和电路的原有状态 Q^n 决定。同步 RS 触发器的逻辑功能可用表 5－2 所示的特性表来表示。

表 5－2　同步 RS 触发器的特性表

R	S	Q^n	Q^{n+1}	说明
0 0	0 0	0 1	0 1	触发器保持原状态不变
0 0	1 1	0 1	1 1	触发器状态和 S 相同（置 1）
1 1	0 0	0 1	0 0	触发器状态和 S 相同（置 0）
1 1	1 1	0 1	× ×	触发器状态不定

图 5－3 为同步 RS 触发器逻辑符号，其中，虚线所示 $\overline{R_D}$ 和 $\overline{S_D}$ 为直接置 0（复位）端和直接置 1（置位）端。如取 $\overline{R_D}=1$、$\overline{S_D}=0$、$Q=1$、$\overline{Q}=0$，触发器置 1；如取 $\overline{R_D}=0$、$\overline{S_D}=1$，

触发器置 0。它不受 CP 脉冲的控制。因此，$\overline{R_D}$ 和 $\overline{S_D}$ 端又称为异步置 0 端和异步置 1 端。在 $\overline{R_D}=\overline{S_D}=1$ 时，触发器正常工作。

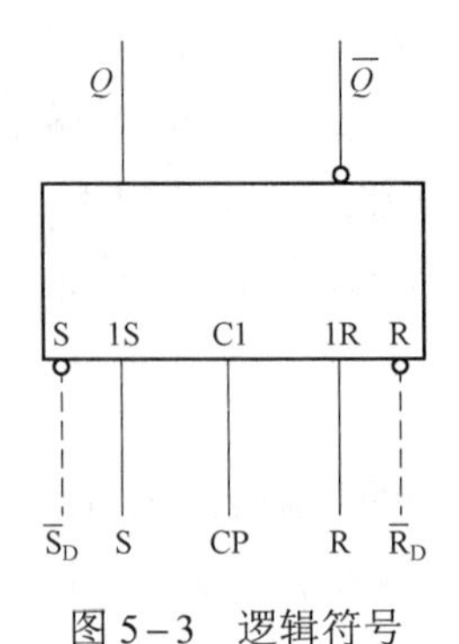

图 5－3　逻辑符号

3. 驱动表与特性方程

根据触发器的现态 Q^n 和次态 Q^{n+1} 的取值来确定输入信号取值的关系表，称为触发器的驱动表，又称激励表。同步 RS 触发器的驱动表如表 5－3 所示。表中的“×”号表示任意值，可以为 0，也可以为 1。驱动表对时序逻辑电路的分析和设计是很有帮助的。

表 5－3　同步 RS 触发器的驱动表

Q^n	CP	Q^{n+1}	R	S
0	1	0	×	0
0	1	1	0	1
1	1	0	1	0
1	1	1	0	×

触发器次态 Q^{n+1} 与 R、S 及现态 Q^n 之间关系的逻辑表达式称为触发器的特性方程。

根据表可画出同步 RS 触发器 Q^{n+1} 的卡诺图，如图 5－4 所示。由此可得同步 RS 触发器特性方程为：

$$\begin{cases} Q^{n+1}=S+\bar{R}\cdot Q^n \\ R\cdot S=0 \quad (\text{约束条件}) \end{cases}$$

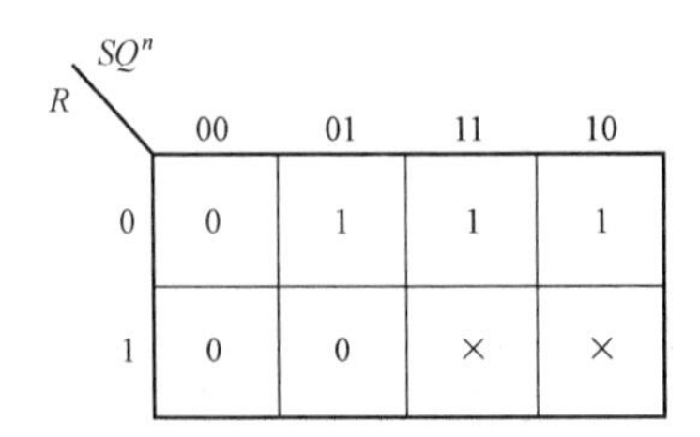

图 5－4　同步 RS 触发器的卡诺图

4. 状态转换图

触发器的逻辑功能还可用状态转换图来描述。它表示触发器从一个状态变化到另一个状

态或保持原状不变时，对输入信号 (R、S) 提出的要求。图 5−5 所示状态转换图，图中的两个圆圈分别表示触发器的两个稳定状态，箭头表示在输入时钟信号 CP 作用下状态转换的情况，箭头线旁标注的 R、S 值表示触发器状态转换的条件。例如要求触发器由 0 状态转换到 1 状态时，应取输入信号 $R=0$ 、 $S=1$ 。

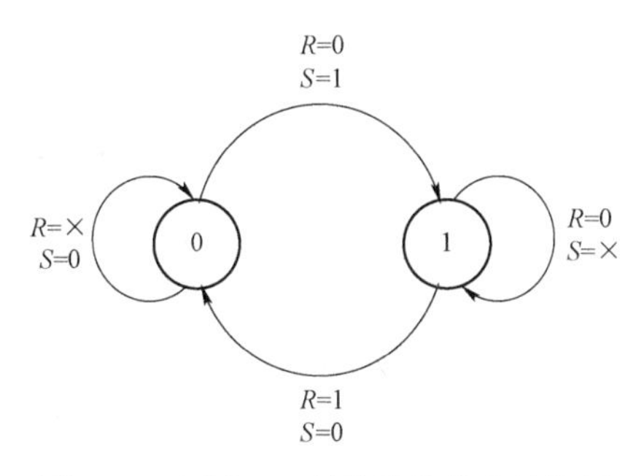

图 5−5　同步 RS 触发器的状态转换图

5.1.3　同步 JK 触发器

1. 认识电路结构

克服同步 RS 触发器在 $R=S=1$ 时出现不定状态的另一种方法是将触发器输出端 Q 和 $\overline{Q}$ 的状态反馈到输入端，这样，G_3 和 G_4 的输出不会同时出现 0，从而避免了不定状态的出现，这种触发器称为同步 JK 触发器，电路如图 5−6 所示，图 5−7 为其逻辑符号。

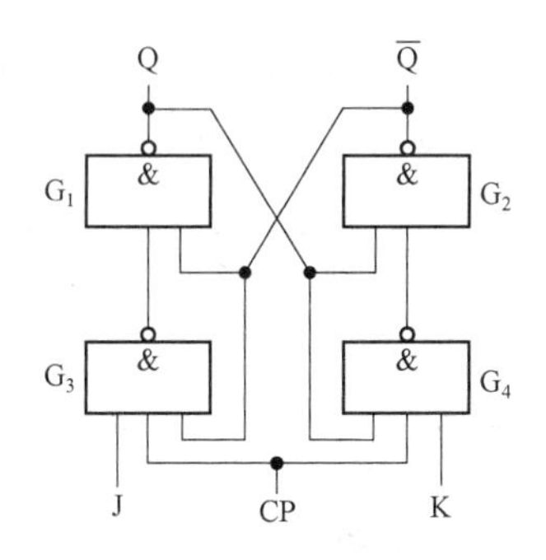

图 5−6　同步 JK 触发器电路

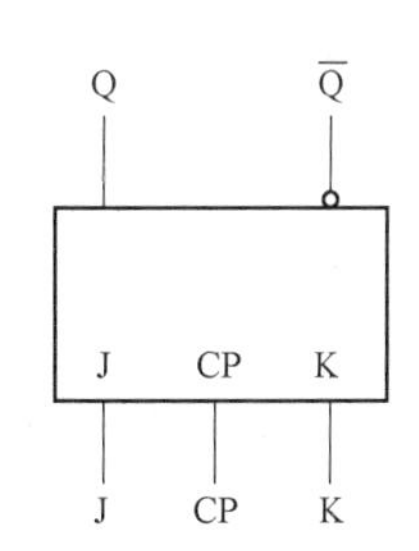

图 5−7　同步 JK 触发器逻辑符号

扫描二维码，
学习 JK 触发器电路

学习笔记：

2. 逻辑功能分析

当CP = 0时，和同步RS触发器类似，G_3和G_4被封锁，都输出1，触发器保持原状态不变。

当CP = 1时，G_3、G_4解除封锁，输入J、K端的信号能通过与非门使触发器的状态发生变化。具体工作过程如下。

（1）当$J = K = 0$时。G_3和G_4都输出1，触发器保持原状态不变，即$Q^{n+1} = Q^n$。

（2）当$J = 1$、$K = 0$时，如触发器为$Q^n = 0$、$\overline{Q^n} = 1$的0状态，则在CP = 1时，G_3输入全1，输出0，G_1输出$Q^{n+1} = 1$。由于$K = 0$，G_4输出1，这时G_2输入全1，输出$Q^{n+1} = 0$。触发器翻到1状态，即$Q^{n+1} = 1$。

如触发器为$Q^n = 1$、$\overline{Q^n} = 0$的1状态，在CP = 1时，G_3和G_4的输入分别为$\overline{Q^n} = 0$和$K = 0$，这两个门都输出1，触发器保持原状态不变，即$Q^{n+1} = Q^n$。

可见在$J = 1$、$K = 0$时，不论触发器原来处于什么状态，则在CP由0变为1后，触发器翻到和J相同的1状态。

（3）当$J = 0$、$K = 1$时，无论触发器原为什么状态，在CP由0变为1后，触发器翻到0状态，即和J相同的0状态。具体分析过程同上。

（4）当$J = K = 1$时，在CP由0变为1后，触发器的状态由Q和$\overline{\text{Q}}$端的反馈信号决定。如触发器的状态为$Q^n = 0$、$\overline{Q^n} = 1$，在CP = 1时，G_4输入有$Q^n = 0$，输出1；G_3输入有$\overline{Q^n} = 1$、$J = 1$，即输入全1，输出0。因此，G_1输出$Q^{n+1} = 1$，G_2输出$\overline{Q^{n+1}} = 0$，触发器翻到1状态，和电路原来的状态相反。

如触发器的状态为$Q^n = 1$、$\overline{Q^n} = 0$，在CP=1时，G_4输入全1，输出0；G_3输入有$\overline{Q^n} = 0$，输出1，因此，G_2输出$\overline{Q^{n+1}} = 1$，G_1输出$Q^{n+1} = 0$，触发器翻到0状态。

综上，在$J = K = 1$时，每输入一个时钟脉冲CP，触发器的状态变化一次，电路处于计数状态，这时$Q^{n+1} = \overline{Q^n}$。

3. 特性表及驱动表

上述同步JK触发器的逻辑功能可用表5－4同步JK触发器的特性表来表示。

表5－4　同步JK触发器的特性表

J	K	Q^n	Q^{n+1}	说　明
0	0	0	0	输出保持原状态不变
0	0	1	1	
0	1	0	0	输出状态和J相同（置0）
0	1	1	0	
1	0	0	1	输出状态和J相同（置1）
1	0	1	1	
1	1	0	1	每输入一个时钟脉冲，输出状态变化一次
1	1	1	0	

根据表 5－4 可得同步 JK 触发器的驱动表，如表 5－5 所示。

表 5－5　同步 JK 触发器的驱动表

Q^n	Q^{n+1}	J	K
0	0	0	×
0	1	1	×
1	0	×	1
1	1	×	0

4. 特性方程及状态转换图

根据特性表可画出同步 JK 触发器 Q^{n+1} 的卡诺图。由此可得特性方程为：

$$Q^{n+1}=J\overline{Q^n}+\overline{K}Q^n$$

根据驱动表可画出同步 JK 触发器的状态转换图，如图 5－8 所示。

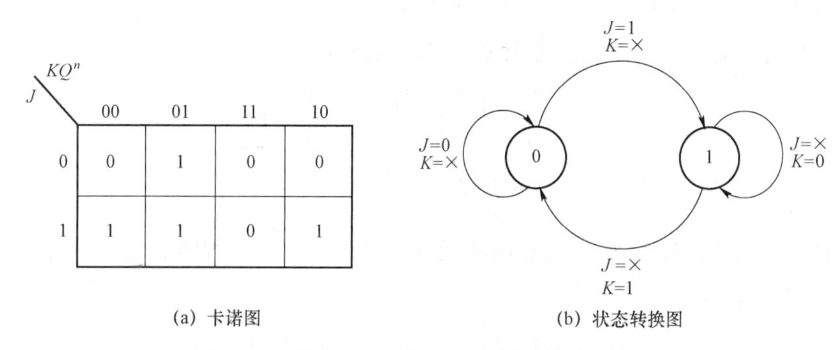

(a) 卡诺图　　(b) 状态转换图

图 5－8　同步 JK 触发器卡诺图及状态转换图

目标训练

一、基础知识训练

1. 基本 RS 触发器有哪几种常见的电路结构形式？画出它们的特性表，说明它们的逻辑功能。

2. 和基本 RS 触发器相比，同步 RS 触发器在电路结构上有哪些特点？

3. 同步 RS 触发器在 CP＝0 时，R 和 S 之间是否存在约束条件？为什么？在 CP＝1 时的情况又如何？

4. 试说明由或非门构成的同步触发器的逻辑功能。

二、分析能力训练

1. 同步 RS 触发器的初始状态为 $Q=0$，CP、R 和 S 端的输入波形如图 5－9 所示，试画出输出端 Q 和 $\overline{Q}$ 的波形图。

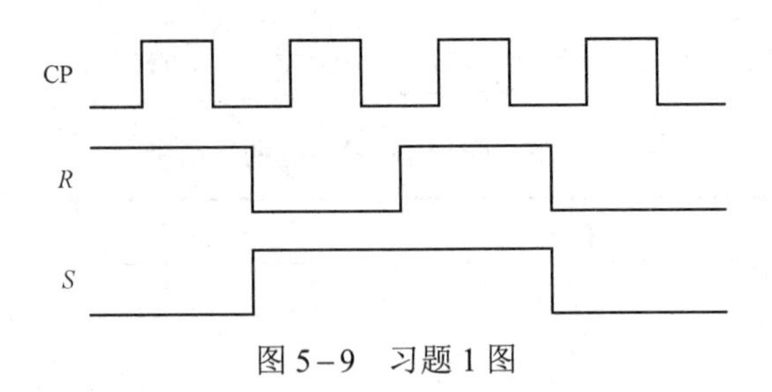

图 5－9　习题 1 图

2. 某 D 触发器，初始状态 $Q=0$，试画出在所示的 CP 和 D 信号作用下，触发器输出端的波形。

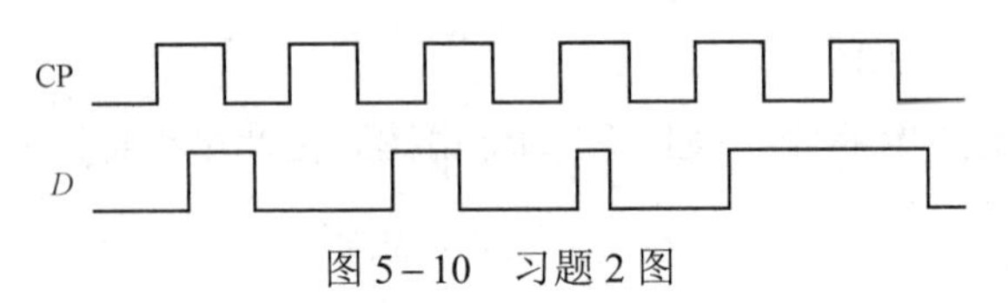

图 5－10　习题 2 图

3. 输入信号 u_I 如图 5－11 所示，试画出由与非门组成的基本 RS 触发器输出 Q 端的波形。

（1）u_I 加在 $\overline{S_D}$ 端上，$\overline{R_D}=1$，且初始状态为 $Q=0$。

（2）u_I 加在 $\overline{R_D}$ 端上，$\overline{S_D}=1$，且初始状态为 $Q=1$。

图 5－11　习题 3 图

4. 设下降沿触发的 JK 触发器的原状态为 1，按照图 5－12 所给出的 J、K、CP 输入波形，画出触发器 Q 端的工作波形。

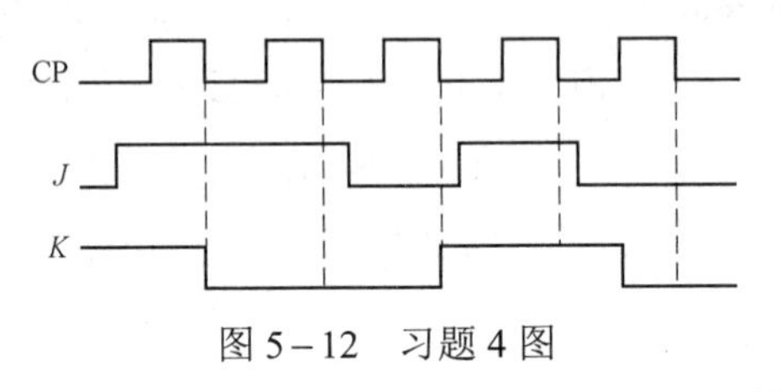

图 5－12　习题 4 图

任务 5.2　时序逻辑电路分析与应用

任务引入

时序逻辑电路的种类很多，它们的逻辑功能各异，时序逻辑电路的分析是根据给定的电路，写出它的方程、列出状态转换真值表、画出状态转换图和时序图，分析出它的功能。

任务目标

（1）掌握时序逻辑电路分析方法。

（2）会分析时序逻辑电路。

（3）会分析计数器电路。

（4）掌握 74LS160 的应用。

知识链接

5.2.1　同步时序逻辑电路的分析方法

在同步时序逻辑电路中，由于所有触发器都由同一个时钟脉冲信号 CP 来触发，所以在分析同步时序逻辑电路时，可以不考虑时钟条件。

具体分析步骤如下。

第一，写方程式。

（1）输出方程。时序逻辑电路的输出逻辑表达式。

（2）驱动方程。各触发器输入端的逻辑表达式。如 JK 触发器 J 和 K 的逻辑表达式；D 触发器 D 的逻辑表达式等。

（3）状态方程。将驱动方程代入相应触发器的特性方程中，求得该触发器的次态方程。时序逻辑电路的状态方程由各触发器次态的逻辑表达式组成。

第二，列状态转换真值表。

将电路现态的各种取值代入状态方程和输出方程中进行计算，求出相应的次态和输出，从而列出状态转换真值表。时序逻辑电路的输出由电路的现态来决定。

第三，逻辑功能的说明。

根据状态转换表来说明电路的逻辑功能，即电路的作用。

第四，画状态转换图和时序图。

状态转换图是指电路由现态转换到次态的示意图。而电路的时序图是在时钟脉冲 CP 作用下，各触发器输出端的波形图。

第五，检查电路能否自启动。

扫描二维码，学习同步时序逻辑电路的分析方法

学习笔记：

例 5－1　分析图 5－13 所示电路的逻辑功能，并画出状态转换图和时序图。

由电路可以看出，时钟脉冲 CP 加在每个触发器的时钟脉冲输入端上，因此，它是一个同步时序逻辑电路。分析步骤如下。

第一，写方程式。

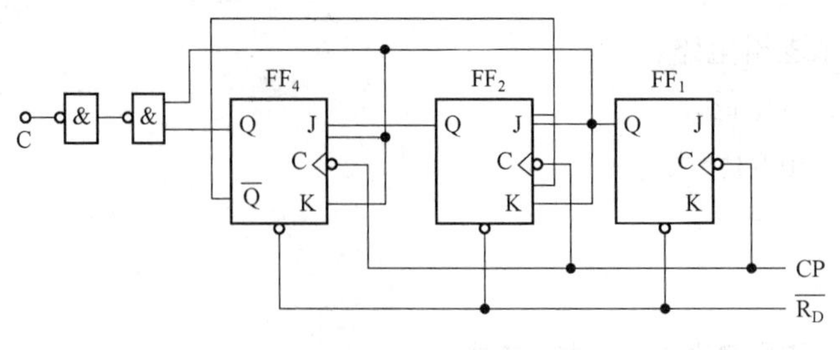

图 5－13　例 5－1 电路

（1）输出方程：$C=Q_2^nQ_0^n$

（2）驱动方程：$J_0=1$，$K_0=1$；$J_1=\overline{Q_2^n}Q_0^n$，$K_1=\overline{Q_2^n}Q_0^n$；$J_2=Q_1^nQ_0^n$，$K_2=Q_0^n$。

（3）状态方程。将驱动方程式代入 JK 触发器的特性方程 $Q^{n+1}=J\overline{Q^n}+\overline{K}Q^n$ 便得电路的状态方程为：

$$\begin{cases}Q_0^{n+1}=J_0\overline{Q_0^n}+\overline{K_0}Q_0^n=1\overline{Q_0^n}+\overline{1}Q_0^n=\overline{Q_0^n}\\Q_1^{n+1}=J_1\overline{Q_1^n}+\overline{K_1}Q_1^n=\overline{Q_2^n}Q_0^n\overline{Q_1^n}+\overline{\overline{Q_2^n}Q_0^n}Q_1^n\\Q_2^{n+1}=J_2\overline{Q_2^n}+\overline{K_2}Q_2^n=Q_1^nQ_0^n\overline{Q_2^n}+\overline{Q_0^n}Q_2^n\end{cases}$$

第二，列状态转换真值表。

设电路的现态为 $Q_2^nQ_1^nQ_0^n=000$，进行计算后得 $C=0$ 和 $Q_2^{n+1}Q_1^{n+1}Q_0^{n+1}=001$，这说明输入第一个计数脉冲（时钟脉冲 CP）后，电路的状态由 000 翻到 001。然后再将 001 当作现态，即 $Q_2^nQ_1^nQ_0^n=001$，代入上述二式中进行计算后得 $C=0$ 和 $Q_2^{n+1}Q_1^{n+1}Q_0^{n+1}=010$，即输入第二个 CP 后，电路的状态由 001 翻到 010。其余类推。由此可求得表 5－6 状态转换真值表。

表 5－6　状态转换真值表

现态			次态			输出
Q_2^n	Q_1^n	Q_0^n	Q_2^{n+1}	Q_1^{n+1}	Q_0^{n+1}	Y
0	0	0	0	0	1	0
0	0	1	0	1	0	0
0	1	0	0	1	1	0
0	1	1	1	0	0	0
1	0	0	1	0	1	0
1	0	1	0	0	0	1

第三，逻辑功能的说明。

电路在输入第 6 个计数脉冲 CP 后，返回原来的状态，同时输出端 Y 输出 1。因此，该电路为同步六进制计数器。

第四，画状态转换图和时序图。

图 5－14 中的圆圈表示电路的一个状态，箭头表示电路状态的转换方向。箭头线上方标注的 X/Y 为转换条件，X 为转换前输入变量的取值，Y 为输出值，由于本例没有输入变量，故 X 未标上数值。

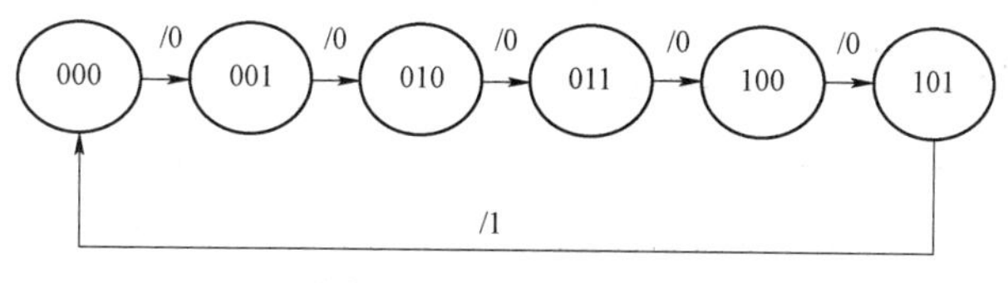

图 5-14　状态转换图

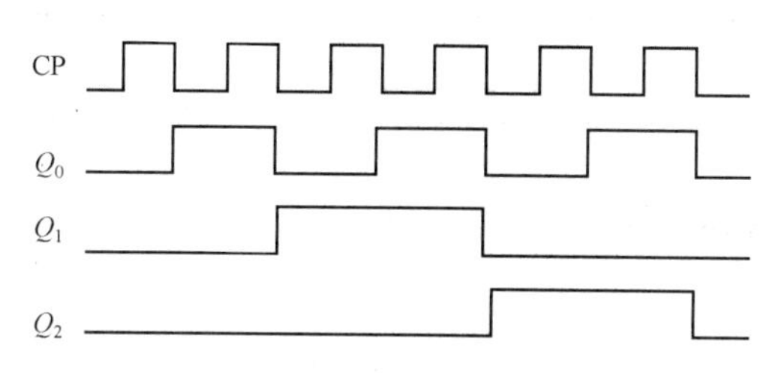

图 5-15　波形图

第五，检查电路能否自启动。

电路应有 $2^3=8$ 个工作状态，由图 5-14 可以看出，它只有 6 个状态被利用了，这 6 个状态称为有效状态。还有 110 和 111 没有被利用，称为无效状态。将无效状态 110 代入状态方程中进行计算，得 $Q_2^{n+1}Q_1^{n+1}Q_0^{n+1}=111$，再将 111 代入状态方程后得 $Q_2^{n+1}Q_1^{n+1}Q_0^{n+1}=010$，为有效状态。可见，同步时序逻辑电路如果由于某种原因而进入无效状态工作时，只要继续输入计数脉冲 CP，电路便会自动返回到有效状态工作，所以，该电路能够自启动。

学习笔记：

扫描二维码，
学习电路分析过程

5.2.2　异步时序逻辑电路的分析方法

异步时序逻辑电路的分析方法和同步时序逻辑电路的基本相同，不同的是异步时序逻辑电路只有部分触发器由计数脉冲信号源 CP 触发，而其他触发器则由电路内部信号触发。因此，在分析异步时序逻辑电路时，由于各个触发器的时钟条件不同，应写出时钟方程。各个触发器只有在满足时钟条件后，其状态方程才能使用。如维持阻塞 D 触发器的时钟端 CP 应输入触发信号的上升沿；边沿 JK 触发器的时钟端 CP 则应输入触发信号的下降沿。详细过程自行分析。

学习笔记：

扫描二维码，
学习异步时序逻辑
电路的分析

5.2.3 时序逻辑电路的应用

1. 计数器简介

用以统计输入计数脉冲 CP 个数的电路，称作计数器。它主要由触发器组成。计数器的输出通常为现态的函数。计数器累计输入脉冲的最大数目称为计数器的“模”，用 M 表示，如 $M=6$ 计数器，称六进制计数器。计数器的“模”实际上为电路的有效状态数。计数器的种类很多，主要分类方法有以下几种。

1）按计数进制分

二进制计数器：按二进制数运算规律进行计数的电路称作二进制计数器。

十进制计数器：按十进制数运算规律进行计数的电路称作十进制计数器。

任意进制计数器：二进制计数器和十进制计数器之外的其他进制计数器统称为任意进制计数器。如五进制计数器、六十进制计数器等。

2）按计数增减分

加法计数器：随着计数脉冲的输入作递增计数的电路称作加法计数器。

减法计数器：随着计数脉冲的输入作递减计数的电路称作减法计数器。

加/减计数器：在加/减控制信号作用下，可递增计数，也可递减计数的电路，称作加/减计数器，又称可逆计数器。

3）按计数器中触发器翻转是否同步分

异步计数器：计数脉冲只加到部分触发器的时钟脉冲输入端上，而其他触发器的触发信号则由电路内部提供，应翻转的触发器状态更新有先有后的计数器，称作异步计数器。

同步计数器：计数脉冲同时加到所有触发器的时钟信号输入端，使应翻转的触发器同时翻转的计数器，称作同步计数器。显然，它的计数速度要比异步计数器快得多。

2. 同步十进制加法计数器 74LS160

74LS160 为十进制同步计数器，它与 74LS161 的外引线图完全相同，功能表也一样。但只有 0000～1001 十个状态，而不是从 0000～1111 十六个状态。因此在预置数的时候，预置的状态须为 0000～1001。如果预置状态为 1010～1111，在 CP 脉冲作用下，电路会自动进入有效循环状态，并且不再返回初始预置状态。图 5－16 给出了 74LS160 的状态转换图，其分析过程类似 74LS161，在此不作详细分析。

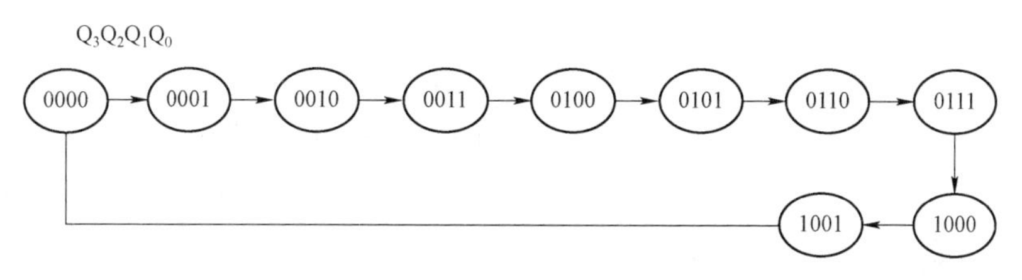

图 5－16　74LS160 状态转换图

TTL 集成计数器 74LS160 是一种 4 位十进制同步加法计数器，其管脚排列如图 5－17 所示。TTL 集成计数器 74LS160 可实现以下功能。

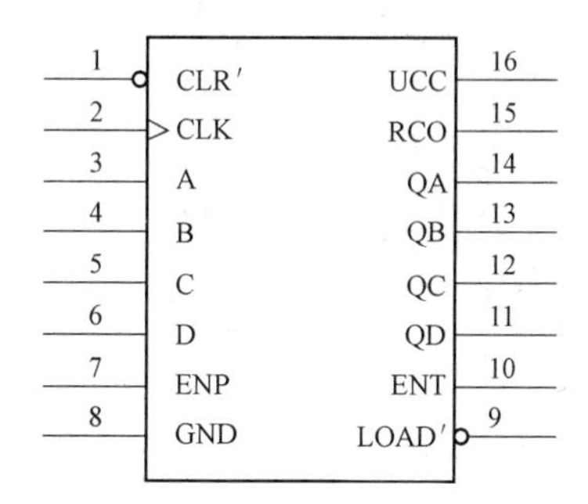

图 5－17　74LS160 管脚排列

（1）异步清零：当 $CLR'=0$ 时，不管其他输入端状态如何，输出端 $Q_DQ_CQ_BQ_A$ 为0000 。

（2）同步并行置数：LOAD′（管脚 9）称为预置数控制输入端，$CLR'=1$时，当 $LOAD'=0$ 条件下，在 CLK 的上升沿作用下，预置好的数据被并行送到输出端，此时 $Q_DQ_CQ_BQ_A=d_3d_2d_1d_0$ 。

（3）保持：在 $CLR'=1$、$LOAD'=1$时，只要 $ENP\cdot ENT=0$（管脚 7、10），计数器不工作，输出保持原状态不变。

（4）计数：正常计数时，要保证 $CLR'=1$、$LOAD'=1$，只要 $ENP\cdot ENT=1$，此时在 CLK 的上升沿作用下，对脉冲的个数进行加计数。当计到 $Q_DQ_CQ_BQ_A$ 为 1001 时，进位端 RCD（管脚 15）变为 1， $RCD=1$ 的时间是从 $Q_DQ_CQ_BQ_A$ 为 1001 起到 $Q_DQ_CQ_BQ_A$ 的状态变化时止。

74LS160 虽然是十进制计数器，但也可以构成小于十进制或大于十进制的计数器，只要将输入端、输出端根据要求的功能正确连接即可。

3. 计数器的应用

将二进制和十进制以外的进制统称为任意进制（也称为 N 进制）。任意进制计数器可以用已有的集成计数器芯片采用适当的连接实现。通常采用的方法有两种：直接清零法和反馈置数法。对于有同步并行预置数功能的基础计数器，采用反馈置数法可以把高进制计数器变成低进制计数器。

1）集成计数器的级联使用

对于计数值较大的计数器，如六十进制计数器，用一个集成计数器是无法实现的，这就需要将集成计数器级联使用，称为集成计数器的级联。为了扩大计数器范围，常用多个十进制计数器级联使用。而对于同步计数器来说，往往设有进位（或借位）输出端，故可选用其进位（或借位）输出信号驱动下一级计数器。

2）计数器实现方案举例（以六十进制计数器为例）

图 5－18 为由 74LS160 和与非门 7400 构成的六十进制计数器。其中上片 74LS160 构成六进制计数器，输出 $D_1C_1B_1A_1$ 为十位数的 BCD 码；下片 74LS160 构成十进制计数器，输出 $D_0C_0B_0A_0$ 为个位数的 BCD 码；开关模拟复位清零按钮。

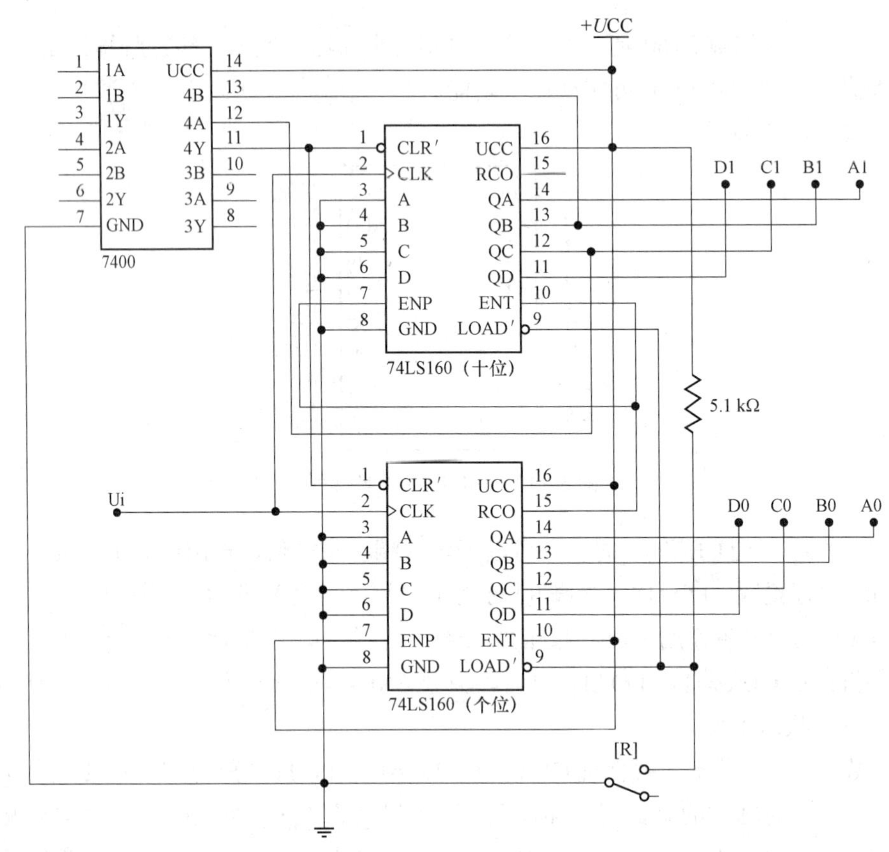

图 5－18　六十进制计数器

4. 寄存器简介

寄存器是存放数码、运算结果或指令的电路，其中移位寄存器在移位脉冲作用下，寄存器中的数码可根据需要向左或向右移位。寄存器数字系统和计算机中常用的基本逻辑部件，应用很广。一个触发器可存储一位二进制代码，n 个触发器可存储 n 位二进制代码。触发器是寄存器和移位寄存器的重要组成部分。图 5－19 所示是由 D 触发器组成的 4 位数码寄存器。图中 $\overline{CR}$ 是置 0 输入端，D_0～D_3 为并行数据输入端，CP 为时钟脉冲端，Q_0～Q_3 为并行数据输出端。当置 0 端 $\overline{CR}=0$ 时，所有触发器同时被置 0。只有当 $\overline{CR}=1$ 为 1 时，寄存器工作。当时钟脉冲 CP 上升沿到达时，D_0～D_3 被并行置入到 4 个触发器中，$Q_3Q_2Q_1Q_0=D_3D_2D_1D_0$。在 $\overline{CR}=1$、$CP=0$ 时，寄存器中寄存的数码保持不变，即各触发器状态不变。

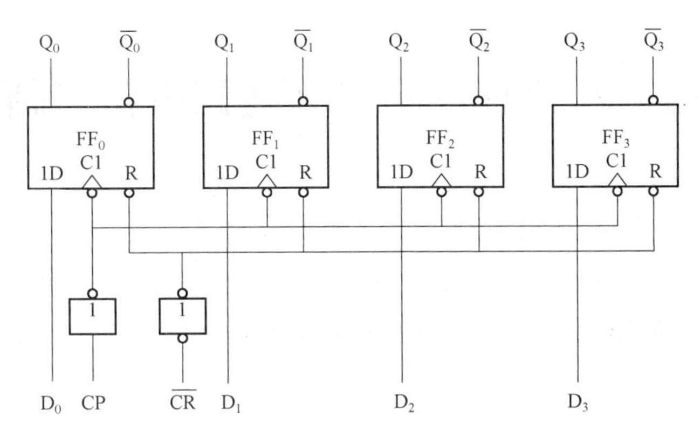

图 5-19　4 位数码寄存器

目标训练

一、基础知识训练

1. 时序逻辑电路的分析步骤为：写方程式、__________、逻辑功能的说明、画状态转换图和时序图、检查电路能否自启动。分析异步时序逻辑电路时，要写出________。

2. 计数器电路是时序逻辑电路的应用之一，其主要功能是________。

3. 什么是计数器？常见的计数器有哪几类？

4. 常见的寄存器有哪几种？

5. 说明 74LS00 的逻辑功能及各管脚的作用。

二、分析能力训练

1. 分析图 5-20 所示电路的逻辑功能，检查电路能否自启动。

2. 分析由 74LS00 构成的六十进制计数器电路原理。

3. 分析图 5-18 中 74LS00 的作用。

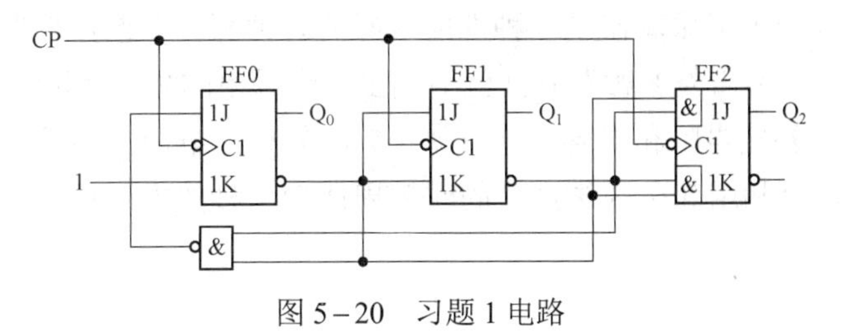

图 5-20　习题 1 电路

任务 5.3　简易六十秒表电路分析与制作

任务引入

为了进一步掌握时序逻辑电路的功能与作用，提高学生主动学习思考的积极性，设置该任务。在完成该任务的过程中必须完成元件识别与检测、电路分析与焊接等任务。

任务目标

（1）认识电路元件，并能进行识别与检测。

（2）会分析各部分电路工作原理。

（3）能进行正确的电路元件布局。

（4）能正确焊接电路，并进行分析。

（5）能够对电路进行故障分析。

知识链接

5.3.1　555 定时器电路

1. 认识 555 定时器的管脚排列

555 定时器是一种应用广泛的中规模模拟/数字混合集成电路，能产生从微秒到数十分钟的时间延迟和多种脉冲信号。由于 555 定时器的电路内部中由三个 5 kΩ 电阻组成的分压网络，故称为 555 电路。目前生产的定时器有双极型（TTL）和互补金属氧化半导体型（CMOS）两种。几乎所有双极型产品型号最后三位数码都是 555 或 556；所有 CMOS 产品型号最后四位数码都是 7555 或 7556，二者的逻辑功能和管脚排列完全相同，易于互换。555 和 7555 是单定时器，556 和 7556 是双定时器。双极型的电源电压为 +5 V～+15 V，输出最大电流可达 200 mA，CMOS 型的电源电压为 +3 V～+18 V。

常见的 555 定时器有 8 脚圆形和 8 脚双列直插式，图 5－21 为 555 定时器的管脚排列图，其中 1 脚 GND 为接地端；2 脚 TRI 为触发输入端；3 脚 OUT 为输出端；4 脚 RES 为复位端（置零端）；5 脚 CON 为外加电压控制端；6 脚 THR 为阈值输入端；7 脚 DIS 为放电端；8 脚 UCC 为电源电压输入端。

2. 秒脉冲发生器的电路

555 定时器构成的多谐振荡器是一种性能较好的时钟源。多谐振荡器也称为无稳态触发器，它没有稳定状态，不需外加触发脉冲就能输出一定频率的矩形脉冲（自激振荡）。用 555 实现多谐振荡，需要外接电阻和电容，并外接 +5 V 的直流电源。秒脉冲发生器的电路原理图如图 5－22 所示，可利用其在 3 脚产生的时钟周期为 1 秒的方波作为秒脉冲来触发集成计数器，实现计数。

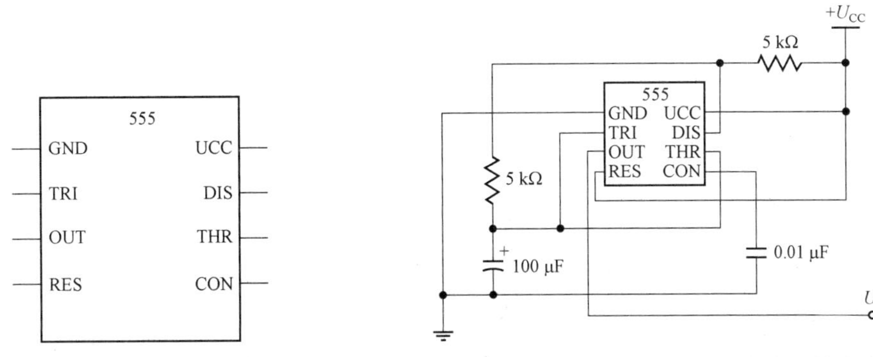

图 5-21　555 定时器的管脚排列　　图 5-22　由 555 定时器构成的秒脉冲发生器的电路原理图

5.3.2　译码显示电路

译码显示电路原理图如图 5-23 所示。

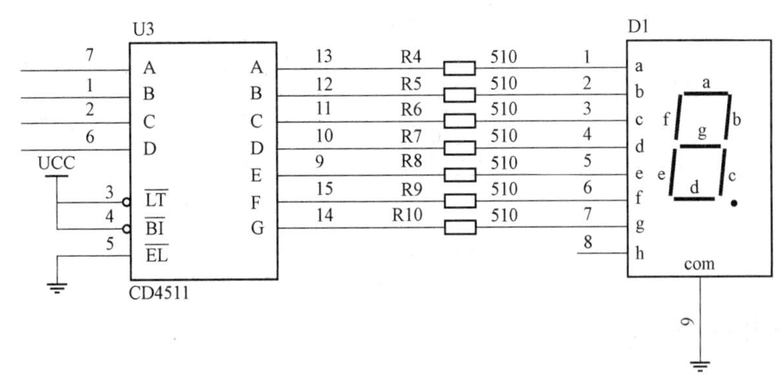

图 5-23　译码显示电路原理图

图 5-23 中集成块 CD4511 是译码驱动部分，其 3 端是灯测试端，如果该端加低电平“0”，集成块的输出端全部输出高电平，此时，数码管各段全亮，显示数字“8”。其 4 端是消隐端，如果该端加低电平“0”，数码管各段都灭，没有显示。5 端是锁存端，如果该端加高电平“1”，集成块 CD4511 的输出被锁定保持。6、2、1、7 是输入端，分别对应 D、C、B、A，其中 6 是最高端，7 是最低端。9～14 是输出端，分别接到数码管的各段。数码管是共阴型的，中间的公共端接地。

5.3.3　简易六十秒表电路

简易六十秒表电路的总电路原理图如图 5-24 所示。

图中由 555 电路组成的秒脉冲发生电路输出一个秒脉冲，分别加到个位和十位的集成块 74LS160 上。集成块 74LS160 是同步十进制计数器，它有计数和置数功能，该电路在设计时使用的是计数功能，所以，其 D_0～D_4 端接地，9 端接高电平。个位片的进位输出端 15 管脚连接到十位片的 9、10 端，保证个位片计完十个脉冲后，十位片才计一个脉冲。十位片的输出端 12、13 管脚经与非门后送回到自己的 1、9 两个输入端，保证完成十位片的六进制。计数器后面的就是译码显示电路，其完成的就是译码显示过程。

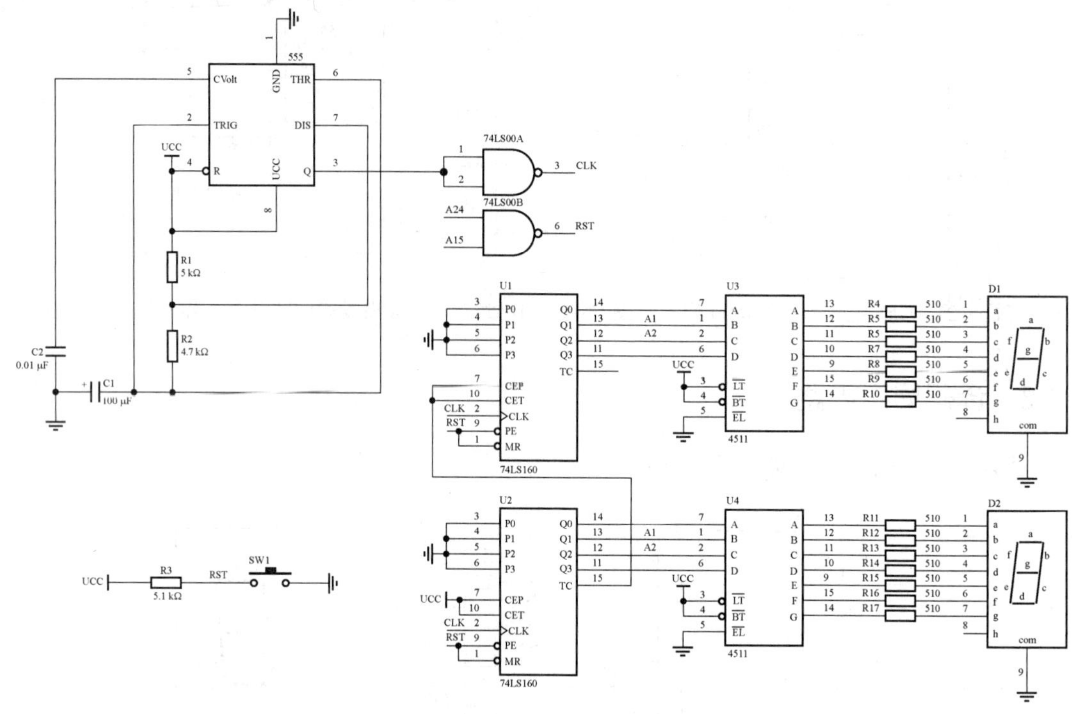

图 5－24　总电路原理图

5.3.4　电路制作与检测

先在电路板上制作出由 555 定时器组成的信号源，再依次制作出由 74LS160 实现的十进制、六进制计数器及由 CD4511 和共阴极半导体数码管组成的 LED 译码显示电路。然后测试每一部分的电路功能是否正确，正确后再通过 74LS00 把信号源的连续脉冲作为计数器的计数脉冲连接组成一个六十进制的计数、译码、显示电路。

对照电路图和实际线路检查连线是否正确，包括错接、少接、多接等；用万用表电阻挡检查焊接是否良好；元器件引脚之间有无短路，连接处有无接触不良，二极管、三极管、集成电路和电解电容的极性是否正确；电源供电包括极性、信号源连线是否正确；电源端对地是否存在短路。若电路经过上述检查确认无误后，可转入静态检测与调试。

断开信号源，把经过准确测量的电源接入电路，用万用表电压挡检测电源电压，观察有无异常现象，如冒烟、异常气味、元器件发烫、电源短路等。如发现异常情况，应立即切断电源，排除故障；如无异常情况，再分别测量各关键点直流电压、秒表各输入端和输出端的高、低电平值及逻辑关系等，如不符，则调整电路元器件参数、更换元器件等。若电路经过上述调试确认无误后，就转入动态检测与调试。

动态检测与调试的方法是在秒表电路的输入端加上信号发生器，再通过输入标准的脉冲信号来依次检测各关键点的波形、参数和性能指标是否满足要求。如果不满足，要对电路参数做进一步的调整。发现问题，要设法找出原因，排除故障，继续进行调试。

目标训练

一、基础知识训练

基础知识部分涉及的计数器等知识点在任务5.2中已讲述，涉及的焊接技术知识前面的项目学习中也练习过了。以如下题型进行各知识点的整理与掌握。以小组为单位进行任务计划的制订，要体现简易秒表电路的制作过程，突出任务目标及实施过程。

1. 试分析图5-25所示电路，并说明其逻辑功能。

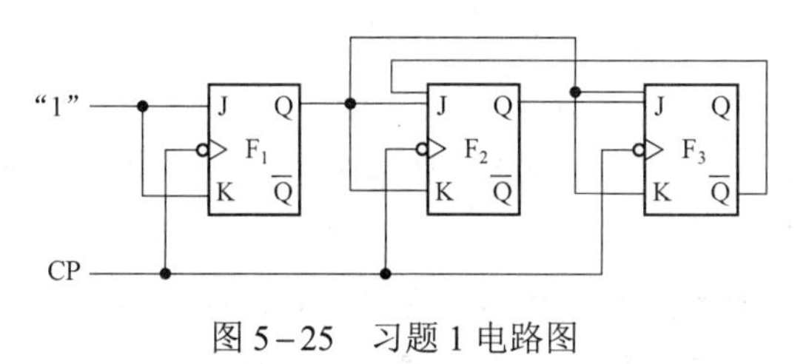

图5-25　习题1电路图

2. 试分析图5-26所示电路的功能，说明电路是几进制计数器，能否自启动，画出其状态转换图。

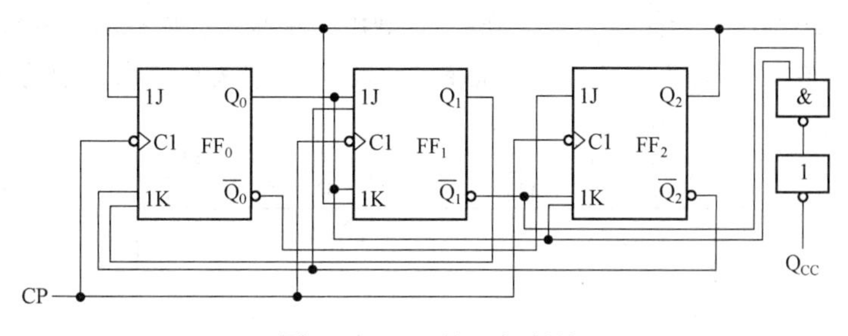

图5-26　习题2电路图

3. 将集成计数器74S161构成九进制计数器，画出逻辑电路图。

4. 将集成计数器74S160构成六十进制计数器，画出逻辑电路图。

5. 分析图5-27所示电路，画出它们的状态图和时序图，指出各是几进制计数器。

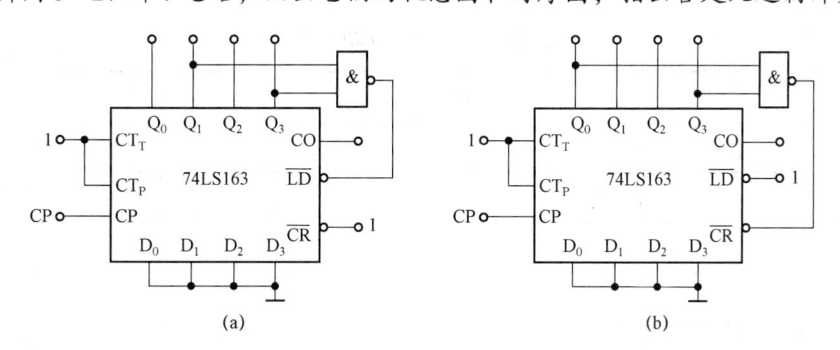

图5-27　习题5电路图

6. 已知计数器的输出Q_1，Q_2，Q_0的输出波形图如图5-28所示，试画出其对应的状态转换图，并判断是几进制计数器。

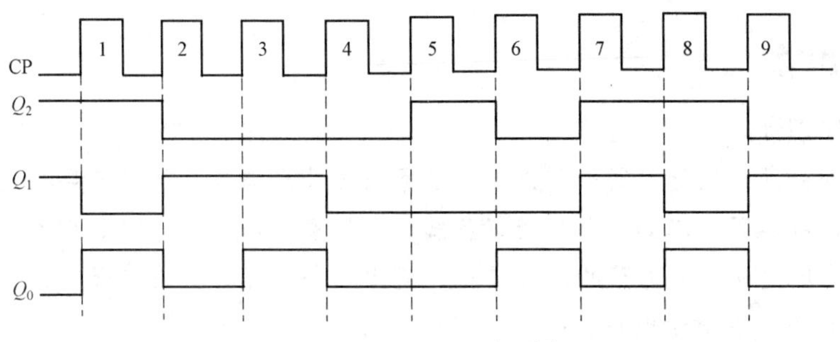

图 5-28　习题 6 波形图

7. 利用 555 时基电路振荡产生方波。

用 555 时基电路设计一个多谐振荡器，频率为 1 Hz，并用示波器观察得到的矩形波。555 集成定时器是一种将模拟电路和数字电路巧妙结合在一起的单片集成电路，它设计新颖，构思巧妙，被广泛应用于脉冲的产生、整形、定时和延迟等电路中。利用集成定时器 555 和外接电阻、电容，可以构成基本 RS 触发器、单稳态触发器、多谐振荡器、施密特触发器和延迟电路等应用电路。

8. 同步十进制加法计数器 74LS160 集成块的认识。

74LS160 为十进制同步计数器，只有 0000～1001 十个状态，因此在预置数的时候，预置的状态须为 0000～1001。下面给出了 74LS160 的管脚图和功能表。要求以组为单位掌握其功能。

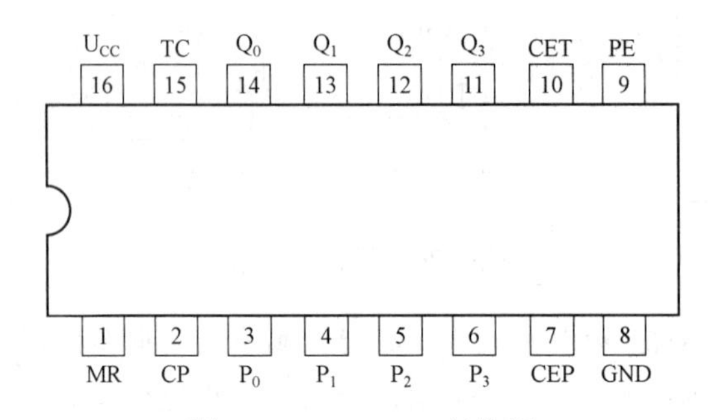

图 5-29　74LS160 管脚图

表 5-7　74LS160 功能表

MR	PE	CET	CEP	功能说明
L	×	×	×	清零
H	L	×	×	置数
H	H	L	×	保持
H	H	×	L	保持
H	H	H	H	计数

9. 译码显示电路的认识。

该设计选用的是 74LS4511 和数码管，其中 CD4511 的 3、4 管脚要接高电平，5 管脚接

低电平，其工作时分别驱动后面的数码管显示 1、2、3、4、5、6、7、8、9，但是十位片只能显示到 5。数码管是共阴连接的。

10. 整体电路的焊接与检查。

电路用到的集成块虽然不多，但是其连线比较复杂，所以要仔细操作，要以组为单位完成元件的识别、电路整体布局、焊接与检查，其中一定注意十位数的 160 片和 CD4511 片不是连续工作的，当个位数完成一个循环时，十位数才有一个变化，显示至 5 后，归零。所以这部分设计及焊接要详细检查。

二、分析能力训练

由小组讨论完成，但指导老师会参与其中，听取讨论结果，共同分析电路存在故障的原因。学生重点考虑的问题如下：

1. 如果 74LS160 的清零端接地，会出现什么现象？
2. 如何完成十位片的六进制？
3. 为什么要将振荡电路的输出经一个与非门？
4. 在电路中计数器输出送到了译码器哪些端？
5. 简要说明该电路的工作原理。
6. 检查各集成块是否安插正确，防止颠倒。
7. 检查各连线是否正确，防止焊接错误。
8. 检查数码管选择是否正确，共阴、共阳不可混淆。
9. 焊接完成后一定要检查控制端信号是否正确，防止出现不工作或者误工作情况。
10. 检查公共端和电源是否连接正确。
11. 注意集成计数器的 3～6 管脚是接低电平的，CD4511 的 3、4 管脚接高电平，5 管脚接低电平。
12. 确保个位片的 74LS160 的 15 管脚送至十位片的 7、10 管脚，达到控制十位片计数的作用。

仿真实验 5　简易六十计数器电路

1. 实验目的

（1）测量并分析 555 电路的输出波形。

（2）分析两片 74LS160 集成块的作用。

（3）分析与演示整体电路的工作过程。

2. 实验原理

由 555 电路组成的秒脉冲发生电路输出一个秒脉冲，分别加到个位和十位的集成块 74LS160 上。集成块 74LS160 是同步十进制计数器，它有计数和置数功能，该电路在设计时使用的是计数功能，计数器后面的就是译码显示电路，完成的就是译码显示过程。原理电路如图 5－30 所示。

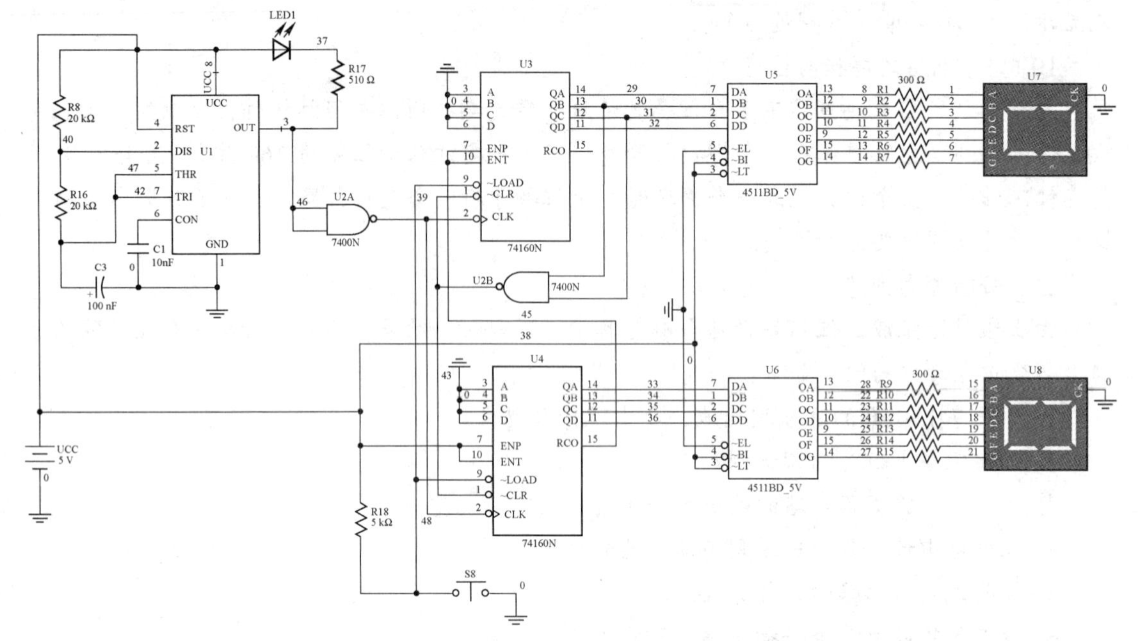

图 5-30　简易六十计数器原理电路图

3. 实验步骤

（1）建立仿真电路如图 5-31 所示。

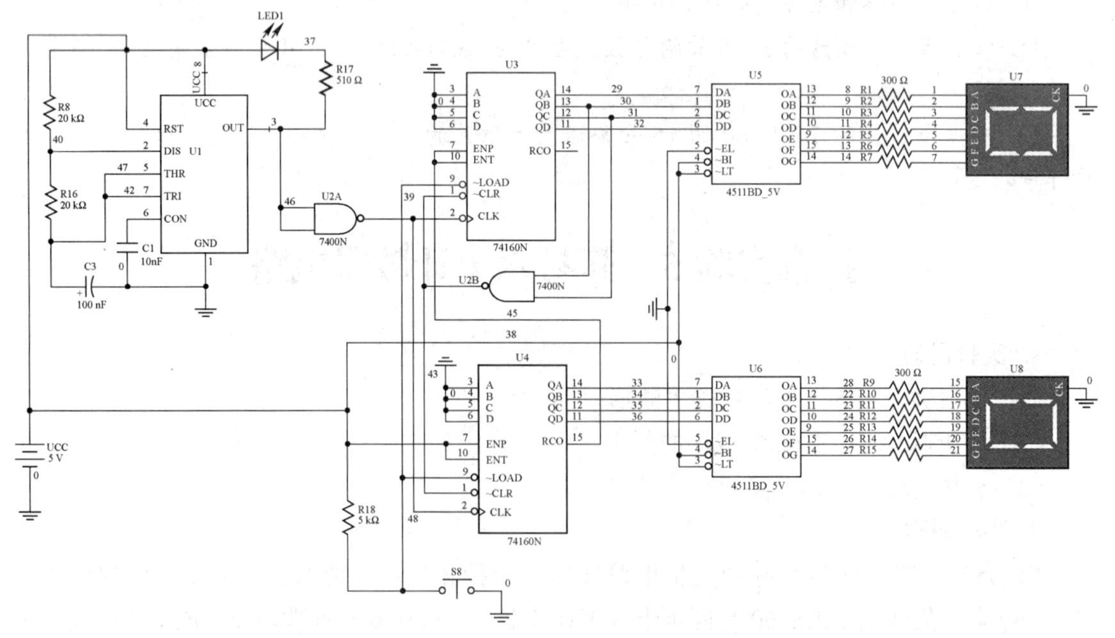

图 5-31　六十进制仿真电路

（2）单击仿真电源开关，观察并分析555电路的输出波形，其接线图如图5－32所示，555输出波形如图5－33所示。

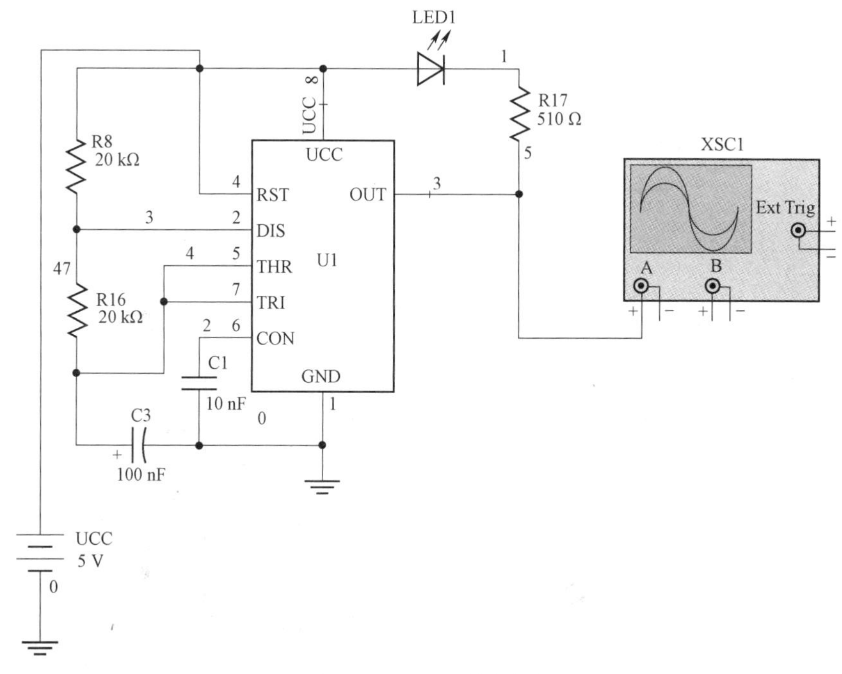

图5－32　555接线图

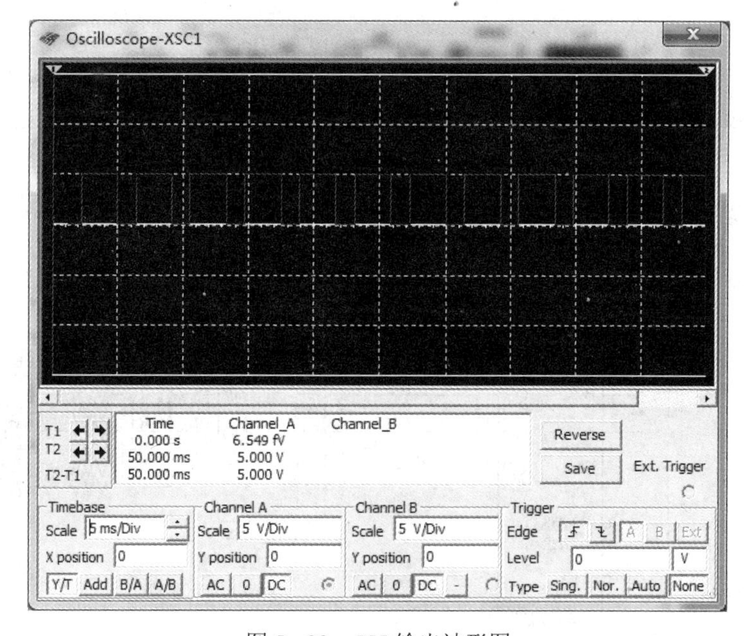

图5－33　555输出波形图

（3）分析74LS160个位片与十位片的连接，个位片的进位输出端15管脚连接到十位片的7、10端，保证个位片计完十个脉冲后，十位片才计一个脉冲。74LS160级联电路如图5－34所示。

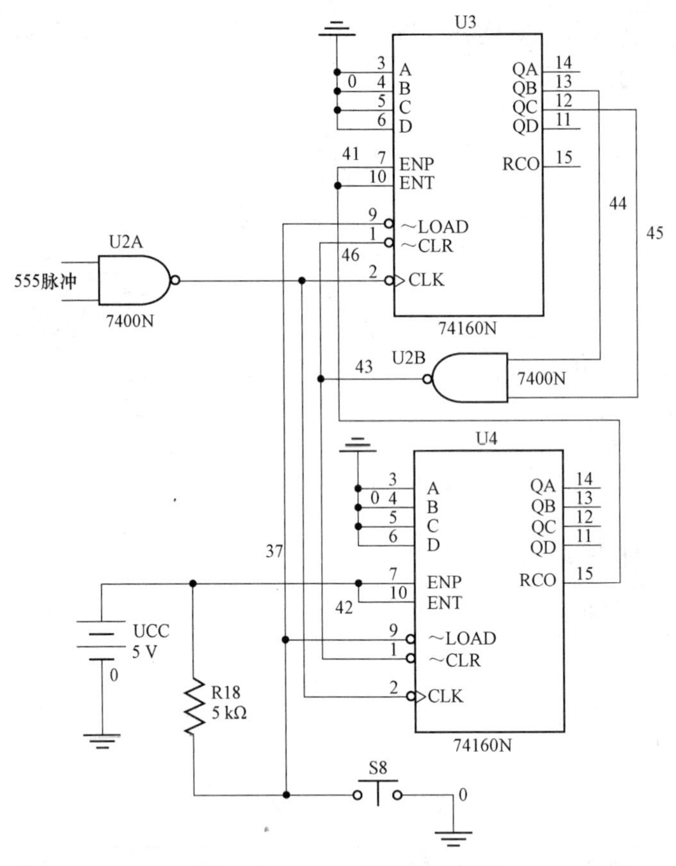

图 5－34　74160 级联电路图

（4）74LS160 个位片与 CD4511 连接，其连接图如图 5－35 所示，分析电路。

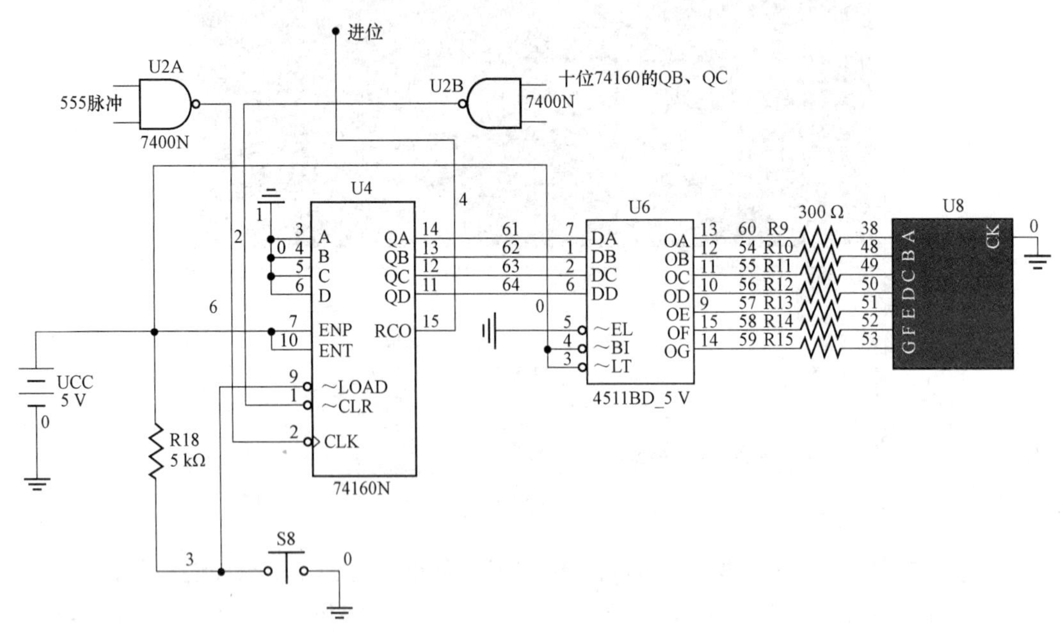

图 5－35　74LS160 个位片与 CD4511 连接图

（5）激活电路，演示电路的工作过程并进行分析，其仿真显示图如图 5-36 所示。

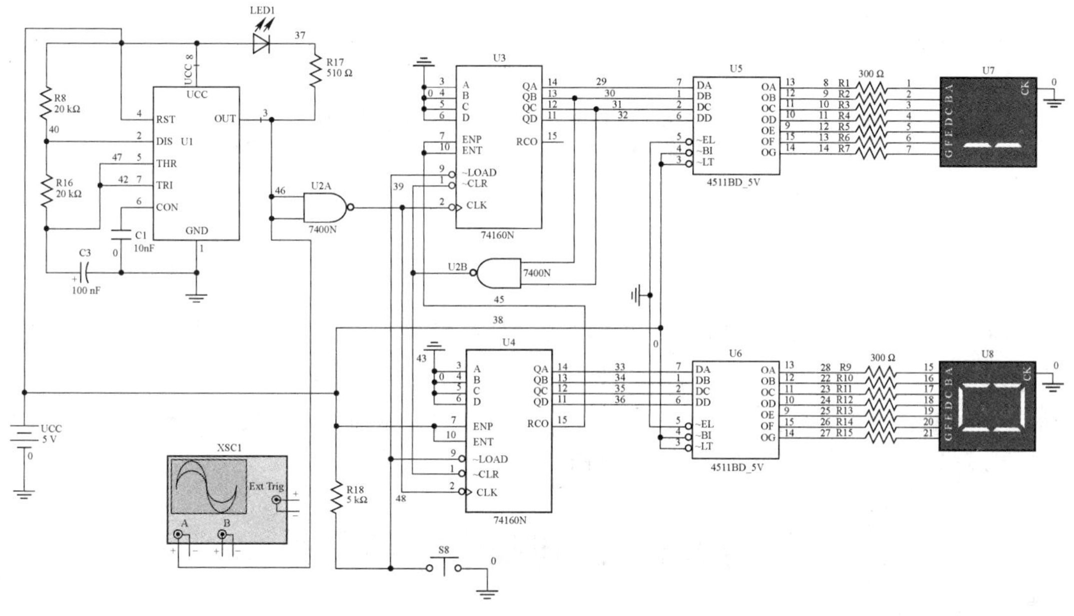

图 5-36　仿真显示图

4. 思考题

（1）555 电路的输出在电路中的作用？

（2）为什么个位数显示 7 的时候，十位数显示的是 0？

项目 6

脉冲信号的产生与整形电路

本项目提及的施密特触发器和单稳态触发器是常用的脉冲整形电路，主要介绍它们的工作原理和应用。多谐振荡器的电路有多种形式，这里只介绍常用的对称式和非对称式多谐振荡器，并简单介绍石英晶体振荡器。介绍 555 定时器的电路结构及其构成施密特触发器、单稳态触发器和多谐振荡器的方法与工作原理。

任务 6.1　认知施密特触发器

任务引入

施密特触发器和单稳态触发器是两种不同用途的脉冲波形的整形、变换电路。施密特触发器主要用以将变化缓慢的或快速变化的非矩形脉冲变换成上升沿和下降沿都很陡峭的矩形脉冲，而单稳态触发器则主要用以将宽度不符合要求的脉冲变换成符合要求的矩形脉冲。

任务目标

（1）了解门电路组成的施密特触发器。

（2）了解集成施密特触发器。

（3）能进行简单电路分析。

知识链接

6.1.1　用门电路组成的施密特触发器

1. 电路结构

图 6－1 所示为由与非门、非门和二极管 VD 组成的施密特触发器，图中 G_1 和 G_2 组成基本 RS 触发器，G_3 为非门，VD 起电平偏移作用。

2. 工作原理

假设 G_1～G_3 三个门是 CT74H 系列，它们的阈值电压 U_{TH} 相等，都为 1.4 V，二极管的正向压降为 0.7 V。下面参照图 6－2 所示波形讨论施密特触发器的工作原理。为便于分析，设 u_{O1}

为低电平、u_{O2}为高电平时，为第一稳定状态；u_{O1}为高电平、u_{O2}为低电平时，为第二稳定状态。

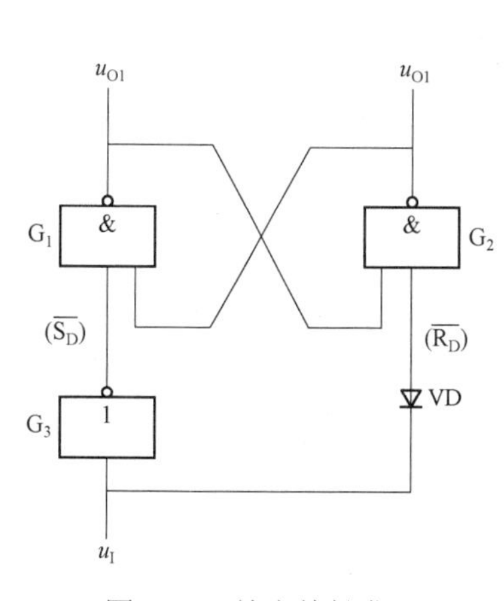

图 6－1　施密特触发器

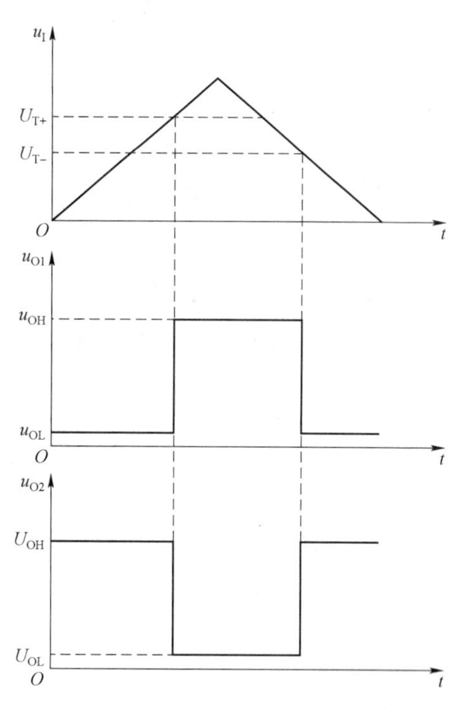

图 6－2　施密特触发器的工作波形

1）*初始稳定状态*

当输入电压$u_I = 0\text{ V}$时，二极管 VD 导通，$u_{\overline{R_D}} = 0.7\text{ V}$，$G_2$关闭，输出$u_{O2}$为高电平$U_{OH}$。同时，由于$u_I = 0\text{ V}$，$G_3$输出$\overline{S_D}$也为高电平，这时，$G_1$输入全 1，输出$u_{O2}$为低电平$U_{OL}$。电路处于第一稳定状态。

2）*电路状态的第一次翻转*

当输入电压u_I上升到G_3的阈值电压$U_{TH} = 1.4\text{ V}$时，G_3输出$\overline{S_D}$为低电平，G_1输出u_{O1}由低电平跃到高电平U_{OH}。同时 VD 导通，$u_{\overline{R_D}} = U_{TH} + 0.7\text{ V}$，$G_2$ 输出u_{O2}由高电平跃到低电平U_{OL}。电路翻到第二稳定状态。使电路由第一稳定状态翻转到第二稳定状态的输入电压，称作正向阈值电压，用U_{T+}表示。可见，$U_{T+} = U_{TH} = 1.4\text{ V}$，此后输入电压$u_I$继续增大时，由于$u_I > U_{TH}$，电路状态保持不变。

3）*电路状态的第二次翻转*

当输入电压u_I由高电平下降到U_{T+}时，G_3关闭，输出$\overline{S_D}$为高电平，这时，二极管 VD 仍导通，$u_{\overline{R_D}} = U_{TH} + 0.7\text{ V}$，大于$G_2$的阈值电压$U_{TH}$，所以，$G_2$仍开通，输出$u_{O2}$为低电平$U_{OL}$。只有在输入电压$u_I$下降到 0.7V，即$u_{\overline{R_D}} = U_{TH} + 0.7\text{ V} \leqslant U_{TH}$时，$G_2$关闭，输出$u_{O2}$由低电平跃到高电平$U_{OH}$，这时，$G_1$输入全 1，输出$u_{O1}$由高电平跃到低电平$U_{OL}$，电路返回到第一稳

定状态。

使电路由第二稳定状态翻到第一稳定状态的输入电压，称作负向阈值电压，用U_{T-}表示。显然$U_{T-}=U_{TH}-0.7\text{ V}=0.7\text{ V}$。

由以上分析可知，施密特触发器有两个稳定状态，而这两个稳定状态的维持和转换完全取决于输入电压的大小。只要输入电压u_I上升到略大于U_{T+}或下降到略小于U_{T-}时，施密特触发器的状态才会发生翻转，从而输出边沿陡峭的矩形脉冲。同时还可看到，输入电压u_I的上升边沿和下降边沿时间越短，输出脉冲的宽度越大；反之则越小。

施密特触发器的正向阈值电压U_{T+}和负向阈值电压U_{T-}的差，称作回差电压，用ΔU_T表示，即$\Delta U_T=U_{T+}-U_{T-}$，回差电压ΔU_T产生的主要原因是在G_2输入端串入了转移电平二极管VD。因此，该电路的回差电压等于二极管的VD正向压降。图6－3所示为施密特触发器的电压传输特性，由该特性可看出施密特触发器具具有滞后特性。

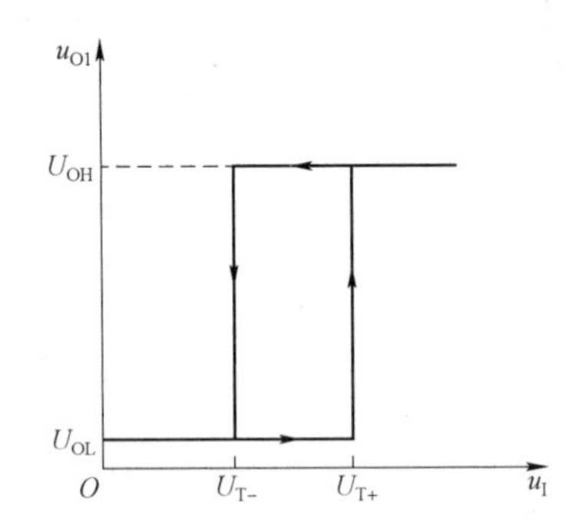

图6－3　施密特触发器的电压传输特性

6.1.2　集成施密特触发器

1. 电路结构

集成施密特触发器CT74132的电路图如图6－4（a）所示，其为TTL系列，图6－4（b）为其逻辑符号。电路由四部分组成，其中VD_1、VD_2和R_1组成二极管与门，用以完成对输入信号的与逻辑功能；VT_1、VT_2和R_2、R_3、R_4组成射极耦合触发器，为集成施密特触发器的核心部分；VT_3、VT_4、VD_3和R_5～R_8组成倒相放大级，用以完成电平的偏移和倒相；VT_5、VT_6、VD_4和R_9组成推拉输出级。

由于图 6－4（a）所示电路的输入级附加了与逻辑功能，在电路的输出级附加了反相功能，因此，又称作施密特触发器与非门。

2. 工作原理

假设三极管发射结导通压降和二极管的正向压降均为0.7 V，结合图6－4的电路图和图6－5所示工作波形，讨论施密特触发器的工作原理。

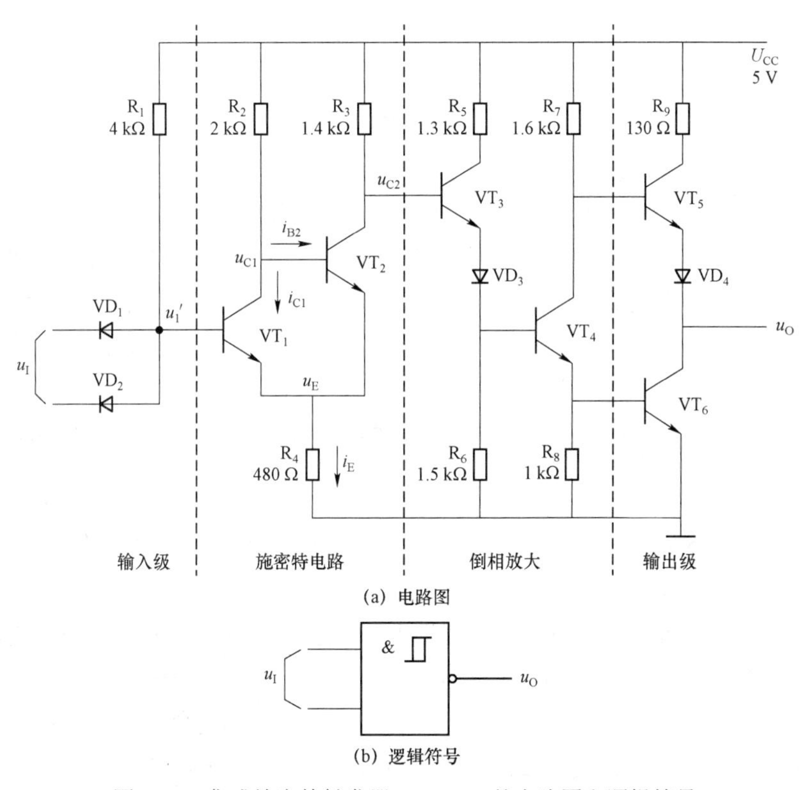

(a) 电路图

(b) 逻辑符号

图 6－4　集成施密特触发器 CT74132 的电路图和逻辑符号

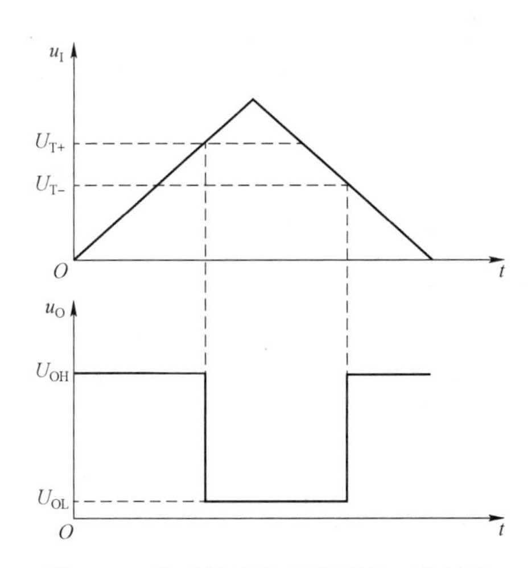

图 6－5　集成施密特触发器的工作波形

在电路工作过程中，当输入 $u_I = 0\ V$，$u_i' = 0.7\ V$，由于 R_4 的存在，使 $u_{BE1} < 0.7\ V$，VT_1 截止，集电极输出 u_{C1} 为高电平，VT_2 饱和导通，$i_{E2} = i_{C2} + i_{B2}$，$u_E = u_{E2} = i_{E2}R_4$，其输出

$u_{C2}=U_{CE2(sat)}+i_{E2}R_4$ 为低电平，使 VT_3、VD_3、VT_4 和 VT_6 截止，输出 u_O 为高电平。

当输入 u_I 增加到正向阈值电压 U_{T+} 时，$u_{BE1}>0.7\ V$，VT_1 开始导通，于是电路产生以下正反馈过程：

$$u_I\uparrow \longrightarrow u_I'\uparrow \longrightarrow i_{B1}\uparrow \longrightarrow i_{C1}\uparrow \longrightarrow u_{C1}\downarrow \longrightarrow i_{C2}\downarrow \longrightarrow u_E\downarrow \longrightarrow u_{BE1}\uparrow$$

正反馈使电路迅速翻到 VT_1 饱和导通、VT_2 截止的状态，$i_{E1}=i_{C1}+i_{B1}$、$u_E=u_{E1}=i_{E1}R_4$，VT_1 输出 u_{C1} 为低电平，VT_2 输出 u_{O2} 为高电平，使 VT_3、VD_3、VT_4 和 VT_6 导通，而且三极管都工作在饱和状态，使电路输出 u_O 为低电平。此后，u_I 再增大，电路输出状态保持不变。

当输入 u_I 下降到使 $u_I'=u_{BE1}+u_{BE2}$ 时，由于 $R_2>R_3$，因为 VT_1 饱和时的 u_{BE1} 小于 VT_2 饱和时的 u_{E2}，所以 VT_1 仍饱和，电路状态不变。

当输入 u_I 下降到负向阈值电压 U_{T-} 时，$u_{BE1}<0.7\ V$，i_{C1} 开始减小，电路又产生另一个正反馈过程，如下所示：

$$u_I\downarrow \longrightarrow u_I'\downarrow \longrightarrow i_{B1}\downarrow \longrightarrow i_{C1}\downarrow \longrightarrow u_{C1}\uparrow \longrightarrow i_{C2}\uparrow \longrightarrow u_E\uparrow \longrightarrow u_{BE1}\downarrow$$

正反馈使电路迅速翻到 VT_1 截止、VT_2 饱和导通的状态。这时，VT_1 输出 u_{C1} 为高电平，u_{C2} 为低电平，使 VT_3、VD_3、VT_4 和 VT_6 都截止，电路输出 u_O 为高电平。

集成施密特触发器的 U_{T+} 和 U_{T-} 的具体数值可从集成电路手册中查到。如 CT74132 的 $U_{T+}=1.7\ V$、$U_{T-}=0.9\ V$，所以，$\Delta U_T=U_{T+}-U_{T-}=1.7\ V-0.9\ V=0.8\ V$。

3. 施密特触发器的应用

1）用于波形变换

施密特触发器可用于将三角波、正弦波及其他不规则信号变换成矩形脉冲。图 6-6 所示为用施密特触发器实现波形变换，将正弦波变换成同周期的矩形脉冲。

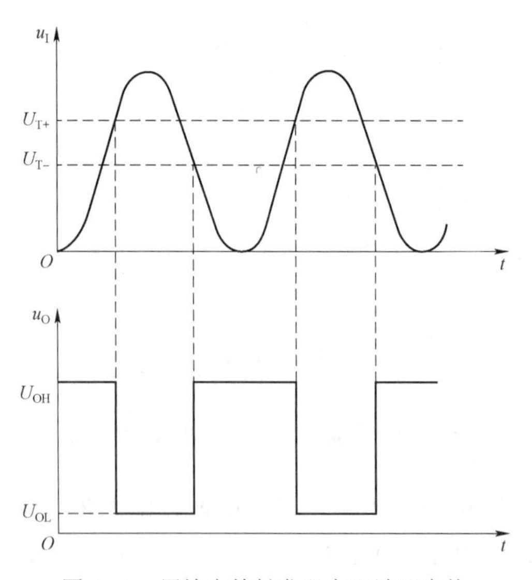

图 6-6　用施密特触发器实现波形变换

2）用于脉冲整形

当传输的信号受到干扰而发生畸变时，可利用施密特触发器的回差特性，将受到干扰的信号整形成较好的矩形脉冲，如图6－7所示。

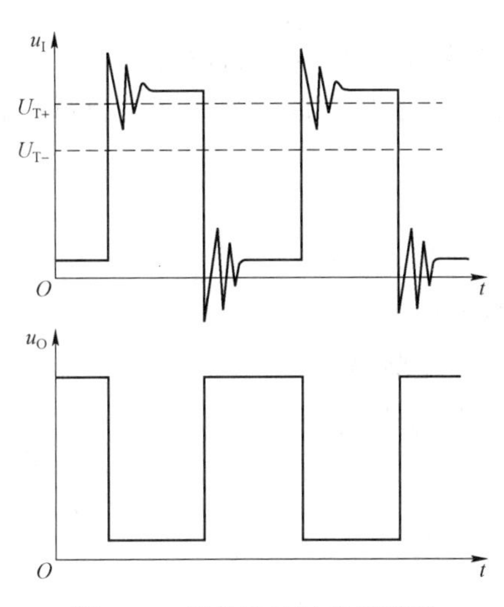

图6－7　用施密特触发器整形

3）用于脉冲幅度鉴别

如输入信号为一组幅度不等的脉冲，而要求将幅度大于U_{T+}的脉冲信号挑选出来时，则可用施密特触发器对输入脉冲的幅度进行鉴别，如图6－8所示。这时，可将输入幅度大于U_{T+}的脉冲信号选出来，而幅度小于U_{T+}的脉冲信号则去掉了。

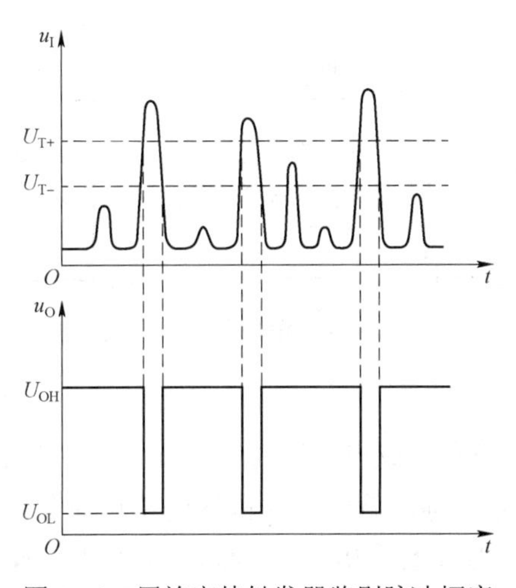

图6－8　用施密特触发器鉴别脉冲幅度

任务 6.2　多谐振荡器

任务引入

多谐振荡器由门电路和阻容元件构成，它没有稳定状态，只有两个暂稳态，通过电容的充电和放电，使两个暂稳态相互交替，从而产生自激振荡，输出周期性的矩形脉冲信号。

任务目标

（1）了解多谐振荡器基本原理。

（2）认识对称和不对称多谐振荡器。

（3）了解用施密特触发器组成多谐振荡器。

知识链接

6.2.1　对称多谐振荡器

1. 电路结构

图 6－9 所示为由 CT74H 系列 TTL 门电路组成的对称多谐振荡器及其逻辑符号，图中 G_1、G_2 两个反相器之间经电容 C_1 和 C_2 耦合形成正反馈回路。合理选择反馈电阻 R_{F1} 和 R_{F2}，可使 G_1 和 G_2 工作在电压传输特性的转折区，这时，两个反相器都工作在放大区。由于 G_1 和 G_2 的外部电路对称，因此，又称作对称多谐振荡器。

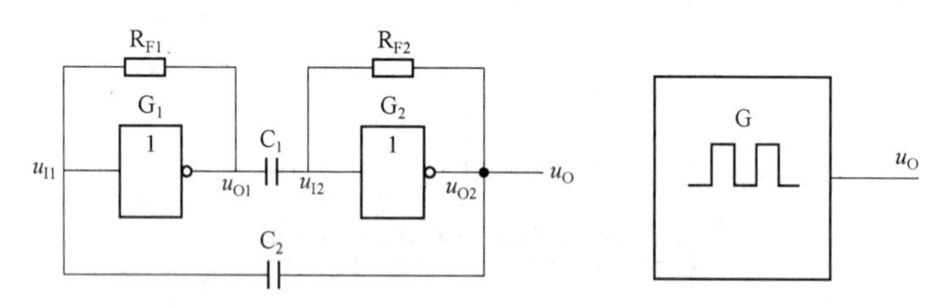

图 6－9　对称多谐振荡器及其逻辑符号

2. 工作原理

该电路是利用 RC 电路的充、放电分别控制 G_1 和 G_2 的开通与关闭来实现自激振荡的，只要抓住这一点，就能比较容易地理解多谐振荡器的工作原理。

为讨论方便起见，设 u_{O1} 为低电平 0、u_{O2} 为高电平 1 时，称为第一暂稳态；u_{O1} 为高电平 1、u_{O1} 为低电平 0 时，称为第二暂稳态，可以参照图 6－10 所示工作波形讨论多谐振荡器的工作原理。

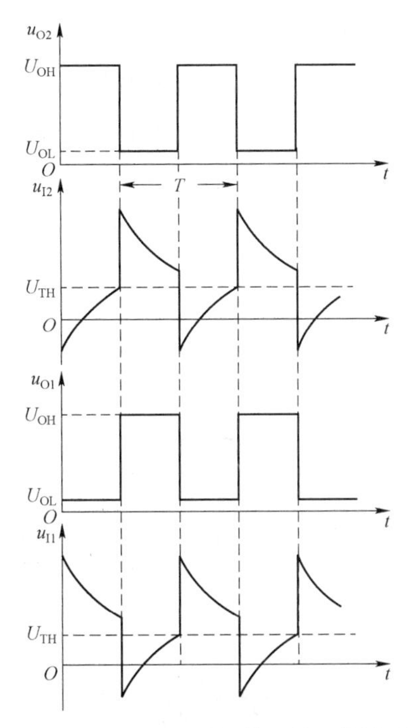

图 6-10　对称多谐振荡器的工作波形

设接通电源后由于某种原因使 u_{I1} 产生很小的正跃变，经 G_1 放大后，输出 u_{O1} 产生负跃变，经 C_1 耦合使 u_{I2} 也随之下降，G_2 输出 u_{O2} 产生较大的正跃变，通过 C_2 耦合，使 u_{I1} 进一步增大，于是电路产生如下正反馈过程。正反馈使电路迅速翻到 G_1 开通、G_2 关闭的状态。输出 u_{O1} 负跃到低电平 U_{OL}，u_{O2}（u_O）正跃到高电平 U_{OH}，电路进入第一暂稳态，分析过程如下：

$$u_{I2}\uparrow \longrightarrow u_{O2}\downarrow \longrightarrow u_{I1}\downarrow \longrightarrow u_{O1}\uparrow$$

接着 G_2 输出 u_{O2} 的高电平 U_{OH} 经 C_2、R_{F1}、G_1 的输出电阻对电容 C_2 进行反向充电（即 C_2 放电），使 u_{I1} 下降。与此同时，u_{O2} 的高电平又经 R_{F2}、C_1、G_1 的输出电阻对 C_1 进行充电，u_{I2} 也随之上升。当 u_{I2} 上升到 G_2 的阈值电平 U_{TH} 时，电路又产生另一个正反馈过程，分析过程如下：

$$u_{I2}\uparrow \longrightarrow u_{O2}\downarrow \longrightarrow u_{I1}\downarrow \longrightarrow u_{O1}\uparrow$$

正反馈的结果使 G_2 开通，输出 u_O 由高电平 U_{OH} 跃到低电平 U_{OL}，通过电容 C_2 的耦合，使 u_{I1} 迅速下降到小于 G_1 的阈值电压 U_{TH}，使 G_1 关闭，其输出由低电平跃到高电平，电路进入第二暂稳态。接着，G_1 输出 u_{O1} 的高电平。经 C_1、R_{F2} 和 G_2 的输出电阻对 C_1 进行反向充电（即 C_1 放电），u_{I2} 随之下降，与此同时，G_1 输出 u_{O1} 的高电平经 R_{F1}、C_2 和 G_2 的输出电阻对 C_2 进行充电，u_{I1} 随之升高。当 u_{I1} 上升到 G_1 的 U_{TH} 时，G_1 开通、G_2 关闭，电路又返回到第一暂稳态。

由以上分析可知，由于电容 C_1 和 C_2 交替进行充电和放电，电路的两个暂稳态自动相互交替，从而使电路产生振荡，输出周期性的矩形脉冲。

图 6－11 所示为防盗报警电路。G_1 和 G_2 两个与非门组成可控对称多谐振荡器，产生固定频率的音频信号。当家人在家时，开关 S 接低电平 0（OFF），振荡器不工作，不发出报警信号。当家人外出时，开关 S 接高电平 1（ON），振荡器工作，关上门时，A 接高电平 1，也不发出报警信号。当有外人闯入而将门打开时，A 接低电平 0，G_3 输出的振荡信号经 V 放大而发出报警音响。

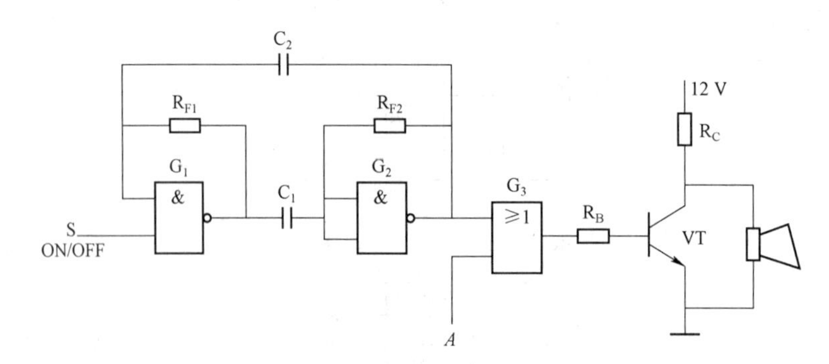

图 6－11 防盗报警电路

6.2.2 不对称多谐振荡器

1. 电路结构

图 6－12（a）所示为由两个 CMOS 反相器组成的多谐振荡器电路图。由于 G_1 和 G_2 的外部电路不对称，所以又称为不对称多谐振荡器。

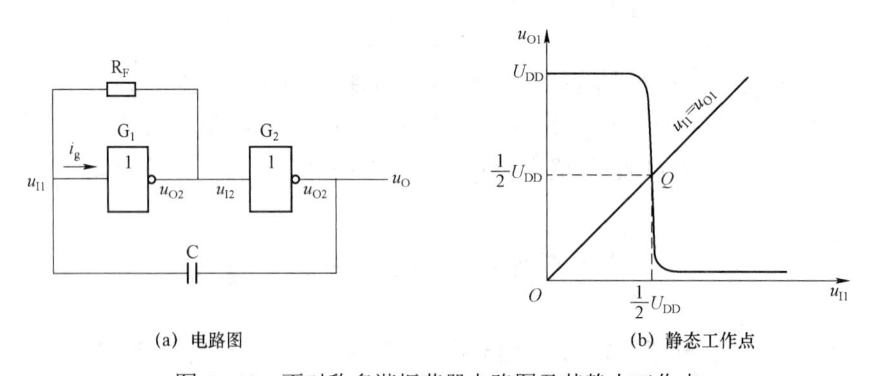

（a）电路图 （b）静态工作点

图 6－12 不对称多谐振荡器电路图及其静态工作点

为了使电路能产生振荡，必须使 G_1 和 G_2 工作在电压传输特性的转折区，即工作在放大区。在正常工作时，无论 G_1 输入的是低电平，还是高电平，MOS 管栅极输入的电流 $i_g \gg 0$，在电阻 R_F 上不产生压降，这时 $u_{O1}=u_{I1}$ 的直线与电压传输特性转折区的交点 Q 便为 G_1 的静态工作点，它处在转折区的中点，如图 6－12（b）所示。可见，$u_{O1}=u_{I1}=U_{TH}=\frac{1}{2}U_{DD}$。由电

路图可知，$u_{I2}=u_{O1}=\frac{1}{2}U_{DD}$，所以，$G_2$ 也工作在电压传输特性的转折区。

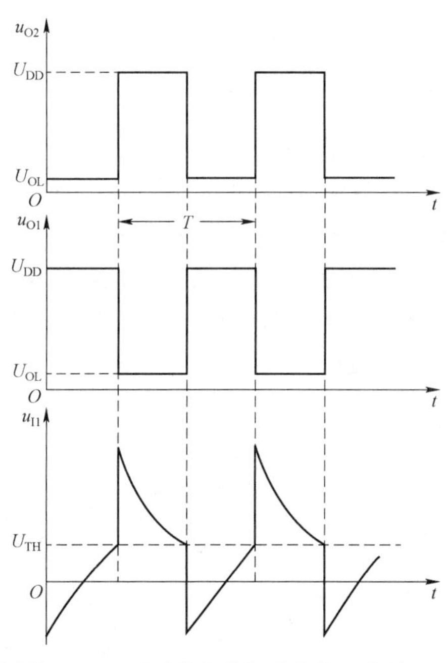

图 6－13　不对称多谐振荡器的工作波形

2. 工作原理

为讨论方便起见，设 u_{O1} 为低电平、u_{O2} 为高电平时，为第一暂稳态；u_{O1} 为高电平、u_{O2} 为低电平时，为第二暂稳态。结合电路原理，同时参照图 6－13 所示工作波形讨论不对称多谐振荡器的工作原理。

设接通电源后由于某种原因使 G_1 的输入电压 u_{I1} 产生一个小的正跃变时，通过 G_1 放大后，其输出 u_{O1} 产生一个较大的负跃变，使 G_2 输出一个更大的正跃变，通过电容 C 的耦合，使 u_{I1} 得到更大的正跃变，于是电路产生如下正反馈过程。正反馈的结果 G_1 开通，输出 u_{O1} 由高电平 U_{DD} 跃到低电平 U_{OL}；G_2 关闭，输出 u_{O2} 由低电平 U_{OL} 跃到 U_{DD} 电路进入第一暂稳态。这时，u_{O2} 的高电平经 C、R_F 和 G_1 的输出电阻对 C 反向充电（即 C 放电），u_{I1} 随着下降。当 u_{I1} 下降到 G_1 的阈值电压 U_{TH} 时，电路产生另一个正反馈过程。分析过程如下：

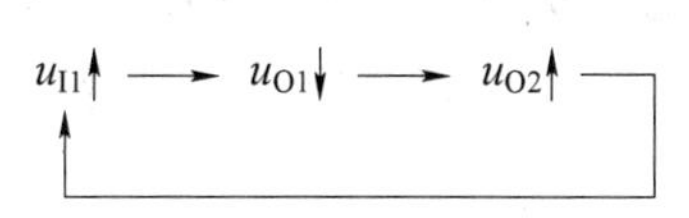

使正反馈的结果使 G_1 关闭，输出 u_{O1} 由低电平 U_{OL} 跃到高电平 U_{DD}；G_2 开通，输出 u_{O2} 由高电平 U_{DD} 跃到低电平 U_{OL}，电路进入第二暂稳态。这时，u_{O1} 的高电平 U_{DD} 经 R_F、C 和 G_2 的输出电阻对 C 进行充电，u_{I1} 随之上升。当 u_{I1} 上升到 G_1 的 U_{TH} 时，G_1 又开通，G_2 又关闭，电路返回到第一暂稳态。分析过程如下：

$u_{I1}\uparrow \longrightarrow u_{O1}\uparrow \longrightarrow u_{O2}\downarrow$（$u_{O2}\downarrow$ 反馈至 $u_{I1}\uparrow$）

由以上分析可知，由于电容C交替地进行充电和放电，使两个暂稳态不断相互交换，从而输出周期性的矩形脉冲。

6.2.3 用施密特触发器组成多谐振荡器

图6－14（a）所示为用施密特触发器组成的可控多谐振荡器图，参照图6－14（b）所示工作波形讨论它的工作原理。设EN＝1时，电容上电压$u_C=0$。在接通电源后，输出u_O为高电平U_{OH}，其通过电阻R对电容C进行充电，电容C上电压u_C随之升高。当u_C上升到U_{T+}时，施密特触发器状态发生翻转，输出u_O跃到低电平U_{OL}。这时，C又经R和施密特触发器的输出电阻放电，当u_C下降到U_{T-}时，电路又发生翻转。电容C如此周而复始地充电和放电，电路便产生了振荡。而在EN＝0时，电路不振荡。

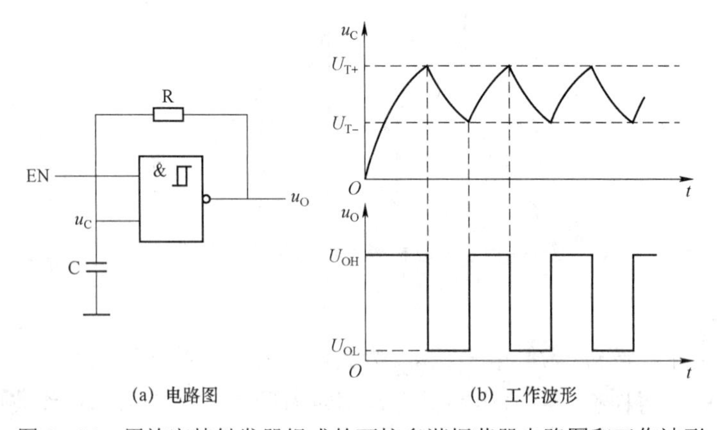

图6－14 用施密特触发器组成的可控多谐振荡器电路图和工作波形

任务6.3 单稳态触发器电路分析

任务引入

单稳态触发器是常用的脉冲整形和延时电路。它有一个稳定状态和一个暂稳态。在外加触发脉冲作用下，电路从稳定状态翻转到暂稳态，经一段时间后，又自动返回到原来的稳定状态。而且暂稳态时间的长短完全取决于电路本身的参数，与外加触发脉冲没有关系。

任务目标

（1）了解单稳态基本原理。

（2）认识集成单稳态触发器。

（3）了解用施密特触发器组成单稳态触发器。

知识链接

6.3.1　微分型单稳态触发器

1. 电路结构

微分型单稳态触发器电路图如图 6－15 所示，它由两个 CMOS 或非门和 RC 电路组成。G_2 输出和 G_1 输入为直接耦合，而 G_1 输出和 G_2 输入用 RC 微分电路耦合。因此，称为微分型单稳态触发器。

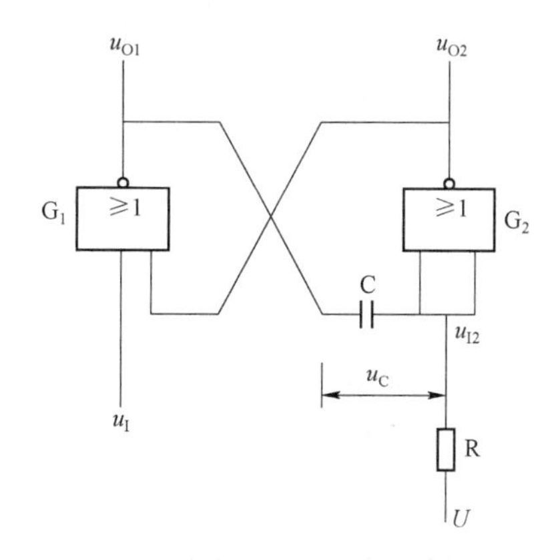

图 6－15　微分型单稳态触发器电路图

2. 工作原理

对于 CMOS 门电路，可以认为输出的高电平 $U_{OH} \gg U_{DD}$、输出的低电平 $U_{OL} \gg 0$、两个或非门的阈值电压 U_{TH} 都为 $U_{DD}/2$。可以参照图 6－16 所示工作波形分 4 个阶段讨论它的工作原理。

1）稳定状态

当输入电压 u_I 为低电平时，由于 G_2 输入通过电 R 接 U_{DD}，因此，G_2 输出低电平 $U_{OL} \gg 0$ V，G_1 输入全 0，输出 u_{O1} 为高电平 $U_{OH} \gg U_{DD}$。这时，电容 C 上的电压 $u_C \gg 0$ V。电路处于 u_{O1} 为高电平 U_{DD}、u_{O2} 为低电平 0 的稳定状态。

2）触发进入暂稳态

当输入 u_I 由低电平正跃到大于 G_1 的阈值电压 U_{TH} 时，使 G_1 输出电压 u_{O1} 产生负跃变，由于电容 C 两端的电压不能突变，使 G_2 的输入电压 u_{I2} 产生负跃变，这又促使 G_2 输出电压 u_{O2} 产生正跃变，它再反馈到 G_1 的输入端，于是，电路产生如下正反馈过程：

$$u_I\uparrow \longrightarrow u_{O1}\downarrow \longrightarrow u_{I2}\downarrow \longrightarrow u_{O2}\uparrow$$

正反馈的结果使 G_1 开通，输出 u_{O1} 迅速跃到低电平，由于电容两端的电压不能突变，使 u_{I2} 也产生同样的负跃变，G_2 输出由低电平迅速跃到高电平 U_{DD}。于是，电源 U_{DD} 经 R、C 和 G_1

的输出电阻开始对电容 C 充电。电路进入暂稳态。在此期间输入电压 u_I 回到低电平。

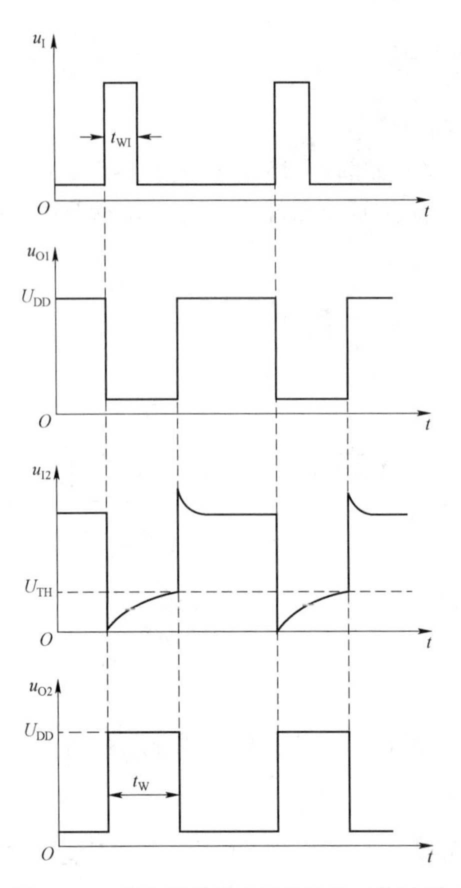

图 6-16　微分型单稳态触发器的工作波形

3）自动翻转

随着电容 C 的充电，电容上的电压 u_C 随之升高，电压 u_{I2} 也逐渐升高。当 u_{I2} 上升到 G_2 的 U_{TH} 时，u_{O2} 下降，使 u_{O1} 上升，又使 u_{I2} 进一步增大。电路又产生了另一个正反馈过程：

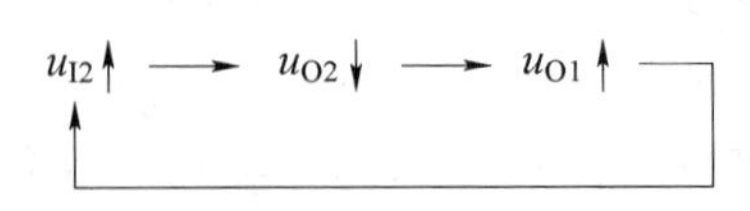

正反馈使 G_1 迅速关闭，输出 u_{O1} 为高电平 U_{DD}，G_2 迅速开通，输出 u_{O2} 跃到低电平 0。电路返回到初始的稳定状态。

4）恢复过程

暂稳态结束后，电容 C 通过电阻 R、G_2 的输入保护回路等向 U_{DD} 放电，使 C 上的电压恢复到初始状态时的 0 V。

6.3.2　集成单稳态触发器

集成单稳态触发器又分为不可重复触发型单稳态触发器［见图 6－17（a）］和可重复触发型单稳态触发器［见图 6－17（b）］。图 6－17（a）方框中的“1⎍”表示不可重复触发型单稳态触发器，该电路在触发进入暂稳态期间如再次受到触发，对原暂稳态时间没有影响，输出脉冲宽度 t_W 仍从第一次触发开始计算，图 6－17（b）方框中的“⎍”表示可重复触发型单稳态触发器，该电路在触发进入暂稳态期间如再次被触发，则输出脉冲宽度可在此前暂稳态时间的基础上再展宽 t_W，因此，采用可重复触发型单稳态触发器时能比较方便地得到持续时间更长的输出脉冲宽度。

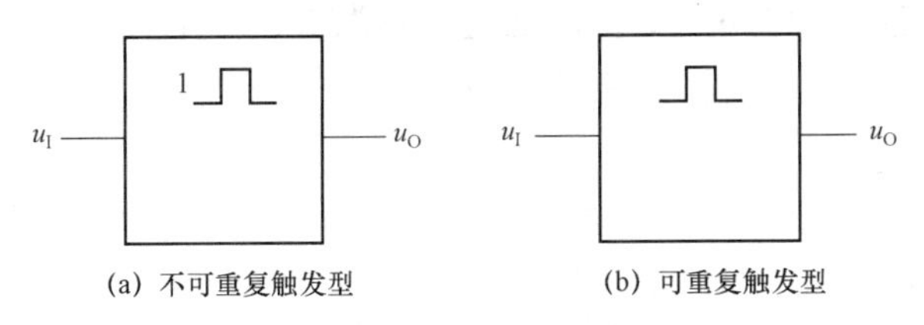

(a) 不可重复触发型　　(b) 可重复触发型

图 6－17　集成单稳态触发器的逻辑符号

图 6－18（a）所示为用 CMOS 施密特触发器组成的单稳态触发器，可参照图 6－18（b）所示工作波形讨论它的工作原理。当输入 $u_I = U_{DD}$ 时，$u_A = U_{DD}$，电容 C 上的电压为 0 V，输出 u_O 为低电平 U_{OL}。这时电路处于稳定状态。当输入电压 u_I 由 U_{DD} 负跃到低电平 0 时，由于在跃变瞬间电容两端的电压不能突变，u_A 产生同样的负跃变，使 $u_A < U_{T-}$，输出 u_O 由低电平 U_{OL} 正跃到 U_{DD}，随即 U_{DD} 经 R 对 C 充电，电路进入暂稳态。

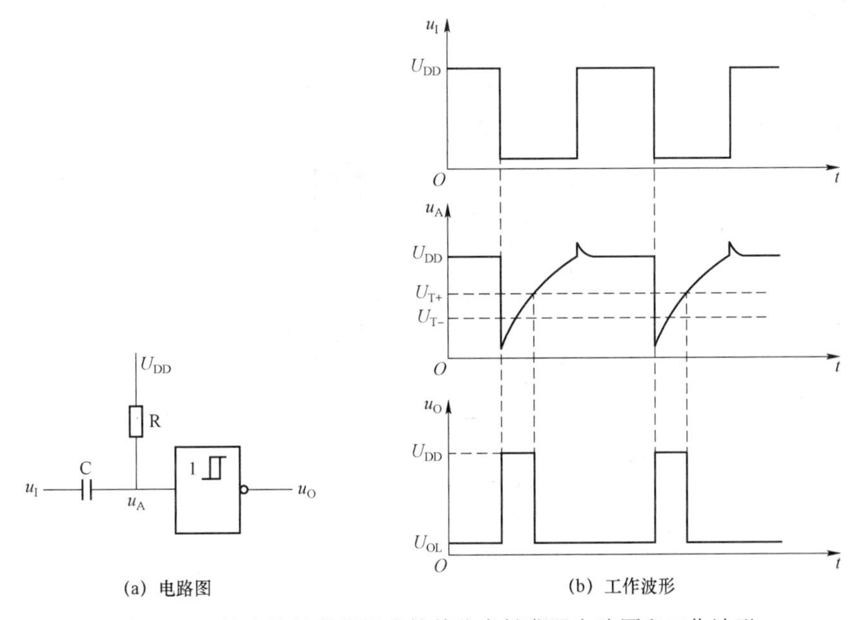

(a) 电路图　　(b) 工作波形

图 6－18　施密特触发器组成的单稳态触发器电路图和工作波形

随着 C 的充电，u_A 也随之升高。当 u_A 上升到大于 U_{T+} 时，电路状态又发生翻转，输出 u_O 由高电平 U_{DD} 负跃到低电平 U_{OL}。电路返回到初始的稳定状态。

任务 6.4　555 定时器及其应用

任务引入

555 定时器是一种电路结构简单、使用方便灵活、用途广泛的多功能电路。在脉冲波形的产生与变换、仪器与仪表、测量与控制、家用电器与电子玩具等领域应用广泛，本项目的学习任务有认知 555 定时器电路的结构及功能、熟悉用 555 定时器组成的施密特触发器、了解用 555 定时器组成单稳态触发器的相关知识等。

任务目标

（1）了解 555 定时器的工作原理。

（2）了解 555 定时器的应用电路。

（3）会分析简易实例。

知识链接

6.4.1　555 定时器电路结构

图 6－19 为双极型 555 定时器电路图。它由电压比较器 C_1 和 C_2（包括电阻分压器）、G_1 和 G_2 组成的基本 RS 触发器、集电极开路的放电管 V 和输出缓冲级 G_3 三部分组成。

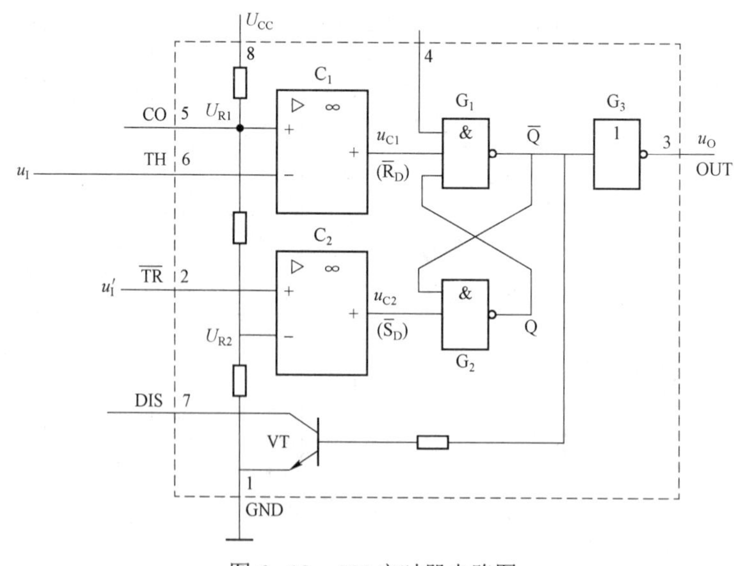

图 6－19　555 定时器电路图

C_1 和 C_2 为两个电压比较器，它们的基准电压由 U_{CC} 经 3 个 5 kΩ电阻分压后提供。$U_{R1}=2U_{CC}/3$ 为比较器 C_1 的基准电压，TH（阈值输入端）为其输入端。$U_{R2}=U_{CC}/3$ 为比较器 C_2 的基准电压，$\overline{TR}$（触发输入端）为其输入端。CO 为控制端，当外接固定电压 U_{CO} 时，则 $U_{R1}=U_{CO}$、$U_{R2}=U_{CO}/2$。$\overline{R_D}$ 为直接置 0 端，只要 $\overline{R_D}=0$，输出 u_O 便为低电平，正常工作时，$\overline{R_D}$ 端必须为高电平。

6.4.2　555 定时器的逻辑功能

设 TH 和 $\overline{TR}$ 端的输入电压分别为 u_I' 和 u_I。555 定时器的工作情况如下。

当 $u_I>U_{R1}$、$u_I'>U_{R2}$ 时，比较器 C_1 和 C_2 的输出 $u_{C1}=0$、$u_{C2}=1$，基本 RS 触发器置 0，$Q=0$、$\overline{Q}=1$，输出 $u_O=0$，同时 VT 导通。

当 $u_I<U_{R1}$、$u_I'<U_{R2}$ 时，两个比较器输出 $u_{C1}=1$、$u_{C2}=0$，基本 RS 触发器置 1，$Q=1$、$\overline{Q}=0$，输出 $u_O=1$，同时 VT 截止。

当 $u_I<U_{R1}$、$u_I'>U_{R2}$ 时，$u_{C1}=1$、$u_{C2}=1$，基本 RS 触发器保持原状态不变。

综上所述，555 定时器的功能如表 6－1 所示。

表 6－1　555 定时器的功能表

输　入			输　出	
u_I	u_I'	$\overline{R_D}$	u_O	VT 状态
×	×	0	0	导通
$>2U_{CC}/3$	$>U_{CC}/3$	1	0	导通
$<2U_{CC}/3$	$<U_{CC}/3$	1	1	截止
$<2U_{CC}/3$	$>U_{CC}/3$	1	不变	不变

6.4.3　用 555 定时器组成施密特触发器

1. 电路结构

将 555 定时器的阈值输入端 TH 和触发输入端 $\overline{TR}$ 连在一起，作为触发信号 u_I 的输入端，并从 OUT 端取输出 u_O，便构成了一个反相输出的施密特触发器。用 555 定时器组成施密特触发器电路图如图 6－20 所示。

为了提高基准电压 U_{R1} 和 U_{R2} 的稳定性，常在 CO 控制端对地接一个 0.01μF 的滤波电容。

2. 工作原理

当输入 $u_I<\frac{U_{CC}}{3}$ 时，电压比较器 C_1 和 C_2 的输出 $u_{C1}=1$，$u_{C2}=0$，基本 RS 触发器置 1，$Q=1$、$\overline{Q}=0$，这时输出 $u_O=U_{OH}$。

当输入 $\frac{U_{CC}}{3}<u_I<\frac{2U_{CC}}{3}$ 时，C_1 和 C_2 两个电压比较器的输出 $u_{C1}=1$、$u_{C2}=1$，基本 RS 触

发器保持原状态不变，即输出$u_O=U_{OH}$。

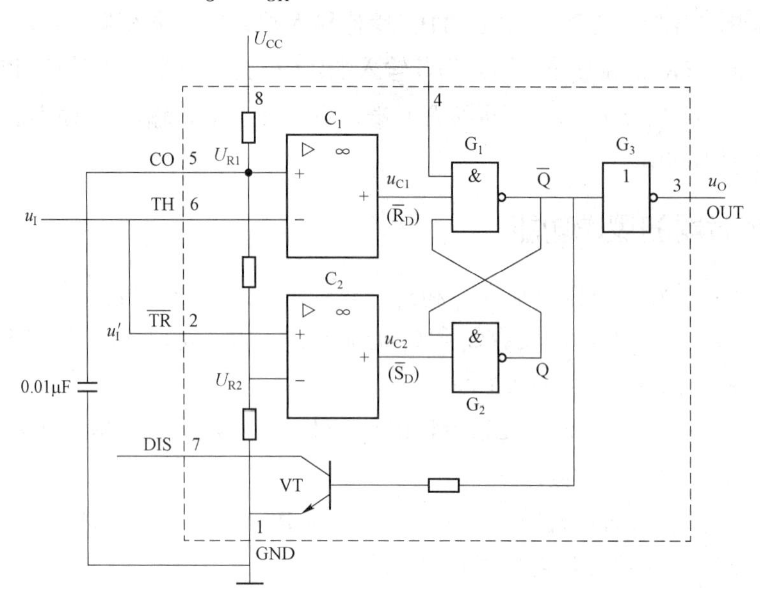

图 6-20　用 555 定时器组成施密特触发器电路图

当输入$u_I>\dfrac{2U_{CC}}{3}$时，电压比较器C_1和C_2的输出$u_{C1}=0$、$u_{C2}=1$，基本 RS 触发器置 0，$Q=0$、$\overline{Q}=1$，输出u_O由高电平U_{OH}跃到低平U_{OL}，即$u_O=0$。由以上分析可看出，在输入u_I上升到$2U_{CC}/3$时，电路的输出状态发生跃变。因此，施密特触发器的正向阈值电压$U_{T+}=2U_{CC}/3$。此后，u_I再增大时，对电路的输出状态没有影响。

当输入u_I由高电平逐渐下降，且$\dfrac{U_{CC}}{3}<u_I<\dfrac{2U_{CC}}{3}$时，两个电压比较器的输出分别为$u_{C1}=1$、$u_{C2}=1$。基本 RS 触发器保持原状态不变。即$Q=0$、$\overline{Q}=1$，输出$u_O=U_{OL}$。

同理可得电路的负向阈值电压$U_{T-}=U_{CC}/3$。

由以上分析可得施密特触发器的回差电压ΔU_T为

$$\Delta U_T=U_{T+}-U_{T-}=\frac{U_{CC}}{3}$$

图 6-21 是其电压传输特性。

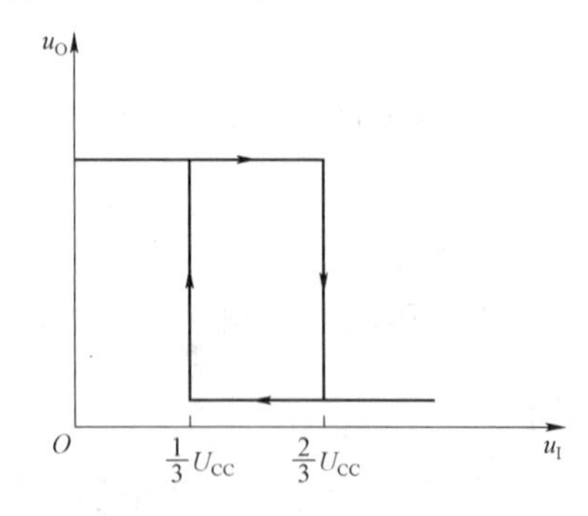

图 6-21　用 555 定时器组成施密特触发器的电压传输特性

6.4.4　用 555 定时器组成单稳态触发器

1. 电路结构

将 555 定时器的 $\overline{TR}$ 作为触发信号 u_I 的输入端，VT 的集电极通过电阻 R 接 U_{CC}，组成了一个反相器，其集电极通过电容 C 接地，便组成了图 6－22 所示的单稳态触发器电路。R 和 C 为定时元件。

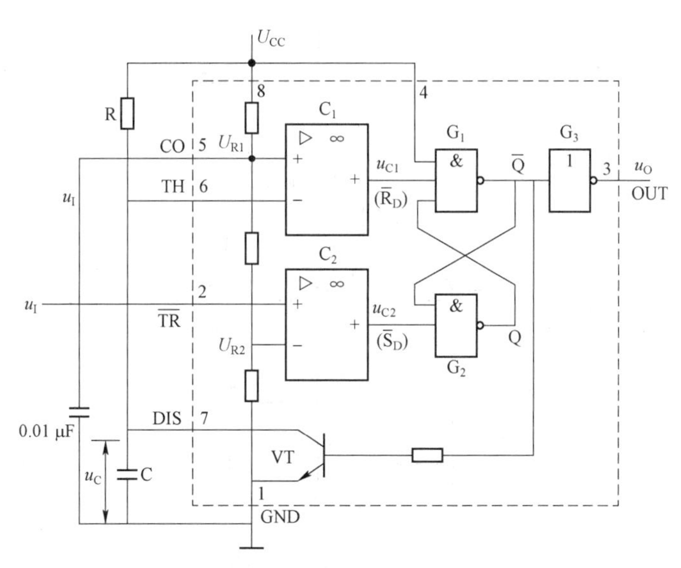

图 6－22　单稳态触发器电路

2. 工作原理

1）稳定状态

没有加触发信号时，u_I 为高电平 U_{IH}。接通电源后，U_{CC} 经电阻 R 对电容 C 进行充电，当电容 C 上的电压 $u_C \geqslant 2U_{CC}/3$ 时，电压比较器 C_1 输出 $u_{C1}=0$，而在此时，u_I 为高电平，且 $u_I > U_{CC}/3$，电压比较器 C_2 输出 $u_{C2}=1$，基本 RS 触发器置 0，$Q=0$、$\overline{Q}=1$，输出 $u_O=0$。与此同时，三极管 VT 导通，电容 C 经 VT 迅速放完电，$u_C \gg 0$，电压比较器 C_1 输出 $u_{C1}=1$，这时基本 RS 触发器的两个输入信号都为高电平 1。在稳定状态时，$u_C=0$、$u_O=0$。

2）触发进入暂稳态

当输入 u_I 由高电平 U_{IH} 跃到小于 $U_{CC}/3$ 的低电平时，电压比较器 C_2 输出 $u_{C2}=0$，由于此时 $u_C=0$，因此，$u_{C1}=1$，基本 RS 触发被置 1，$Q=1$、$\overline{Q}=0$，输出 u_O 由低电平跃到高电平 U_{OH}。同时三极管 VT 截止，这时，电源 U_{CC} 经 R 对 C 充电，电路进入暂稳态。在暂稳态期内输入电压 u_I 回到高电平。

3）自动返回稳定状态

随着 C 的充电，电容 C 上的电压 u_C 逐渐增大。当 u_C 上升到 $u_C \geqslant 2U_{CC}/3$ 时，比较器 C_1 的输出 $u_{C1}=0$，由于这时 u_I 已为高电平，电压比较器 C_2 输出 $u_{C2}=1$，使基本 RS 触发器置 0，

$Q=0$、$\overline{Q}=1$，输出u_O由高电平U_{OH}跃到低电平U_{OL}。同时，三极管 VT 导通，C 经 VT 迅速放完电，$u_C=0$。电路返回稳定状态。

单稳态触发器工作波形如图 6-23 所示。

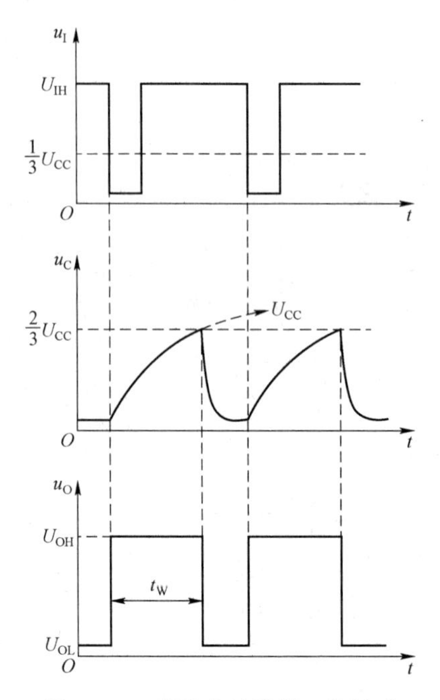

图 6-23　单稳态触发器工作波形

6.4.5　用 555 定时器组成多谐振荡器

1. 电路结构

将放电管 V 集电极经R_1接到U_{CC}上，便组成了一个反相器。其输出 DIS 端对地接R_2、C 积分电路，积分电容 C 再接 TH 和$\overline{TR}$端便组成了图 6-24 所示的多谐振荡器。R_1、R_2和 C 为定时元件。

2. 工作原理

下面参照图 6-25 所示的工作波形讨论多谐振荡器的工作原理。

接通电源U_{CC}后，U_{CC}经电阻R_1和R_2对电容 C 充电，其电压u_C由 0 按指数规律上升。当$u_C \geqslant 2U_{CC}/3$时，电压比较器C_1和C_2的输出分别为$u_{C1}=0$、$u_{C2}=1$，基本 RS 触发器置 0，$Q=0$、$\overline{Q}=1$，输出u_O跃到低电平U_{OL}。与此同时，放电管 VT 导通，电容 C 经电阻R_2和放电管 VT 放电，电路进入暂稳态。

随着电容 C 的放电，u_C随之下降。当u_C下降到$u_C=\frac{1}{3}U_{CC}$时，则电压比较器C_1和C_2的输出为$u_{C1}=1$、$u_{C2}=0$，基本 RS 触发器置 1，$Q=1$、$\overline{Q}=0$，输出u_O由低电平U_{OL}跃到高电平U_{OH}。同时，因$\overline{Q}=0$，放电管 VT 截止，电源U_{CC}又经电阻R_1和R_2对电容 C 充电。电路又返回到前一个暂稳态。因此，电容 C 上的电压u_C将在$2U_{CC}/3$和$U_{CC}/3$之间来回充

电和放电，从而使电路产生了振荡，输出矩形脉冲。由前述分析可得多谐振荡器的振荡周期 T 为：

$$T = t_{W1} + t_{W2}$$

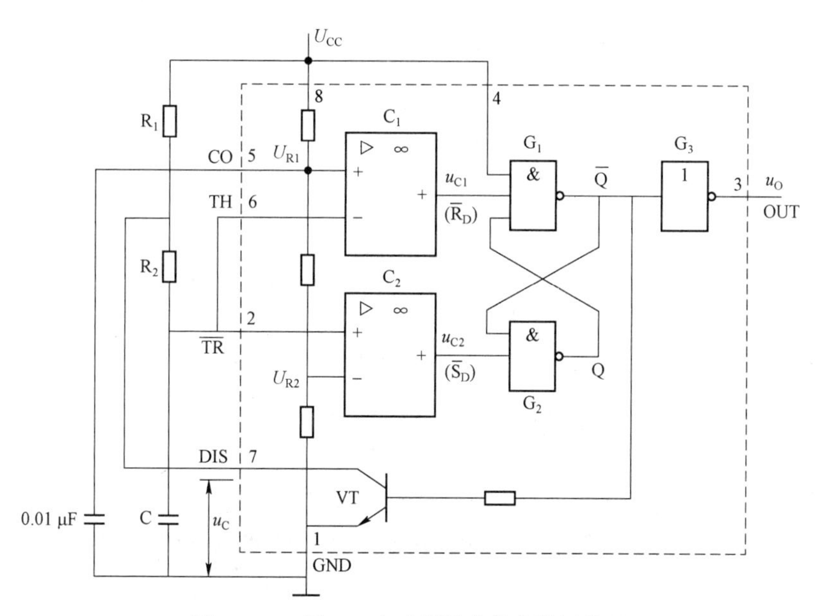

图 6－24　用 555 定时器组成的多谐振荡器

t_{W1} 为电容 C 上的电压由 $U_{CC}/3$ 充到 $2U_{CC}/3$ 所需的时间，充电回路的时间常数为 $(R_1+R_2)C$ 。t_{W2} 为电容 C 上的电压由 $2U_{CC}/3$ 下降到 $U_{CC}/3$ 所需的时间，放电回路的时间常数为 R_2C ，电路振荡频率 f 为：

$$f = \frac{1}{T} = \frac{1}{0.7(R_1 + 2R_2)C}$$

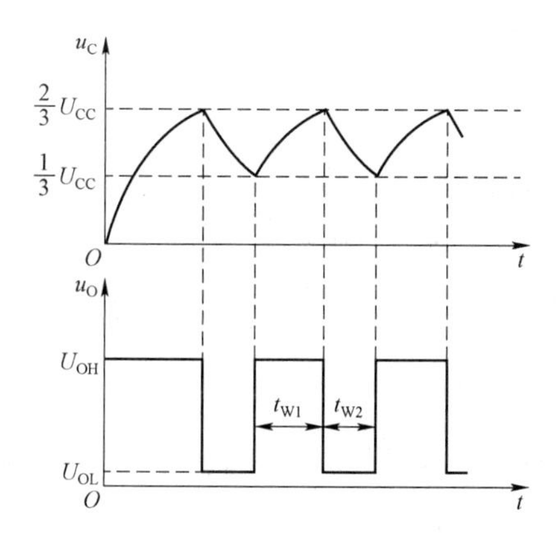

图 6－25　多谐振荡器的工作波形

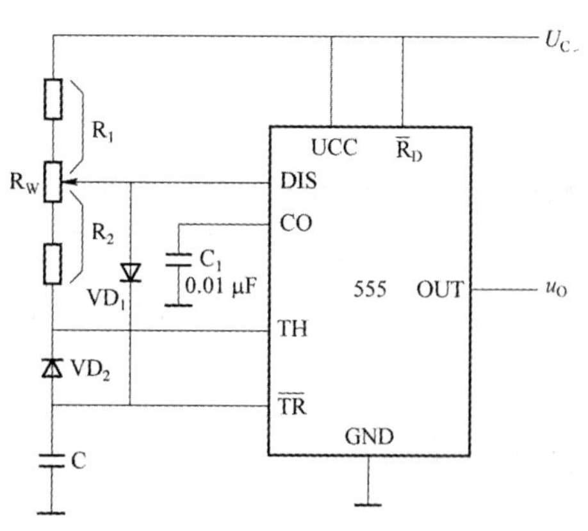

图 6－26　用 555 定时器组成占空比可调的多谐振荡器电路

6.4.6 占空比可调的多谐振荡器

图 6－26 所示为用 555 定时器组成占空比可调的多谐振荡器电路。在放电管 VT 截止时，电源U_{CC}经 R_1 和 VD_1 对电容 C 充电；当 VT 导通时，C 经 VD_2、R_2 和放电管 VT 放电。调节电位器 R_W 可改变 R_1 和 R_2 的比值。因此，也改变了输出脉冲的占空比 q。由图 6－26 可得：

$$t_{W1}=0.7R_1C$$

$$t_{W2}=0.7R_2C$$

振荡周期 T 为：

$$T=t_{W1}+t_{W2}=0.7(R_1+R_2)C$$

因此，占空比q为：

$$q=\frac{t_{W1}}{t_{W1}+t_{W2}}=\frac{0.7R_1C}{0.7(R_1+R_2)C}=\frac{R_1}{R_1+R_2}$$

当取 $R_1=R_2$ 时，则 $q=50\%$，多谐振荡器输出方波。

例 6－1 用集成电路定时器 555 组成的自激多谐振荡器电路如图 6－27（a）所示。试画出输出电压 U_C 和电容 C 两端电压 U_C 的工作波形，并求振荡频率。

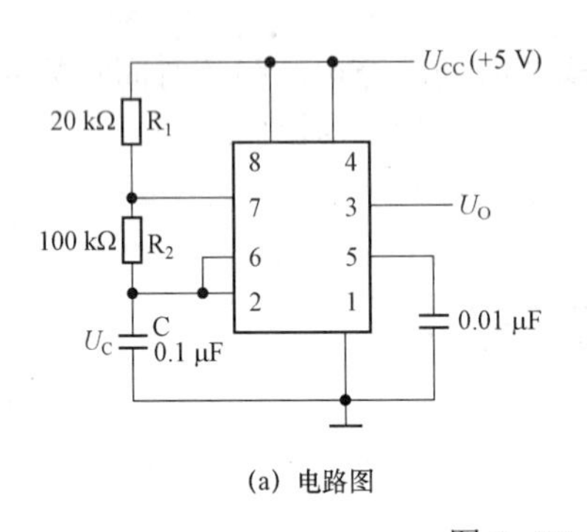

(a) 电路图

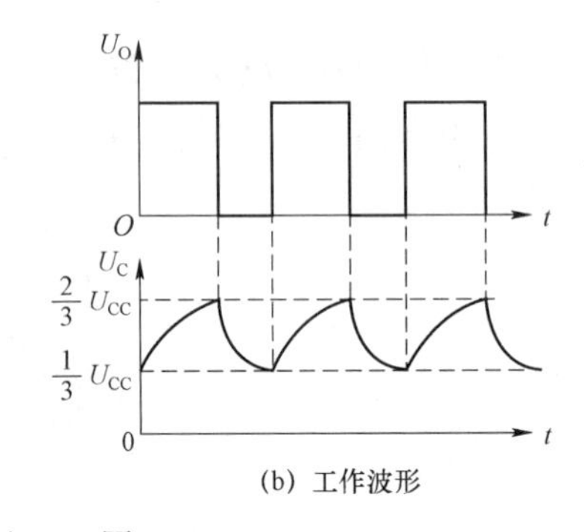

(b) 工作波形

图 6－27 例 6－1 图

解： 由集成电路 555 定时器内部电路结构，分析该电路工作原理。因为集成芯片的 2 和 6 两脚（即 A_2 的同相输入端和 A_1 的反相输入端）连接在电容 C 的上端，这个端点上的电压 U_C变动，会同时导致两个比较器的输出电平改变，即同时控制$\overline{\mathrm{R}}$ 和$\overline{\mathrm{S}}$的改变。电源 U_{CC}经过 R_1 和 R_2 给电容 C 充电。当 U_C 上升到$\frac{2}{3}U_{CC}$时，比较器 A_1 输出低电平，$\overline{R}=0$，比较器 A_2 输出高电平，$\overline{S}=1$，触发器复位，Q=0，U_O=0。同时$\overline{Q}=1$，三极管 VT 导通，电容 C 通过 R_2 和 VT 管放电。电压 U_C 下降，当 U_C 下降到$\frac{1}{3}U_{CC}$时，比较器 A_1 输出高电平，$\overline{R}=1$，比较器 A_2 输出低电平，$\overline{S}=0$，触发器置 1，Q=1，U_o=1。此时，$\overline{Q}=0$，三极管 VT 截止，U_{CC}又经过 R_1 和 R_2 给 C 充电，使 U_C 上升。这样周而复始，输出电压 U_O 就形成了周期性的矩形

脉冲。电容 C 上的电压 U_C 就是一个周期性的充电、放电的指数曲线波形。U_O 和 U_C 的工作波形如图 6－27（b）所示。

充电脉宽 $t_{WH} \approx 0.7(R_1+R_2)C = 0.7\times(20+100)\times 0.1 = 8.4$（ms）

放电脉宽 $t_{WL} \approx 0.7R_2C = 0.7\times 100\times 0.1 = 7$（ms）

振荡频率 $f = \dfrac{1}{t_{WH}+t_{WL}} = \dfrac{1}{(8.4+7)\times 10^{-3}} \approx 65$（Hz）

项目 7

A/D 和 D/A 转换器

数模转换是将数字量转换为模拟电量（电流或电压），使输出的模拟电量与输入的数字量成正比，实现这种转换功能的电路叫数模转换器。模数转换则是将模拟电量转换为数字量，使输出的数字量与输入的模拟电量成正比，实现这种转换功能的电路称为模数转换器。数模转换器和模数转换器是模拟系统和数字系统的接口电路。

任务 7.1　了解 D/A 转换器

任务引入

D/A 转换器（DAC）用于将输入的二进制数字量转换为与该数字量成比例的电压或电流。

任务目标

（1）了解 D/A 转换器。

（2）了解 D/A 转换器电路参数。

（3）认识不同电路。

知识链接

7.1.1　D/A 转换器的基本原理

1. 基本原理分析

D/A 转换器（DAC）用于将输入的二进制数字量转换为与该数字量成比例的电压或电流。其组成框图如 7-1 所示。图 7-1 中，数据锁存器用来暂时存放输入的数字量，这些数字量控制模拟电子开关，将参考电压源 U_{REF} 按位切换到电阻译码网络中变成加权电流，然后经运放求和，输出相应的模拟电压，完成 D/A 转换过程。

2. 倒 T 形电阻网络 D/A 转换器电路结构及原理

如图 7-2 所示是倒 T 形电阻网络 D/A 转换器原理图。其中：S_0～S_3 为模拟开关，R-R′ 电阻解码网络呈倒 T 形，图中 $R'=2R$，运算放大器 A 构成求和电路。S_i 由输入数码 D_i 控制，

当 $D_i=1$ 时，S_i 接运放反相输入端（虚地），I_i 流入求和电路；当 $D_i=0$ 时，S_i 将电阻 R′接地。无论 S_i 处于何种位置，与 S_i 相连的 R′电阻均等效接地（地或虚地）。流经 R′电阻的电流与开关位置无关，为确定值。

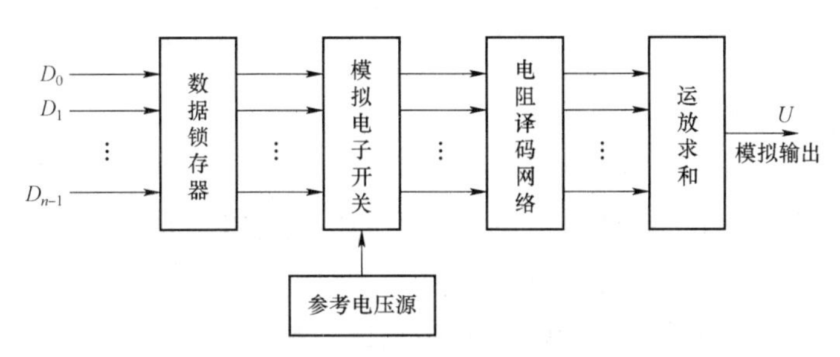

图 7－1　D/A 转换器组成框图

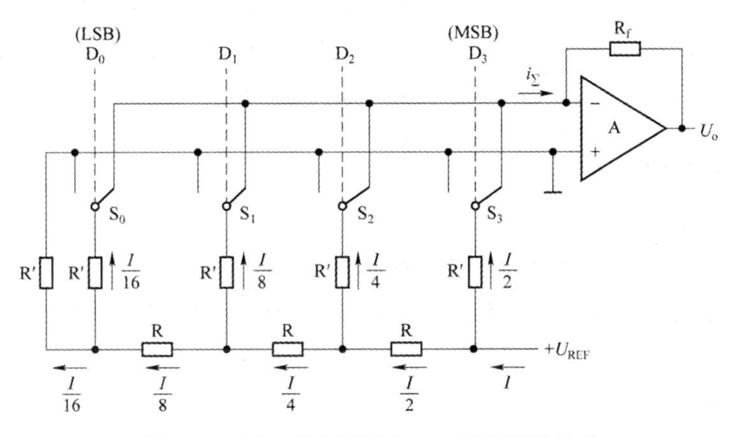

图 7－2　倒 T 形电阻网路 D/A 转换器原理图

分析 R－R′电阻解码网络不难发现，从每个接点向左看的二端网络等效电阻均为 R，流入每个 R′电阻的电流从高位到低位按 2 的整倍数递减。设由基准电压源提供的总电流为 I（$I=U_{REF}/R$），则流过各开关支路（从右到左）的电流分别为 $I/2$、$I/4$、$I/8$ 和 $I/16$。于是可得总电流：

$$
\begin{aligned}
i_\Sigma &= \frac{U_{REF}}{R}\left(\frac{D_0}{2^4}+\frac{D_1}{2^3}+\frac{D_2}{2^2}+\frac{D_3}{2^1}\right)\\
&= \frac{U_{REF}}{2^4\times R}\sum_{i=0}^{3}(D_i\cdot 2^i)
\end{aligned}
$$

输出电压：

$$
\begin{aligned}
u_O &= -i_\Sigma R_f\\
&= -\frac{R_f}{R}\cdot\frac{U_{REF}}{2^4}\sum_{i=0}^{3}(D_i\cdot 2^i)
\end{aligned}
$$

将输入数字量扩展到 n 位，可得 n 位倒 T 形电阻网络 D/A 转换器输出模拟量与输入数字量之间的一般关系式如下：

$$u_{\mathrm{O}} = -\frac{R_{\mathrm{f}}}{R} \cdot \frac{U_{\mathrm{REF}}}{2^n}\left[\sum_{i=0}^{n-1}(D_i \cdot 2^i)\right]$$

设：$K = \frac{R_{\mathrm{f}}}{R} \cdot \frac{U_{\mathrm{REF}}}{2^n}$，$N_{\mathrm{B}}$ 表示括号中的 n 位二进制数，则：$u_{\mathrm{O}} = -KN_{\mathrm{B}}$

7.1.2 电路要求

要使 D/A 转换器具有较高的精度，对电路中的参数有以下要求：

（1）基准电压稳定性好；

（2）倒 T 形电阻网络中 R 和 R′电阻的比值精度要高；

（3）每个模拟开关的开关电压降要相等。为实现电流从高位到低位按 2 的整倍数递减，模拟开关的导通电阻也相应地按 2 的整倍数递增。

在倒 T 形电阻网络 D/A 转换器中，各支路电流直接流入运算放大器的输入端，不存在传输上的时间差。此特点不仅提高了转换速度，而且也减少了动态过程中输出端可能出现的尖脉冲。它是目前广泛使用的 D/A 转换器中速度较快的一种。

7.1.3 D/A 转换器的主要参数

1. 分辨率

分辨率是指 D/A 转换器模拟输出所能产生的最小电压变化量与满刻度输出电压之比。最小输出电压变化量就是对应于输入数字量最低位（LSB）为 1，其余各位为 0 时的输出电压，记为 U_{LSB}，满度输出电压就是对应于输入数字量的各位全是 1 时的输出电压，记为 U_{FSB}，对于一个 n 位的 D/A 转换器，分辨率可表示为：

$$\text{分辨率} = \frac{U_{\mathrm{LSB}}}{U_{\mathrm{FSB}}} = \frac{1}{2^{n-1}}$$

分辨率与 D/A 转换器的位数有关，位数越多，能够分辨的最小输出电压变化量就越小。但要指出，分辨率是一个设计参数，不是测试参数。如对于一个 10 位的 D/A 转换器，其分辨率是 0.000 978。

2. 转换精度

转换精度是指 D/A 转换器实际输出的模拟电压与理论输出模拟电压的最大误差。它是一个综合指标，包括零点误差、增益误差等，它不仅与 D/A 转换器中的元件参数的精度有关，而且还与环境温度、求和运算放大器的温度漂移及转换器的位数有关。所以要获得较高精度的 D/A 转换结果，除了正确选用 D/A 转换器的位数外，还要选用低漂移高精度的求和运算放大器。通常要求 D/A 转换器的误差小于 $U_{\mathrm{LSB}}/2$。

3. 转换时间

转换时间是指 D/A 转换器在输入数字信号开始转换，到输出的模拟电压达到稳定值所需的时间。它是反映 D/A 转换器工作速度的指标。转换时间越短，工作速度就越快。

任务 7.2　了解 A/D 转换器

任务引入

在 A/D 转换器中，因为输入的模拟信号在时间上是连续量，而输出的数字信号代码是离散量，所以进行转换时必须在一系列选定的瞬间（时间坐标轴上的一些规定点上）对输入的模拟信号取样，然后再把这些取样值转换为输出的数字量。

任务目标

（1）了解 A/D 转换器基本原理。

（2）了解 A/D 转换器的量化和编码。

（3）认识不同电路。

知识链接

7.2.1　A/D 转换器的基本原理

1. 基本原理分析

在 A/D 转换器中，因为输入的模拟信号在时间上是连续量，而输出的数字信号代码是离散量，所以进行转换时必须在一系列选定的瞬间（时间坐标轴上的一些规定点上）对输入的模拟信号采样，然后再把这些取样值转换为输出的数字量。因此，一般的 A/D 转换过程是通过采样、保持、量化和编码这四个步骤完成的，如图 7－3 所示。

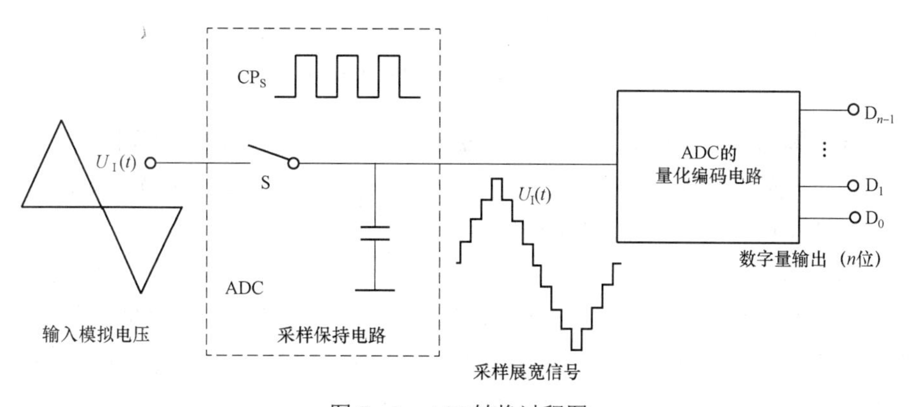

图 7－3　A/D 转换过程图

2. A/D 转换的一般步骤

1）采样—保持

采样是对模拟信号进行周期性的抽取样值的过程，就是把随时间连续变化的信号转换成在时间上断续、在幅度上等于采样时间内模拟信号大小的一串脉冲。在 u_S 为高电平期间，即在 t_W 内，开关 S 闭合，输出电压等于输入电压，即 $u_O = u_I$；在 u_S 为低电平期间，开关 S 断开，输出电压 $u_O = 0$。u_S 按一定频率 f_S 变化时，输入模拟信号被抽取为一串样值脉冲。图 7－4 为采样原理图及波形图。显然采样频率 f_S 越高，在有限时间里（如信号的一个周期）采集到的样值脉冲越多，那么输出脉冲的包络线就越接近输入的模拟信号。为了能不失真地恢复原模拟信号，采样频率应不小于输入模拟信号频谱中最高频率的两倍，这就是采样定理。

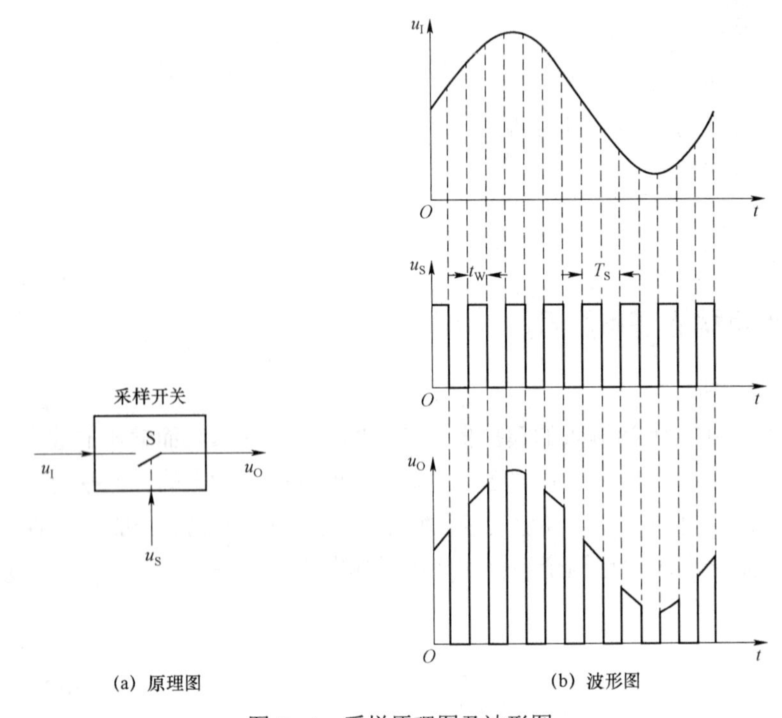

图 7－4　采样原理图及波形图

由于 A/D 转换需要一定的时间，所以在每次采样结束后，应保持采样电压值在一段时间内不变，直到下一次采样开始。这就要在采样后加上保持电路，实际采样—保持是做成一个电路，如图 7－5（a）所示，图 7－5（b）为采样波形图。

2）量化和编码

数字信号在数值上的变化不是连续的，这就是说，任何一个数字量的大小，都是以某个最小数量单位的整倍数来表示的。因此，在用数字量表示采样电压时，也必须把它化成这个最小数量单位的整倍数，这个转化过程就叫作量化。所规定的最小数量单位叫作量化单位，用 Δ 表示。显然，数字信号最低有效位中的 1 表示的数量大小，就等于 1Δ。把量化的数值用二进制代码表示，称为编码。这个二进制代码就是 A/D 转换的输出信号。

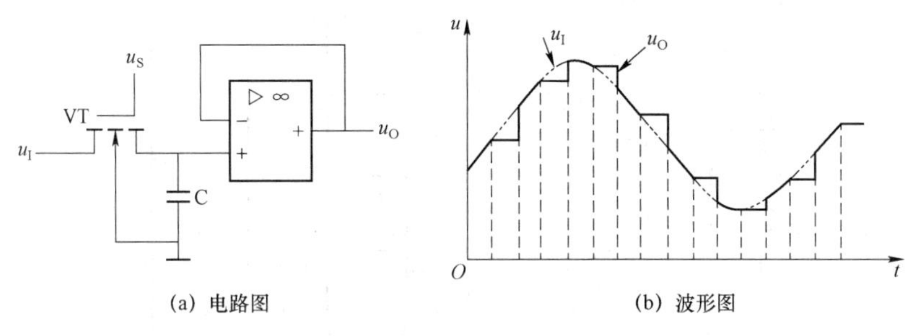

图 7－5　基本采样—保持电路及波形图

既然模拟电压是连续的，那么它就不一定能被 1Δ 整除，因而不可避免地会引入误差，我们把这种误差称为量化误差。在把模拟信号划分为不同的量化等级时，用不同的划分方法可以得到不同的量化误差。划分量化电平的两种方法如图 7－6 所示，其中图 7－6（a）所示方法量化误差大，图 7－6（b）所示方法量化误差小。

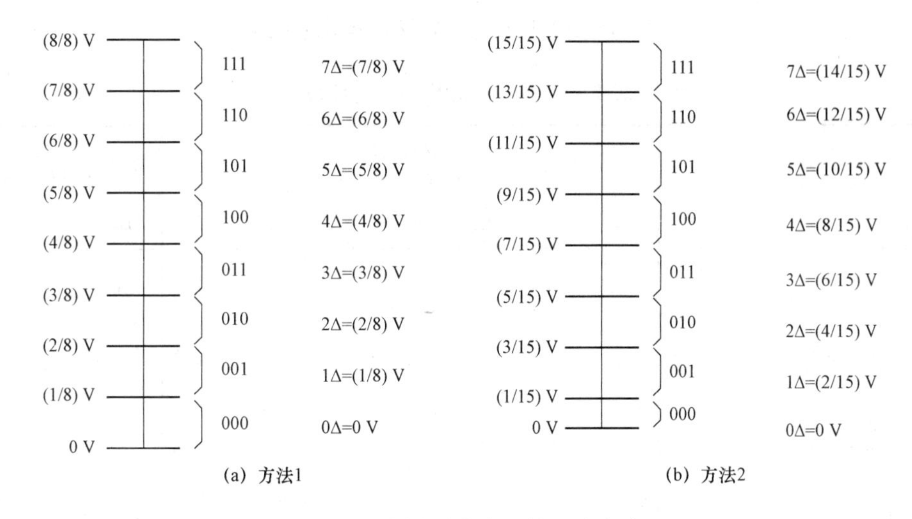

图 7－6　划分量化电平的两种方法

7.2.2　并行比较型 A/D 转换器

1. 转换器电路

并行比较型 A/D 转换器原理电路如图 7－7 所示，它由电压比较器、寄存器和代码转换器三部分组成。

2. 输入、输出关系

其输入、输出关系对照表如表 7－1 所示。

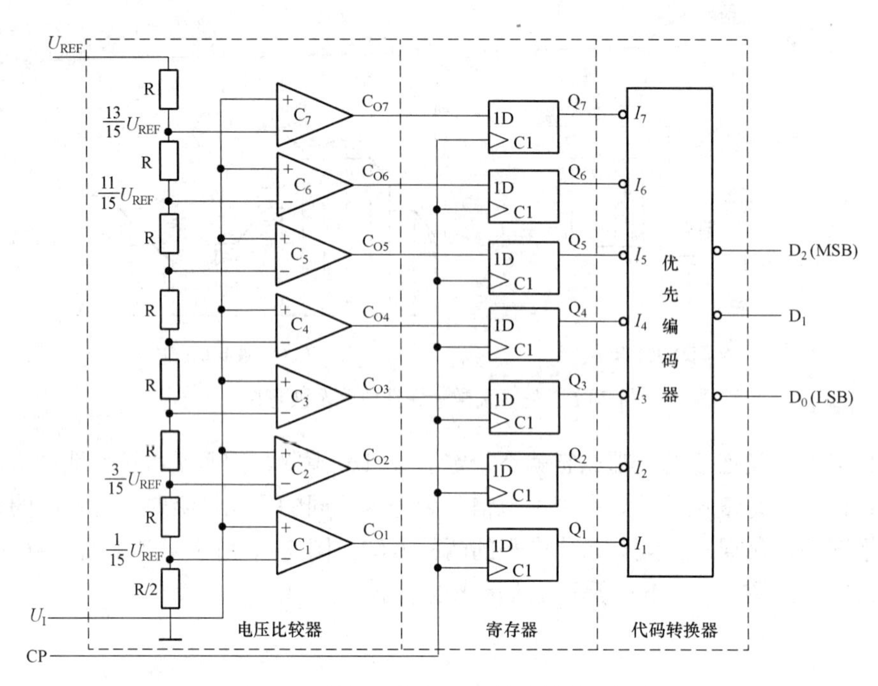

图 7–7　并行比较型 A/D 转换器原理电路

表 7–1　输入、输出关系对照表

输入模拟电压 u_I	寄存器状态（代码转换器输入）							数字量输出（代码转换器输出）		
	Q_7	Q_6	Q_5	Q_4	Q_3	Q_2	Q_1	D_2	D_1	D_0
$\left(0\sim\frac{1}{15}\right)U_{REF}$	0	0	0	0	0	0	0	0	0	0
$\left(\frac{1}{15}\sim\frac{3}{15}\right)U_{REF}$	0	0	0	0	0	0	1	0	0	1
$\left(\frac{3}{15}\sim\frac{5}{15}\right)U_{REF}$	0	0	0	0	0	1	1	0	1	0
$\left(\frac{5}{15}\sim\frac{7}{15}\right)U_{REF}$	0	0	0	0	1	1	1	0	1	1
$\left(\frac{7}{15}\sim\frac{9}{15}\right)U_{REF}$	0	0	0	1	1	1	1	1	0	0
$\left(\frac{9}{15}\sim\frac{11}{15}\right)U_{REF}$	0	0	1	1	1	1	1	1	0	1
$\left(\frac{11}{15}\sim\frac{13}{15}\right)U_{REF}$	0	1	1	1	1	1	1	1	1	0
$\left(\frac{13}{15}\sim 1\right)U_{REF}$	1	1	1	1	1	1	1	1	1	1

7.2.3　A/D 转换器的主要技术指标

1. 分辨率

分辨率说明 A/D 转换器对输入信号的分辨能力。A/D 转换器的分辨率以输出二进制（或十进制）数的位数表示。从理论上讲，n 位输出的 A/D 转换器能区分 2^n 个不同等级的输入模拟电压，能区分输入电压的最小值为满量程输入的 $1/2^n$。在最大输入电压一定时，输出位数愈多，量化单位愈小，分辨率愈高。例如 A/D 转换器输出为 8 位二进制数，输入信号最大值为 5 V，那么这个转换器应能区分输入信号的最小电压为 19.53 mV。

2. 转换误差

转换误差表示 A/D 转换器实际输出的数字量和理论上的输出数字量之间的差别。常用最低有效位的倍数表示。例如给出相对误差≤±LSB/2，这就表明实际输出的数字量和理论上应得到的输出数字量之间的误差小于最低位的半个字。

3. 转换时间

转换时间指 A/D 转换器从转换控制信号到来开始，到输出端得到稳定的数字信号所经过的时间。

不同类型的转换器转换速度相差甚远。其中并行比较型 A/D 转换器转换速度最高，8 位二进制输出的单片集成 A/D 转换器转换时间可达 50 ns 以内。逐次比较型 A/D 转换器次之，它们多数转换时间在 10～50 μs，也有达几百纳秒的。间接 A/D 转换器的速度最慢，如双积分 A/D 转换器的转换时间大都在几十毫秒至几百毫秒之间。在实际应用中，应从系统数据总的位数、精度要求、输入模拟信号的范围及输入信号极性等方面综合考虑 A/D 转换器的选用。

附录 A

半导体器件型号命名方法

对于无线电电子设备所用半导体器件的型号命名应参照《半导体分立元件型号命名方法》（GB/T 249—2017）进行。

1. 半导体器件的型号由五部分组成

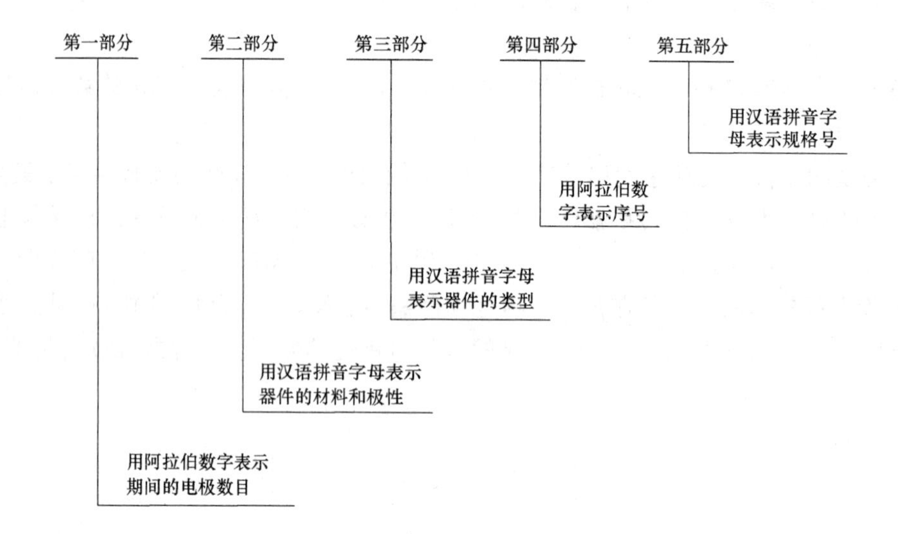

需要注意的是，场效应器件、半导体特殊器件、PIN 型管的型号命名只有第三、四、五部分。见示例 2。

示例 1：锗 PNP 型高频小功率三极管。

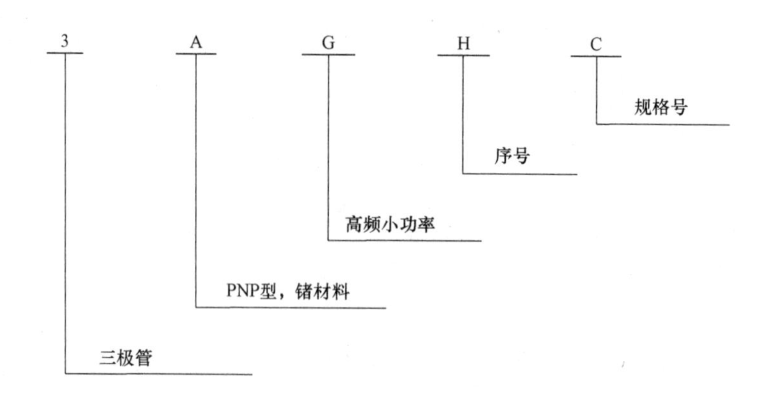

示例 2：场效应器件。

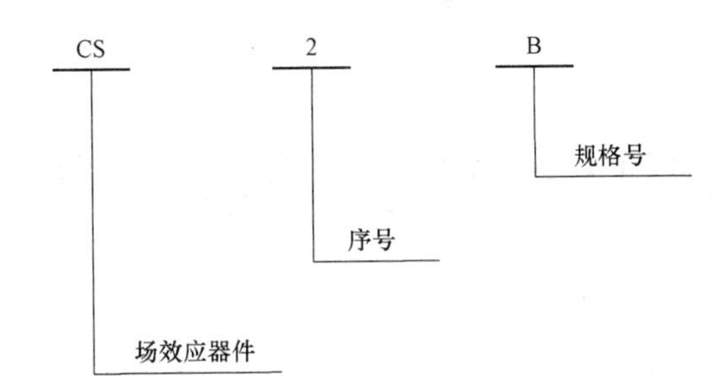

2. 半导体器件型号组成部分及其意义

表 A－1　半导体器件型号各组成部分的意义

第一部分		第二部分		第三部分		第四部分	第五部分
用阿拉伯数字表示器件的电极数目		用汉语拼音字母表示器件的材料和极性		用汉语拼音字母表示器件的类型		用阿拉伯数字表示序号	用汉语拼音字母表示规格号
符号	意义	符号	意义	符号	意义		
2	二极管	A	N 型，锗材料	P	普通管		
		B	P 型，锗材料	V	微波管		
		C	N 型，硅材料	w	稳压管		
		D	P 型，硅材料	C	参量管		
3	三极管	A	N 型，锗材料	Z	整流器		
		B	P 型，锗材料	L	整流堆		
		C	N 型，硅材料	S	隧道管		
		D	P 型，硅材料	N	阻尼管		
		E	化合物材料	U	光电器件		
				K	开关管		
				X	低频小功率管		
				G	高频小功率管		
				D	低频大功率管		
				A	高频大功率管		
				T	可控整流器		
				Y	体效应器件		
				B	雪崩管		
				J	阶跃恢复管		
				CS	场效应器件		
				BT	半导体特殊器件		
				FH	复合管		
				PIN	PIN 型管		
				JG	激光器件		

附录 B

电阻器的标称值及精度色环标志法

色环标志法是用不同颜色的色环在电阻器表面标称阻值和允许偏差。

1. 两位有效数字的色环标志法

普通电阻器用四条色环表示标称阻值和允许偏差，其中三条表示阻值，一条表示偏差，如图 B-1 和表 B-1 所示。

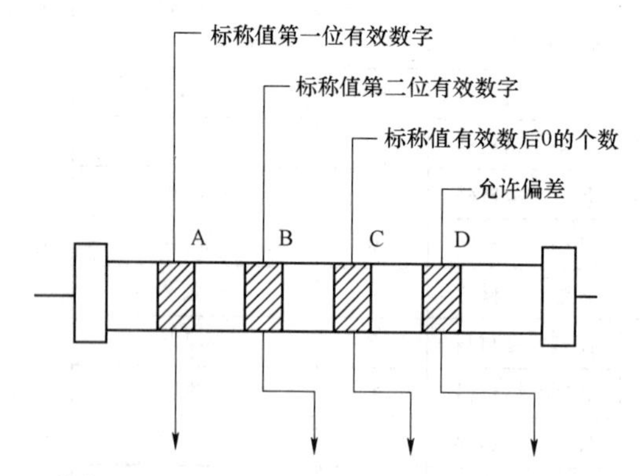

图 B-1　两位有效数字的阻值色环标志法

表 B-1　数值表

颜色	第一有效数	第二有效数	倍率	允许偏差
黑	0	0	10^0	
棕	1	1	10^1	
红	2	2	10^2	
橙	3	3	10^3	
黄	4	4	10^4	
绿	5	5	10^5	
蓝	6	6	10^6	
紫	7	7	10^7	
灰	8	8	10^8	
白	9	9	10^9	+50% -20%

续表

颜色	第一有效数	第二有效数	倍率	允许偏差
金			10^{-1}	±5%
银			10^{-2}	±10%
无色				±20%

2. 三位有效数字的色环标志法

精密电阻器用五条色环表示标称阻值和允许偏差，如图 B－2 和表 B－2 所示。

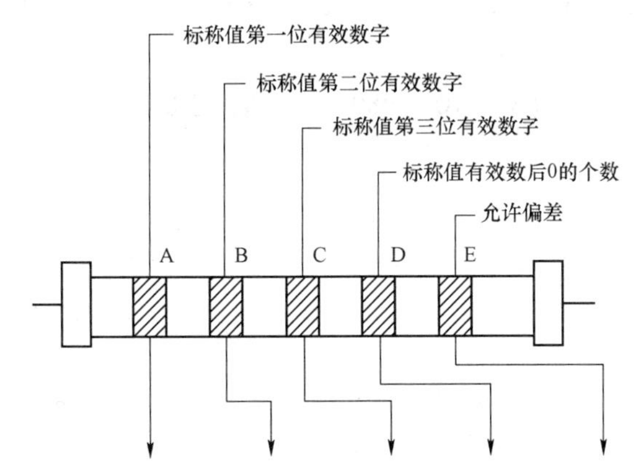

图 B－2　三位有效数字的阻值色环标志法

表 B－2　数值表

颜色	第一有效数	第二有效数	第三有效数	倍率	允许偏差
黑	0	0	0	10^{0}	
棕	1	1	1	10^{1}	±1%
红	2	2	2	10^{2}	±2%
橙	3	3	3	10^{3}	
黄	4	4	4	10^{4}	
绿	5	5	5	10^{5}	±0.5%
蓝	6	6	6	10^{6}	±0.25%
紫	7	7	7	10^{7}	±0.1%
灰	8	8	8	10^{8}	
白	9	9	9	10^{9}	
金				10^{-1}	
银				10^{-2}	

示例：

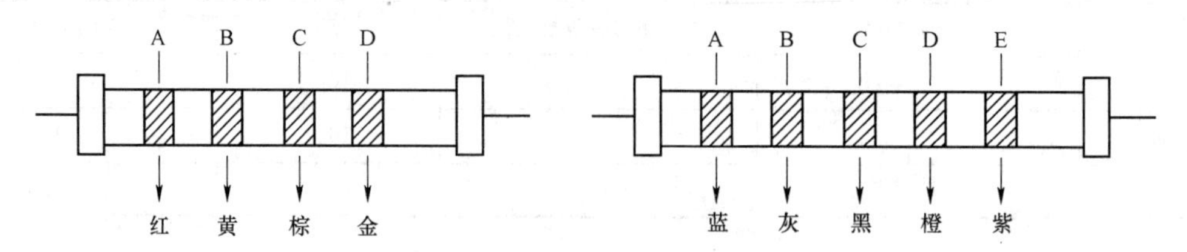

如：色环　A—红色；B—黄色；C—棕色；D—金色；则该电阻标称值及精度为：

$$24 \times 10^1 = 240\ \Omega \quad 精度\pm 5\%$$

如：色环　A—蓝色；B—灰色；C—黑色；D—橙色；E—紫色；则该电阻标称值及精度为：

$$680 \times 10^3 = 680\ \text{k}\Omega \quad 精度\pm 0.1\%$$

参 考 文 献

［1］秦曾煌．电工学：电子技术．7版．北京：高等教育出版社，2009．
［2］苏丽萍．电子技术基础．2版．西安：西安电子科技大学出版社，2006．
［3］罗杰，陈大钦．电子技术基础实验：电子电路实验、设计及现代EDA技术．4版．北京：高等教育出版社，2017．
［4］梁洪洁，李栋．电子技术基础项目教程．北京：机械工业出版社，2014．
［5］周雪．模拟电子技术．3版．西安：西安电子科技大学出版社，2015．